이동통신용 유전체 필터 설계

이동통신용 유전체 필터 설계

장영수 · 이기진 공저

서강대학교 출판부

이동통신용 유전체 필터 설계

초판 발행 2014년 3월 26일

지은이 장영수 · 이기진
발행인 유기풍
편집인 우찬제
편집팀 김영주, 박민하
발행처 서강대학교 출판부

주 소 서울특별시 마포구 백범로 35번지
전 화 (02)705-8212
팩 스 (02)705-8612
등 록 제313-2002-170호 (1978년 9월 28일)
ISBN 978-89-7273-241-9 93420

판매·유통 ㈜도서출판 하우 / 홈페이지 http://www.hawoo.co.kr

값 19,000원

이동통신용 유전체 필터 설계

장영수 · 이기진 공저

서문

이 책은 마이크로파를 사용하는 필터 설계 기술에 관한 기초적인 내용을 소개하였고 아울러 마이크로스트립 및 유전체 세라믹 재료를 사용한 필터 설계 과정을 다루었다. 마이크로스트립 기초 이론과 필터에 대해 이공과 대학생 및 현장에 몸담고 있으면서 스스로 공부하고자 하는 엔지니어들의 수준에 적합하게 기술하였다. 특히 유전체 세라믹 재료를 사용하여 마이크로파 필터를 설계할 수 있는 기초 지식을 제공하는 데 목적을 두었다.

필자는 15년간 마이크로파를 이용한 유전체 세라믹 필터 산업에 종사하면서 이동통신 시장에서 원하는 여러 가지 제품들을 연구 개발하여 왔다. 그러나 이러한 과정에서 접하게 되는 많은 문헌이나 책들은 필터 분야에 종사하는 전문 엔지니어를 위한 훈련 기술서이거나 대학원 수준의 엔지니어링 연구에 종사하는 학생들을 위한 기초적인 것들이 대부분이었다. 기본적인 개념과 원리를 쉽게 설명하고 이를 어떻게 설계에 응용하는지를 상세히 알려 주는 자료는 접하기 어려웠다. 더욱이 유전체 세라믹을 이용한 필터가 현장에서 절실히 요구되는 현실에서 유전체를 이용한 필터의 설계 과정 및 해석을 다룬 책은 없었다. 현장에서 응용할 수 있는 대학생 과정 수준의 포괄적이고 종합적인 내용을 담은 것이 무엇보다 필요했다.

필자는 대부분의 개념이 더 쉽게 이해되고 배울 수 있도록 일반적인 내용을 다루려고 노력하였다. 추가적으로, 대학원 진학을 고려하는 학생들을 위하여 좀 더 복잡한 개념의 주제들을 일부 포함하였다.

이 책은 크게 두 주제로 나눠 구성하였다. 마이크로파 필터 기본이론을 다룬 처음 주제는 필터함수와 이론, 마이크로스트립 이론을 소개하였다. 두 번째 주제는 첫 번째 주제를 기반으로 마이크로스트립 필터, 어레이 필터, 모노블럭 필터, 도파관 필터의 설계를 다루었다. 각각의 주제는 그 자체로 한 권의 교과서가 될 수 있을 정도의 내용이다. 그러나 앞서 설명한 목적과 같이 각각의 주제를 상호 통합하여 독자들이 향후 유전체 필터 분야에 종사하거나 현재 종사하고 있으면서 알아야 할 꼭 필요한 내용이 될 수 있도록 노력하였다. 결국, 독자들이 유전체 필터에 관한 주제를 쉽게 이해하고 명확하게 응용할 수 있도록 제시하고 시도하였다.

이 책을 완성하는 데 그 동안 도움을 주신 많은 분들께 다시 한 번 감사의 마음을 전하고 싶다.

서강대학교 물리학과 마이크로파 연구실
장영수·이기진

차례

1. 필터 이론 ····· 13

1.1 전달함수 / 14

1.1.1 정의 / 14

1.1.2 복소평면에서의 극점(Poles)과 영점(Zeros) / 15

1.1.3 버터워드(Butterworth) 응답 / 16

1.1.4 체비셰브(Chebyshev) 응답 / 18

1.1.5 타원함수 응답 / 20

1.1.6 가우시안(Gaussian) 응답 / 21

1.1.7 전통과(All-pass) 응답 / 23

1.2 저역통과 원형필터와 소자 / 26

1.2.1 버터워드 저역통과 원형필터 / 27

1.2.2 체비셰브 저역통과 원형필터 / 29

1.2.3 타원함수 저역통과 원형필터 / 31

1.2.4 가우시안 저역통과 원형필터 / 34

1.2.5 전통과 저역통과 원형필터 / 35

1.3 주파수 및 소자 변환(Transformations) / 37

1.3.1 저역통과 필터로의 변환 / 38

1.3.2 고역통과 필터로의 변환 / 40

1.3.3 대역통과 필터로의 변환 / 41

1.3.4 대역저지 필터로의 변환 / 43

1.4 이미턴스 인버터(Inverters) / 45

1.4.1 이미턴스, 임피던스, 어드미턴스 인버터의 정의 / 45

1.4.2 이미턴스 인버터를 가지는 필터 / 46

1.4.3 이미턴스 인버터의 실제적인 예 / 51

1.5 Richards 변환 및 Kuroda 동일성(Identities) / 53

1.5.1 Richards 변환 / 53

1.5.2 Kuroda 동일성 / 57

1.5.3 결합선로(Coupled-Line) 등가회로 / 58

1.6 손실과 무부하 품질계수(Unloaded Quality Factor) / 61

1.6.1 손실이 있는 리액턴스 소자의 무부하 품질계수 / 61

1.6.2 저역통과 필터 및 고역통과 필터에서 손실효과 / 63

1.6.3 대역통과 필터 및 대역저지 필터에서 손실효과 / 65

2. 전송선로 이론 71

2.1 마이크로스트립(Microstrip) / 72

2.1.1 마이크로스트립 구조 / 72
2.1.2 유효(Effective) 유전율과 특성 임피던스 / 73
2.1.3 관내파장, 전파상수, 위상속도, 전기적 길이 / 75
2.1.4 마이크로스트립 두께와 분산(Dispersion) / 76
2.1.5 마이크로스트립 손실(Losses) / 78

2.2 결합선로(Coupled Lines) / 79
2.2.1 우모드와 기모드 캐패시턴스 / 80
2.2.2 우모드와 기모드 특성 임피던스와 유효 유전율 / 82

2.3 불연속(Discontinuities) 구조와 소자(Components) / 85
2.3.1 마이크로스트립 불연속 구조 / 85
2.3.2 마이크로스트립 소자 / 89
2.3.3 마이크로스트립 공진기의 손실 / 100

3. 마이크로스트립 필터 ······105

3.1 저역통과 필터 / 106
3.1.1 스탭(Stepped) 임피던스, L-C 사다리형(Ladder) 저역통과 필터 / 106
3.1.2 개방 스터브(Open Stubs)를 이용한 L-C 사다리형 저역통과 필터 / 109
3.1.3 유한(Finite) 주파수 감쇄극을 갖는 준집중 저역통과 필터 / 114

3.2 대역통과 필터 / 120

3.2.1 종단결합(End-Coupled), 반파장(Half-Wavelength) 공진기 필터 / 120

3.2.2 평행결합(Parallel-Coupled), 반파장 공진기 필터 / 127

3.2.3 인터디지탈(Interdigital) 대역통과 필터 / 131

3.2.4 컴라인(Combline) 필터 / 142

3.2.5 U자형 대역통과 필터 / 148

3.2.6 스터브(Stub) 대역통과 필터 / 152

3.3 고역통과 필터 / 159

3.3.1 준집중(Quasilumped) 고역통과 필터 / 159

3.3.2 최적(Optimum) 분포(Distributed) 고역통과 필터 / 163

3.4 대역저지 필터 / 168

3.4.1 협대역(Narrow-Band) 대역저지 필터 / 168

3.4.2 단순회로 스터브를 갖는 대역저지 필터 / 178

3.4.3 최적(Optimum) 대역저지 필터 / 186

4. 어레이(Array)형 필터 ········· 195

4.1 TEM 모드 유전체 공진기 이론 / 196

4.1.1 TEM 모드 유전체 공진기의 구조 / 196

4.1.2 SIR 구조 및 해석 / 197

4.1.3 UIR 구조 및 해석 / 201

4.1.4 TEM 모드 유전체 공진기의 등가회로 / 201

4.2 어레이형 듀플렉서 설계 및 제작 / 203

4.2.1 설계 및 시뮬레이션 / 203

4.2.2 제작 / 206

4.2.3 측정 및 결론 / 209

5. 모노블럭(Monoblock)형 필터 ……………………………………………………213

5.1 모노블럭(Monoblock) 이론 / 214

5.1.1 컴라인 대역통과 필터 / 214

5.1.2 공진 홀 간의 결합 해석 / 215

5.1.3 모노블럭 공진기 등가화 / 218

5.1.4 모노블럭 대역통과 필터의 등가회로 / 221

5.1.5 모노블럭 듀플렉서(Duplexer)의 구조 / 225

5.1.6 모노블럭 듀플렉서 공진기 블럭 등가화 / 227

5.1.7 모노블럭 듀플렉서의 등가회로 / 229

5.2 모노블럭 대역통과 필터 예 / 230

5.2.1 모노블럭 대역통과 필터 설계 / 230

5.2.2 3차원 유한 요소법을 이용한 구조 설계 / 233

5.2.3 수신단 대역통과 필터의 시뮬레이션 및 결과 / 243

5.2.4 송신단 대역통과 필터의 시뮬레이션 및 결과 / 252

5.3 모노블럭 듀플렉서 예 / 266
5.3.1 모노블럭 듀플렉서 설계 / 266
5.3.2 모노블럭 듀플렉서의 등가회로 / 269
5.3.3 모노블럭 듀플렉서의 시뮬레이션 및 결과 / 271

6. 유전체 도파관 필터 ······279

6.1 도파관 필터 이론 / 280
6.1.1 도파관 대역통과 필터 설계 / 280
6.1.2 모드 매칭 방법을 이용한 H-평면 불연속 구조의 해석 / 283
6.1.3 유한한 두께를 가진 아이리스의 산란행렬 추출 / 291
6.1.4 모드 매칭 방법을 이용한 아이리스형 도파관 대역통과 필터 설계 방법 / 295

6.2 유전체 도파관 필터 측정 방법 / 297
6.2.1 측정 지그 시뮬레이션 / 298
6.2.2 측정 지그를 고려한 유전체 도파관 시뮬레이션 / 302
6.2.3 제작 및 측정 결과 / 306

6.3 적층형 유전체 도파관 필터 예 / 308
6.3.1 설계 및 시뮬레이션 / 309
6.3.2 제작 및 측정 결과 / 313

6.4 감쇄 특성을 향상시킨 적층형 유전체 도파관 필터 예 / 315

6.5 DWFD 프로그램을 이용한 적층 유전체 도파관 필터 예 / 317

6.5.1 DWFD를 사용한 시뮬레이션 및 대역통과 필터 설계 / 317

6.5.2 HFSS를 사용한 적층 형태의 대역통과 필터 설계 / 321

6.5.3 제작 및 측정 결과 / 323

6.6 유전체 도파관 듀플렉서 예 / 325

6.6.1 듀플렉서 설계 / 325

6.6.2 듀플렉서 시뮬레이션 / 328

6.6.3 듀플렉서 제작 및 측정 결과 / 330

1 필터 이론

이 장에서는 일반적인 RF/마이크로웨이브 필터의 기초 개념과 이론에 대해 설명한다.

세부 주제로는 필터 변환 함수, 저역통과 원형(prototype) 필터, 주파수 및 소자 변환, 이미턴스(immittance) 인버터, Richards 변환, 포소자의 Kuroda 동일성 등이 포함된다.

또한, 필터의 손실(dissipation) 및 무부하(unloaded) 품질(quality) 계수(factor)에 대해서도 설명할 것이다.

1.1 전달함수

1.1.1 정의

2-포트 필터망의 전달함수는 수학적으로 S_{21} 으로 표현되는 응답 특성으로 설명된다. 대부분의 경우, 무손실(lossless) 수동필터망의 전달함수는 다음과 같이 정의한다.

$$|S_{21}(j\Omega)|^2 = \frac{1}{1+\varepsilon^2 F_n^2(\Omega)} \tag{1.1}$$

여기서, ε 은 리플(ripple) 상수이고, $F_n(\Omega)$ 는 지수(characteristic) 함수로 표현되며, Ω 는 주파수 변수이다. 이때 Ω 를 $\Omega = \Omega_c$ 에서 차단(cutoff) 주파수를 가지는 저역통과 원형필터의 라디안(radian) 주파수 변수로 표현하면 편리하다. $\Omega_c = 1(rad/s)$ 로 나타낸다. 추후에 주파수는 저역통과(lowpass) 필터, 고역통과(highpass) 필터, 대역통과(bandpass) 필터, 대역저지(bandstop) 필터에서 라디안 주파수를 사용하여 변환된다.

선형적(linear)이고 시불변(time-invariant) 망에서 변환함수는 유리(rational) 함수로 정의되는데, 이때

$$S_{21}(p) = \frac{N(p)}{D(p)} \tag{1.2}$$

여기서, $N(p)$ 와 $D(p)$ 는 $p = \sigma + j\Omega$ 로 표현되는 복소(complex) 주파수 변수인 다항식이다. 무손실 수동 필터망에서는 $\sigma=0$ 와 $p = j\Omega$ 에서 네이퍼(neper) 주파수이다. 실제적인 전달함수를 찾기 위해 근접 문제(approximation problem)라고 불리는 대략적인 요구 응답을 특성으로 한다. 그리고 많은 경우, 식(1.2)의 전달함수는 식(1.1)의 전달함수로 구성되어진다.

식(1.1)에 주어진 전달함수에서, 필터의 삽입손실(insertion loss)은 다음 식에 의해 계산된다.

$$L_A(\Omega)= 10\log\frac{1}{|S_{21}(j\Omega)|^2}\,dB \tag{1.3}$$

여기서, L_A는 삽입손실을 의미하며, 수동 2-포트망에서 무손실 조건은 $|S_{11}|^2+|S_{21}|^2=1$ 이다. 필터의 반사손실(return loss)은 다음 식에 의해 계산된다.

$$L_R(\Omega)= 10\log\left[1-|S_{21}(j\Omega)|^2\right]dB \tag{1.4}$$

여기서, L_R 은 반사손실을 의미한다. 만일 전달함수를 이용하려면, 필터의 위상(phase) 응답을 찾아야 한다.

$$\phi_{21}=Arg\,S_{21}(j\Omega) \tag{1.5}$$

그 다음 군지연(group delay) 응답은 다음 식에 의해 계산된다.

$$\tau_d(\Omega)=\frac{d\phi_{21}(\Omega)}{-d\Omega}\,seconds \tag{1.6}$$

여기서, $\phi_{21}(\Omega)$ 는 라디안이고, Ω 는 단위시간당 라디안이다.

1.1.2 복소평면에서 극점(Poles)과 영점(Zeros)

(σ,Ω) 평면에서 전달함수는 복소평면 또는 p 평면이라고 불린다. 이 평면의 수평축은 실수축 또는 σ 축이라 불리고, 수직축은 허수축 또는 $j\Omega$ 축이라고 한다. p 값은

0(zero)에서 영점이 되고, 무한대(infinite)에서 극점이 되는 함수이다. 따라서, $S_{21}(p)$ 의 영점은 분자 $N(p)$ 의 근이고, 극점은 분모 $D(p)$ 의 근이다.

전달함수의 극점과 영점은 p 평면에서 표현될 수 있는데, 전달함수의 다른 형태들도 극점과 영점의 형태로 구분한다.

1.1.3 버터워드(Butterworth) 응답

버터워드 필터의 전달함수는 차단 주파수 $\Omega_c = 1$ 일 때 삽입손실 $L_{Ar} = 3.01\,dB$ 를 갖는다. 기본식은

$$|S_{21}(j\Omega)|^2 = \frac{1}{1+\Omega^{2n}} \tag{1.7}$$

여기서, n 은 필터의 차수이고, 저역통과 원형필터에서 리액티브(reactive) 소자의 수와 일치한다. 이런 형태의 응답은, 전달함수를 정의할 때 $\Omega = 0$ 에서 최대 $(2n-1)$ 개의 영점 미분계수(derivatives)를 가지므로 최대평탄(maximally flat) 응답이라고 불리기도 한다. 따라서, 통과대역에서 이상적인 저역통과 필터의 최대평탄은 $\Omega = 0$ 일 때이다. 그러나, Ω 가 차단 주파수 Ω_c 로 접근할수록 특성을 저하시킨다. 그림 1.1은 전형적인 최대평탄 응답을 보여 주고 있다.

식(1.7)로 구성된 전달함수는

$$S_{21}(p) = \frac{1}{\prod_{i=1}^{n}(p-p_i)} \tag{1.8}$$

여기서,

$$p_i = j\exp\left[\frac{(2i-1)\pi}{2n}\right]$$

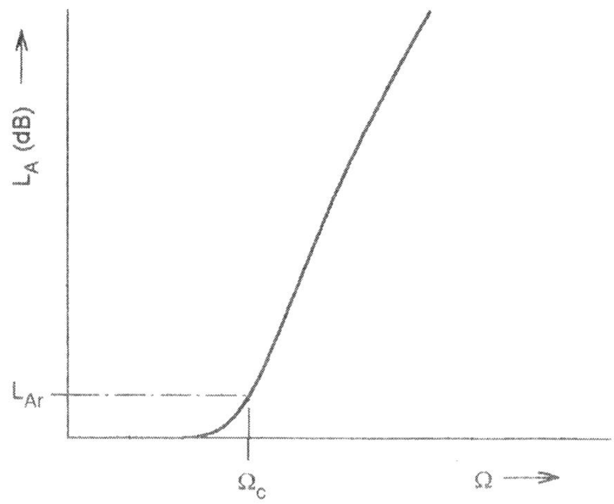

그림 1.1 버터워드 저역통과 응답

$S_{21}(p)$ 함수의 모든 영점은 무한대이고, 극점 p_i 는 동일한 각도로 왼쪽 단위 반원 안에 형성된다. 이때, $|p_i|=1$ 이고, $Arg\,p_i=(2i-1)\pi/2n$ 이다. 그림 1.2에 묘사되어 있다.

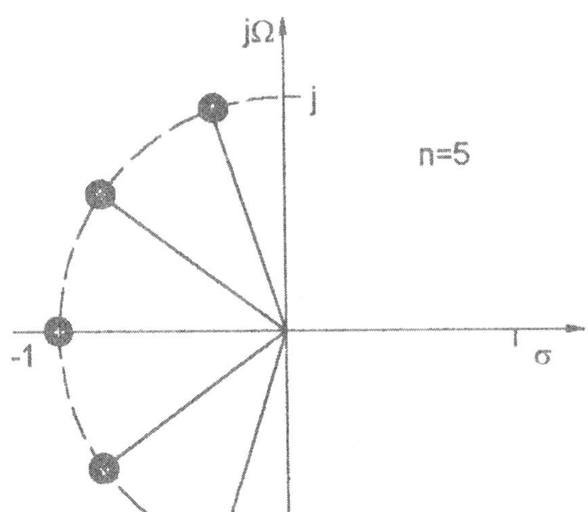

그림 1.2 버터워드 응답에서 극점 분포도

1.1.4 체비셰브(Chebyshev) 응답

체비셰브 응답은 그림 1.3에서 보여지듯이 통과대역에서는 등리플(equal-ripple)을 가지며, 저지대역에서 최대로 평탄하다. 이와 같은 응답의 전달 함수 기본식은

$$|S_{21}(j\Omega)|^2 = \frac{1}{1+\varepsilon^2 T_n^2(\Omega)} \tag{1.9}$$

여기서, 리플 상수 ε 은 주어진 통과대역 리플 $L_{Ar}(dB)$ 와 관계가 있다.

$$\varepsilon = \sqrt{10^{\frac{L_{Ar}}{10}} - 1} \tag{1.10}$$

$T_n(\Omega)$ 는 n 차의 첫 번째 항의 함수이다. 정의는 다음과 같다.

$$T_n(\Omega) = \begin{cases} \cos(n \cos^{-1}\Omega) & |\Omega| \le 1 \\ \cosh(n \cosh^{-1}\Omega) & |\Omega| \ge 1 \end{cases} \tag{1.11}$$

그러므로, 식(1.9)로부터 구현된 필터는 체비셰브 필터라고 알려져 있다.
체비셰브 필터의 일반적인 전달함수의 형태를 다시 유도하면

$$S_{21}(p) = \frac{\prod_{i=1}^{n}\left[\eta^2 + \sin^2(i\pi/n)\right]^{1/2}}{\prod_{i=1}^{n}(p+p_i)} \tag{1.12}$$

여기서,

$$p_i = j\cos\left[\sin^{-1} j\eta + \frac{(2i-1)\pi}{2n}\right]$$

$$\eta = \sinh\left(\frac{1}{n} sinh^{-1}\frac{1}{\varepsilon}\right)$$

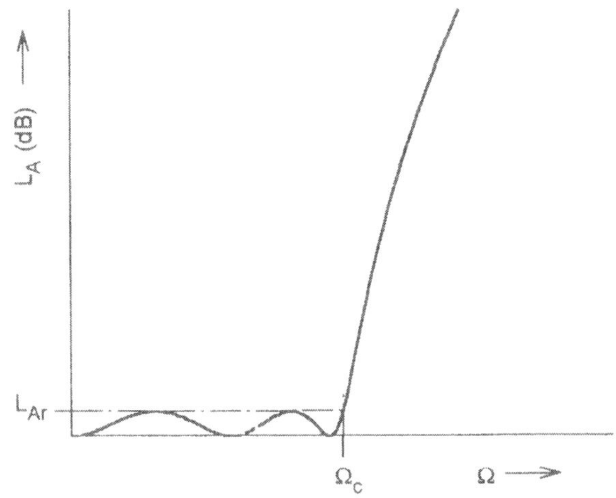

그림 1.3 체비셰브 저역통과 응답

최대평탄의 경우와 유사하게 $S_{21}(p)$ 의 영점은 무한대에 위치한다. 그러므로, 버터워드와 체비셰브 필터를 올폴(all-pole) 필터라고 언급하기도 한다. 어쨌든, 체비셰브의 경우 왼쪽 타원 안에 형성된다. 타원의 장축은 $j\Omega$ 축이고, 크기는 $\sqrt{1+\eta^2}$ 이다. 단축은 σ 축이고, 크기는 η 이다. 그림 1.4는 $n=5$ 일 때 극점의 분포도이다.

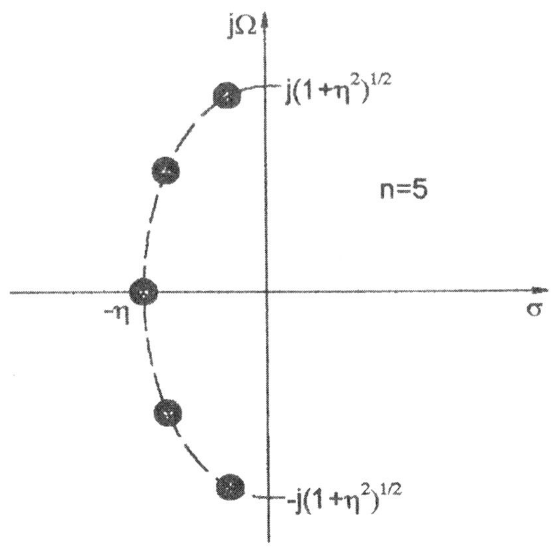

그림 1.4 체비셰브 응답에서 극점 분포도

1.1.5 타원함수 응답

그림 1.5에 묘사된 것처럼, 통과대역과 저지대역에서 등리플을 가지는 응답을 타원함수 응답이라고 한다. 이와 같은 응답의 전달함수 기본식은

$$|S_{21}(j\Omega)|^2 = \frac{1}{1+\varepsilon^2 F_n^2(\Omega)} \tag{1.13a}$$

여기서,

$$F_n(\Omega) = \begin{cases} M\dfrac{\prod_{i=1}^{n/2}(\Omega_i^2 - \Omega^2)}{\prod_{i=1}^{(n-1)/2}(\Omega_i^2 - \Omega^2)} & n\text{이 짝수일 때} \\ N\dfrac{\Omega\prod_{i=1}^{(n-1)/2}(\Omega_i^2 - \Omega^2)}{\prod_{i=1}^{(n-1)/2}(\Omega_s^2/\Omega_i^2 - \Omega^2)} & n(\geq 3)\text{이 홀수일 때} \end{cases} \tag{1.13b}$$

$\Omega_i(0 < \Omega_i < 1)$과 $\Omega_s > 1$에서 임계(critical) 주파수이고, M과 N은 상수이다. $F_n(\Omega)$는 $|\Omega| \leq 1$에서 ± 1만큼 진동(oscillate)하고, $|F_n(\Omega = \pm 1)| = 1$이다.

그림 1.6은 $n = 4$ 와 $n = 5$ 일 때 두 가지 형태의 진동곡선을 나타낸다. 식(1.13b)의 $F_n(\Omega)$ 에서 보여지듯이, 극점과 영점은 비례(proportionality) 상수 Ω_s 가 역수관계에 있다. 만일 통과대역에서 등리플을 갖는 $F_n(\Omega)$ 를 찾을 수 있다면, Ω_i 는 저지대역에서도 자동적으로 등리플을 갖는다. 변수 Ω_s 는 저지대역의 시작 주파수이다. 식(1.13)의 전달함수는 타원함수를 포함하고 있다. 그 이유는, 필터에서 타원함수 필터 또는 타원함수라고 불리는 응답을 나타내고 있기 때문이다.

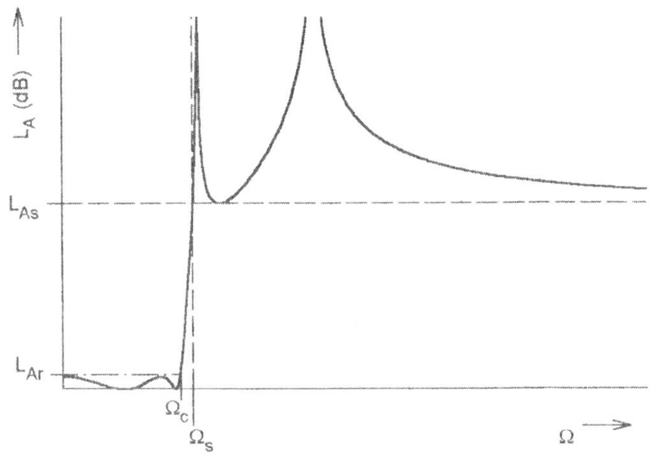

그림 1.5 타원함수 저역통과 응답

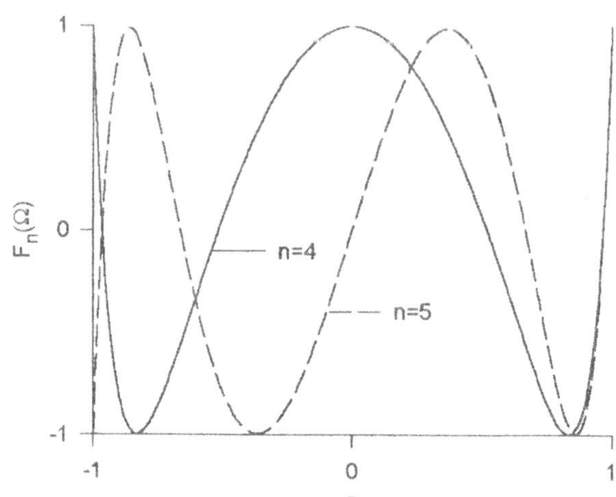

그림 1.6 타원함수의 극점

1.1.6 가우시안(Gaussian) 응답

가우시안 응답의 전달함수는 다음과 같다.

$$S_{21}(p) = \frac{a_0}{\sum_{k=0}^{n} a_k p^k} \tag{1.14}$$

여기서, $p = \sigma + j\Omega$ 는 정규화된 복소 주파수 변수이고, 계수는

$$a_k = \frac{(2n-k)!}{2^{n-k} k!(n-k)!} \tag{1.15}$$

이 전달함수는 $\Omega = 0$ 에서 최대한 많은 수의 미분계수를 가지므로 군지연을 포함한다. 그 이유는 $\Omega = 0$ 근처에서 최대로 평탄한 군지연을 가지기 때문이다. 식(1.14)와 식(1.15)의 다항식은 Bessel 함수와 관계가 있다. 그래서 이런 필터를 Bessel 또는 Thomson 필터라고 한다.

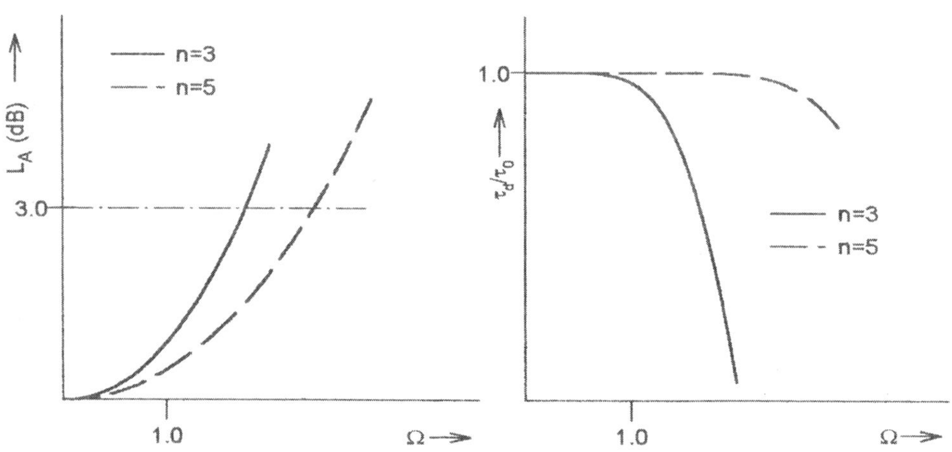

(a) 진폭 (b) 군지연

그림 1.7 가우시안 응답

그림 1.7은 $n = 3$ 일 때와 $n = 5$ 일 때 가우시안 응답을 보여 주고 있다. 일반적으

로, 가우시안 필터는 그림 1.7(a)에서 보듯이 선택도(selectivity)가 불충분하다. n 차수가 증가할수록 선택도의 증가는 미비하고 삽입손실은 가우시안 형태로 증가한다.

$$L_A(\Omega) = 10 \log e \frac{\Omega^2}{(2n-1)} dB \tag{1.16}$$

이 방정식을 이용할 때는 3dB 대역폭(bandwidth)이 주어지는데

$$\Omega_{3dB} \approx \sqrt{(2n-1)\ln 2} \tag{1.17}$$

$n \geq 3$ 일 때 적용된다. 그러므로, 가우시안 필터의 3dB 대역폭은 필터의 차수에 종속되는 함수이고, 고차필터의 경우 3dB 대역폭은 더 커진다.

어쨌든, 그림 1.7(b)에서 보듯이 가우시안 필터는 통과대역에서는 매우 평탄한 군지연을 가지고 있다. 여기서 군지연은 τ_0 에 의해 정규화되고, 주파수가 0일 때 지연이 되며, 통과대역의 대역폭은 역수로 비례한다. 만일 대역폭을 단위 시간당 $\Omega = \Omega_c = 1$ 라디안이라고 하면, $\tau_0 = 1$ 초이다. 필터의 차수가 증가함에 따라, 군지연은 넓은 주파수 범위에서 평탄하다. 그러므로, 고차 가우시안 필터는 넓은 통과대역을 가지는 평탄한 군지연이 필요할 때 사용된다.

1.1.7 전통과(All-pass) 응답

군지연 이퀄라이저(equalizer)는 전 통과망이므로 통신 시스템에서 많이 사용되어진다. 전통과망의 전달함수는 다음과 같다.

$$S_{21}(p) = \frac{D(-p)}{D(p)} \tag{1.18}$$

여기서, $p = \sigma + j\Omega$ 는 복소 주파수 변수이고, $D(p)$ 는 Hurwitz 다항식이다. 실

수 주파수$(p=j\Omega)$일 때, 모든 주파수에서 유일한 응답을 가지고 위해 $\left|S_{21}(j\Omega)^2 = S_{21}(p)S_{21}(-p)=1\right|$이므로 전통과망이라라고 한다. 어쨌든, 위상 변화와 군지연은 전통과망에서 발생한다. 식(1.18)에서 실수 주파수는 $S_{21}(j\Omega)=e^{j\phi_{21}(\Omega)}$ 이고, 전통과망에서 위상 변화가 생길 때,

$$\phi_{21}(\Omega) = -j\ln S_{21}(j\Omega) \tag{1.19}$$

군지연은 다음과 같다.

$$\begin{aligned}\tau_d(\Omega) &= -\frac{d\phi_{21}(\Omega)}{d\Omega} = j\frac{d(\ln S_{21}(j\Omega))}{d\Omega} \\ &= j\left(\frac{1}{D(-p)}\frac{dD(-p)}{dp} - \frac{1}{D(p)}\frac{dD(p)}{dp}\right)\frac{dp}{d\Omega}\Big|_{p=j\Omega}\end{aligned} \tag{1.20}$$

Hurwitz 다항식 $D(p)$ 를 표현하면

$$D(p) = \left(\prod_{k=1}^{n}[p-(-\sigma_k)]\right)\left(\prod_{k=1}^{m}[p-(-\sigma_i+j\Omega_i] \cdot [p-(-\sigma_i-j\Omega_i)]\right) \tag{1.21}$$

여기서, $\sigma_k > 0$ 일 때 $-\sigma_k$ 는 실수항의 왼쪽근이고, $\sigma_i > 0$ 과 $\Omega_i > 0$ 일 때 $-\sigma_i \pm j\Omega_i$ 는 $D(p)$ 의 복소항의 왼쪽근이다. 만일, 전통과망의 영점과 극점이 σ 축에 있으면 C형 면(section)을 포함하고 있어서 이를 C형 전통과망이라고 불린다. 반면, 식(1.18)처럼 전달함수의 영점과 극점이 복소평면에 좌우대칭으로 존재한다면 D형 면을 포함하고 있으므로 D형 전통과망이라고 한다. 실제적으로 전통과망은 C형과 D형 면이 다단(cascade)으로 구성되어 있다.

C형 전통과망에서 전달함수는

$$S_{21}(p) = \frac{-p+\sigma_k}{p+\sigma_k} \tag{1.22a}$$

이고, 식(1.20)에 의해 군지연은

$$\tau_d(\Omega) = \frac{2\sigma_k}{\sigma_k^2 + \Omega^2} \tag{1.22b}$$

이 회로망에서 영점, 극점과 군지연은 그림 1.8에 나타나 있다.
유사하게 D형 전통과망에서의 전달함수는

$$S_{21}(p) = \frac{[-p-(-\sigma_i + j\Omega_i)] \bullet [-p-(-\sigma_i - j\Omega_i)]}{[p-(-\sigma_i + j\Omega_i)] \bullet [p-(-\sigma_i - j\Omega_i)]} \tag{1.23a}$$

이고, 군지연은

$$\tau_d(\Omega) = \frac{4\sigma_i\left[(\sigma_i^2 + \Omega_i^2) + \Omega^2\right]}{\left[(\sigma_i^2 + \Omega_i^2) - \Omega^2\right]^2 + (2\sigma_i\Omega)^2} \tag{1.23b}$$

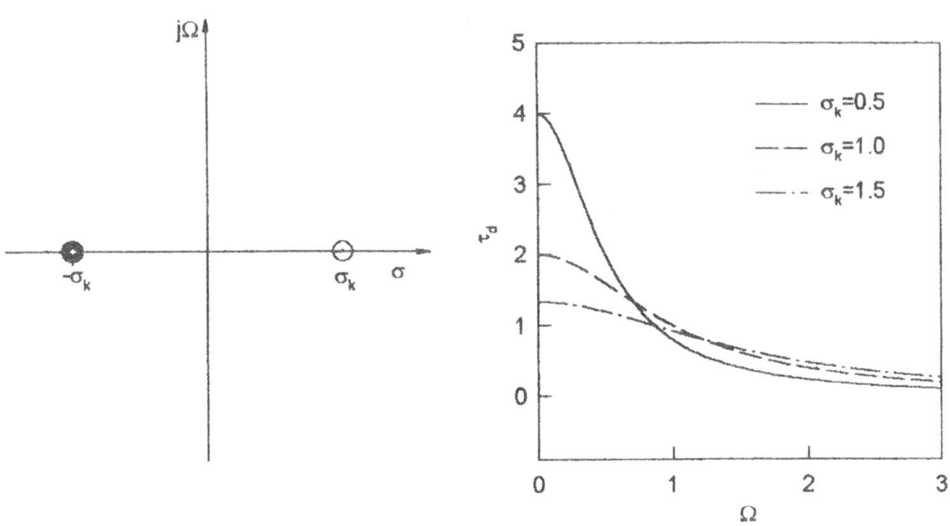

(a) 영점과 극점　　　(b) 군지연 응답

그림 1.8 C형 전통과망 특성

그림 1.9는 이 회로망에서 영점, 극점과 군지연을 나타낸다.

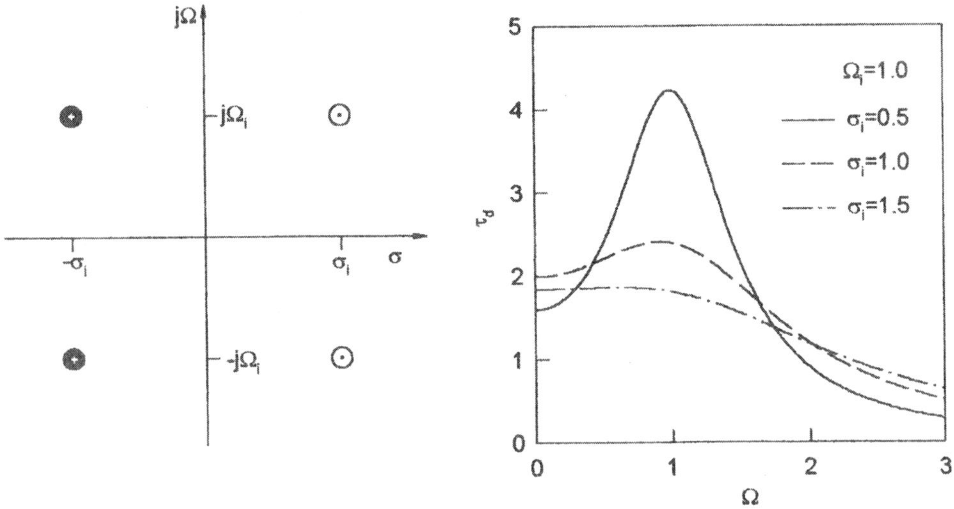

(a) 영점과 극점

(b) 군지연 응답

그림 1.9 D형 전통과망 특성

1.2 저역통과 원형필터와 소자

저역통과 원형필터는 구성하는 소자 값들인 원천(source) 레지스턴스(resistance)이나 컨덕턴스(conductance)를 정규화시키는 과정이다. $g_0 = 1$ 로 정규화시키고, 차단 각(angular) 주파수는 1 로 정규화하고, $\Omega_c = 1$ 로 정규화한다. 그림 1.10은 두 가지 형태의 올폴 필터, 버터워드, 체비셰브, 가우시안 응답 등을 표현하기 위한 n 차 저역통과 원형 형태를 설명한 것이다. 각각의 형태는 동일한 응답특성을 나타내는 이중(dual) 형태이다. 그림 1.10에서 직렬 인덕터인 인덕턴스(inductance)와 병렬 캐패시터인 캐패시턴스(capacitance)를 g_i 로 정규화하는데, 이때 $i = 1 \sim n$ 이다. 그러므로, n 은 리액티브 소자의 수이다. 만일, g_1 이 병렬 캐패시턴스나 직렬 인덕턴스인 경우, g_0 는 원천 레지스턴스나 컨덕턴스가 된다. 유사하게, g_n 이 병렬 캐패시턴스나 직렬 인덕턴스인 경우, g_{n+1} 은 부하(load) 레지턴스나 컨덕턴스가 된다. 인덕턴스는 헨리(henries), 레지스턴스는 오옴(ohms), 컨덕턴스는 모(mhos)를 단위로 사용한다.

이와 같은 형태의 저역통과 필터는 주파수나 소자 변환으로 많은 다양한 필터를 설계할 때 원형 형태로 사용할 수 있다. 다음 장에서 자세히 설명되어질 것이다. 이번 장의 중요 목표는 수식을 사용하여 저역통과 원형필터의 각 소자의 값들을 표로 유도해 내는 것이다.

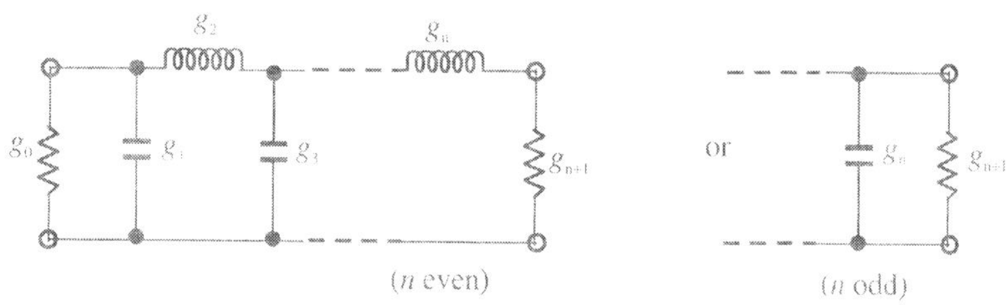

(a) 회로망 구조

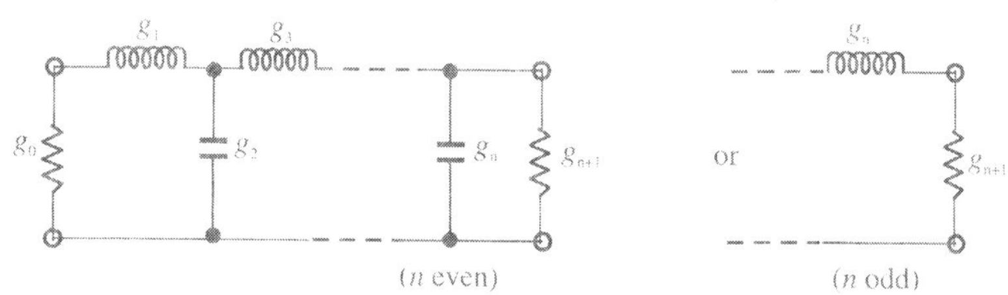

(b) 이중(dual) 구조

그림 1.10 저역통과 원형필터

1.2.1 버터워드 저역통과 원형필터

식(1.7)의 전달함수를 가지는 버터워드 저역통과 원형필터는 차단 주파수 $\Omega_c = 1$ 일 때 삽입손실 $L_{Ar} = 3.01\,dB$ 를 가진다. 그림 1.10에 의해 소자 값들을 계산해 보면

$$g_0 = 1.0 \tag{1.24}$$

$$g_i = 2\sin\left(\frac{(2i-1)\pi}{2n}\right) \quad i = 1 \text{ 일 때}$$

$$g_{n+1} = 1.0$$

$n = 1$~9차 항을 가지는 필터의 소자 값들이 표 1.1에 정리되어 있다. 2포트 버터워드 필터에서 고려해야 할 점은 이 망이 대칭 구조라는 점이다. 즉, $g_0 = g_{n+1}$ 이고, $g_1 = g_n$ 이다.

버터워드 저역통과 원형필터에서 $\Omega_s > 1$ 에서 $\Omega = \Omega_s$ 일 때, 저지대역 감쇄(attenuation) 특성 L_{As} 가 최소화된다.

$$n \geq \frac{\log\left(10^{0.1L_{As}} - 1\right)}{2\log\Omega_s} \tag{1.25}$$

예를 들어, $\Omega_s = 2$ 에서 $L_{As} = 40\,dB$ 이면 $n \geq 6.644$ 이므로, 7차($n = 7$) 버터워드 원형필터로 설계되어야 한다.

표 1.1 버터워드 저역통과 원형필터 소자 값 (Ω_c 에서 $g_0 = 1.0,\ \Omega_c = 1,\ L_{Ar} = 3.01\,dB$)

n	g_1	g_2	g_3	g_4	g_5	g_6	g_7	g_8	g_9	g_{10}
1	2.0000	1.0								
2	1.4142	1.4142	1.0							
3	1.0000	2.0000	1.0000	1.0						
4	0.7654	1.8478	1.8478	0.7654	1.0					
5	0.6180	1.6180	2.0000	1.6180	0.6180	1.0				
6	0.5176	1.4142	1.9318	1.9318	1.4142	0.5176	1.0			
7	0.4450	1.2470	1.8019	2.0000	1.8019	1.2470	0.4450	1.0		
8	0.3902	1.1111	1.6629	1.9616	1.9616	1.6629	1.1111	0.3902	1.0	
9	0.3473	1.0000	1.5321	1.8794	2.0000	1.8794	1.5321	1.0000	0.3473	1.0

1.2.2 체비셰브 저역통과 원형필터

식(1.9)와 같이 통과대역 리플 $L_{Ar}\, dB$ 와 차단 주파수 $\Omega_c = 1$ 의 전달함수를 가지는 체비셰브 저역통과 원형필터의 2-포트 망의 소자 값은 그림 1.10에 의해

$$g_0 = 1.0 \tag{1.26}$$

$$g_1 = \frac{2}{\gamma}\sin\left(\frac{\pi}{2n}\right)$$

$$g_i = \frac{1}{g_{i-1}}\frac{4\sin\left[\frac{(2i-1)\pi}{2n}\right]\cdot\sin\left[\frac{(2i-3)\pi}{2n}\right]}{\gamma^2+\sin^2\left[\frac{(i-1)\pi}{n}\right]} \qquad i = 2, 3, \cdots n \text{ 일 때}$$

$$g_{n+1} = \begin{cases} 1.0 & n\text{이 홀수일 때} \\ \coth^2\left(\frac{\beta}{4}\right) & n\text{이 짝수일 때} \end{cases}$$

여기서,

$$\beta = \ln\left[\coth\left(\frac{L_{Ar}}{17.37}\right)\right]$$

$$\gamma = \sinh\left(\frac{\beta}{2n}\right)$$

통과대역 리플 변수 L_{Ar} 을 가지는 $n = 1$~9차 항의 필터 소자 값들이 표 1.2에 정리되어 있다. 통과대역 리플 $L_{Ar}\, dB$ 를 가지는 체비셰브 저역통과 원형필터에서 $\Omega = \Omega_s$ 일 때, 차수는 다음 식으로 찾을 수 있다.

$$n \geq \frac{\cosh^{-1}\sqrt{\frac{10^{0.1L_{As}}-1}{10^{0.1L_{Ar}}-1}}}{\cosh^{-1}\Omega_s} \tag{1.27}$$

예를 들어, $\Omega_s = 2$ 에서 $L_{As} \geq 40\, dB$ 이고, 통과대역 리플 $L_{Ar} = 1\, dB$ 일 때,

$n \geq 5.45$ 이므로, 6차($n = 6$) 체비셰브 원형필터로 설계되어야 한다. 즉, 버터워드 원형필터에 비해 체비셰브 원형필터가 우위에 있다.

표 1.2 체비셰브 저역통과 원형필터 소자 값 ($g_0 = 1.0,\ \Omega_c = 1$)

통과대역 리플 $L_{Ar} = 0.01\,dB$ 일 때										
n	g_1	g_2	g_3	g_4	g_5	g_6	g_7	g_8	g_9	g_{10}
1	0.0960	1.0								
2	0.4489	0.4078	1.1008							
3	0.6292	0.9703	0.6292	1.0						
4	0.7129	1.2004	1.3213	0.6476	1.1008					
5	0.7563	1.3049	1.5773	1.3049	0.7563	1.0				
6	0.7814	1.3600	1.6897	1.5350	1.4970	0.7098	1.1008			
7	0.7970	1.3924	1.7481	1.6331	1.7481	1.3924	0.7970	1.0		
8	0.8073	1.4131	1.7825	1.6833	1.8529	1.6193	1.5555	0.7334	1.1008	
9	0.8145	1.4271	1.8044	1.7125	1.9058	1.7125	1.8044	1.4271	0.8145	1.0
통과대역 리플 $L_{Ar} = 0.04321\,dB$ 일 때										
n	g_1	g_2	g_3	g_4	g_5	g_6	g_7	g_8	g_9	g_{10}
1	0.2000	1.0								
2	0.6648	0.5445	1.2210							
3	0.8516	1.1032	0.8516	1.0						
4	0.9314	1.2920	1.5775	0.7628	1.2210					
5	0.9714	1.3721	1.8014	1.3721	0.9714	1.0				
6	0.9940	1.4131	1.8933	1.5506	1.7253	0.8141	1.2210			
7	1.0080	1.4368	1.9398	1.6220	1.9398	1.4368	1.0080	1.0		
8	1.0171	1.4518	1.9667	1.6574	2.0237	1.6107	1.7726	0.8330	1.2210	
9	1.0235	1.4619	1.9837	1.6778	2.0649	1.6778	1.9837	1.4619	1.0235	1.0
통과대역 리플 $L_{Ar} = 0.1\,dB$ 일 때										
n	g_1	g_2	g_3	g_4	g_5	g_6	g_7	g_8	g_9	g_{10}
1	0.3052	1.0								
2	0.8431	0.6220	1.3554							
3	1.0316	1.1474	1.0316	1.0						
4	1.1088	1.3062	1.7704	0.8181	1.3554					
5	1.1468	1.3712	1.9750	1.3712	1.1468	1.0				
6	1.1681	1.4040	2.0562	1.5171	1.9029	0.8618	1.3554			
7	1.1812	1.4228	2.0967	1.5734	2.0967	1.4228	1.1812	1.0		
8	1.1898	1.4346	2.1199	1.6010	2.1700	1.5641	1.9445	0.8778	1.3554	
9	1.1957	1.4426	2.1346	1.6167	2.2054	1.6167	2.1346	1.4426	1.1957	1.0

특이한 경우 통과대역에서 반사손실 L_R 또는 최대 정재파비(voltage standing wave ratio, VSWR)가 통과대역 리플 L_{Ar} 을 대신하기도 한다. 만일, 반사손실이 식(1.4)에서

정의되고 최소 통과대역 반사손실이 $L_R dB\ (L_R < 0)$ 일 때, 통과대역 리플은 다음 식과 유사하다.

$$L_{Ar} = -10\log^{\left(1-10^{0.1L_R}\right)} dB \tag{1.28}$$

예를 들어, $L_R = -16.426\,dB$, $L_{Ar} = 0.1\,dB$ 일 때, 정재파비(VSWR) 정의는

$$VSWR = \frac{1+|S_{11}|}{1-|S_{11}|} \tag{1.29}$$

이고, 다음 식에 의해 L_{Ar} 을 정재파비로 바꿀 수 있다.

$$L_{Ar} = -10\log\left[1-\left(\frac{VSWR-1}{VSWR+1}\right)^2\right] dB \tag{1.30}$$

즉, $VSWR = 1.3554$, $L_{Ar} = 0.1\,dB$ 로 바꿀 수 있다.

1.2.3 타원함수 저역통과 원형필터

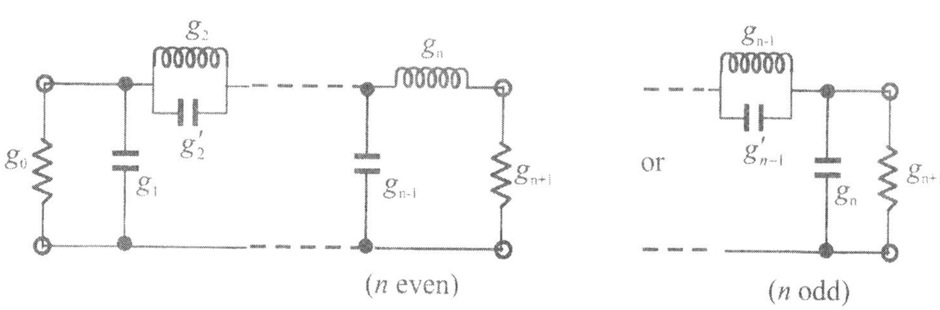

(a) 병렬 회로망 구조

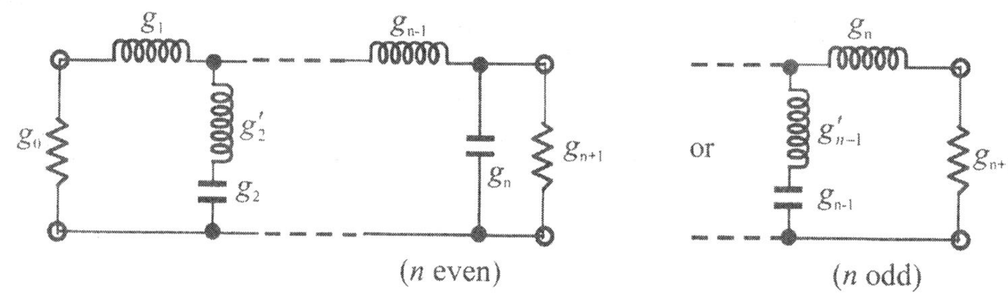

(b) 이중(dual) 구조

그림 1.11 타원함수 필터의 저역통과 원형필터

그림 1.11은 일반적으로 사용하는 두 가지 형태의 타원함수 저역통과 원형필터를 묘사하고 있다. 그림 1.11(a)에서 병렬 공진(resonant) 회로의 직렬망은 유한개의 영점 주파수 전송을 나타내고 있고, 공진시(resonance) 무한개의 직렬 임피던스(open-circuit)를 가짐으로 전송을 방해한다. 그림 1.11(a) 형태에서, $i(i=1, 3, \cdots)$가 홀수일 때 g_i 는 병렬(shunt) 캐패시턴스로 표현되며, $i(i=2, 4, \cdots)$가 짝수일 때, g_i 는 인덕턴스로 표현된다. 또한 $i(i=2, 4, \cdots)$가 짝수일 때, g'_i 은 병렬 공진회로의 직렬망 캐패시터로 표현된다. 그림 1.11(b)에서 직렬 공진회로의 병렬망은 유한개의 영점 주파수를 전송하는 데 사용되며, 공진시 전송시킨다. 이 경우, $i(i=1, 3, \cdots)$가 홀수일 때, 직렬 인덕턴스로 표현되며, $i(i=2, 4, \cdots)$가 짝수일 때, g_i 는 캐패시턴스로 표현된다. 또한 i $(i=2, 4, \cdots)$가 짝수일 때, g'_i 은 직렬 공진회로의 병렬망 인덕턴스로 표현된다. 두 회로망 모두 동일한 응답 특성을 나타낸다.

타원함수 저역통과 원형필터의 소자 값을 추출하는 데 있어서 버터워드나 체비셰브 저역통과 원형필터처럼 간단하지 않다. 표 1.3은 2-포트 타원함수 원형필터의 값 $(g_0 = g_{n+1} = 1)$을 나타내고 있다. 이 소자 값은 통과대역 리플 $L_{Ar} = 0.1\,dB$ 이고, 차단주파수 $\Omega_c = 1$ 이고, 변수 Ω_c 일 때, 시작 주파수에서 동일한 저지대역 리플을 갖는다. 또한, 이 주파수 변수는 저지대역에서 최소한의 삽입손실 $L_{As}\,dB$ 를 갖는다.

표 1.3 타원함수 저역통과 원형필터 소자 값 $(g_0 = g_{n+1} = 1.0,\ \Omega_c = 1,\ L_{Ar} = 0.1\,dB)$

n	Ω_s	$L_{As}dB$	g_1	g_2	g_2'	g_3	g_4	g_4'	g_5	g_6	g_6'	g_7
3	1.4493	13.5698	0.7427	0.7096	0.5412	0.7427						
	1.6949	18.8571	0.8333	0.8439	0.3252	0.8333						
	2.0000	24.0012	0.8949	0.9375	0.2070	0.8949						
	2.5000	30.5161	0.9471	1.0173	0.1205	0.9471						
4	1.2000	12.0856	0.3714	0.5664	1.0929	1.1194	0.9244					
	1.2425	14.1259	0.4282	0.6437	0.8902	1.1445	0.9289					
	1.2977	16.5343	0.4877	0.7284	0.7155	1.1728	0.9322					
	1.3962	20.3012	0.5675	0.8467	0.5261	1.2138	0.9345					
	1.5000	23.7378	0.6282	0.9401	0.4073	1.2471	0.9352					
	1.7090	29.5343	0.7094	1.0688	0.2730	1.2943	0.9348					
	2.0000	36.0438	0.7755	1.1765	0.1796	1.3347	0.9352					
5	1.0500	13.8785	0.7081	0.7663	0.7357	1.1276	0.2014	4.3812	0.0499			
	1.1000	20.0291	0.8130	0.9242	0.4934	1.2245	0.3719	2.1350	0.2913			
	1.1494	24.5451	0.8726	1.0084	0.3845	1.3097	0.4991	1.4450	0.4302			
	1.2000	28.3031	0.9144	1.0652	0.3163	1.3820	0.6013	1.0933	0.5297			
	1.2500	31.4911	0.9448	1.1060	0.2694	1.4415	0.6829	0.8827	0.6040			
	1.2987	34.2484	0.9681	1.1366	0.2352	1.4904	0.7489	0.7426	0.6615			
	1.4085	39.5947	1.0058	1.1862	0.1816	1.5771	0.8638	0.5436	0.7578			
	1.6129	47.5698	1.0481	1.2416	0.1244	1.6843	1.0031	0.3540	0.8692			
	1.8182	54.0215	1.0730	1.2741	0.0919	1.7522	1.0903	0.2550	0.9367			
	2.000	58.9117	1.0876	1.2932	0.0732	1.7939	1.1433	0.2004	0.9772			
6	1.0500	18.6757	0.4418	0.7165	0.9091	0.8314	0.3627	2.4468	0.8064	0.9986		
	1.1000	26.2370	0.5763	0.8880	0.6128	0.9730	0.5906	1.3567	0.9431	1.0138		
	1.1580	32.4132	0.6549	1.0036	0.4597	1.0923	0.7731	0.9284	1.0406	1.0214		
	1.2503	39.9773	0.7422	1.1189	0.3313	1.2276	0.9746	0.6260	1.1413	1.0273		
	1.3024	43.4113	0.7751	1.1631	0.2870	1.2832	1.0565	0.5315	1.1809	1.0293		
	1.3955	48.9251	0.8289	1.2243	0.2294	1.3634	1.1739	0.4148	1.2366	1.0316		
	1.5962	58.4199	0.8821	1.3085	0.1565	1.4792	1.3421	0.2757	1.3148	1.0342		
	1.7032	62.7525	0.9115	1.3383	0.1312	1.5216	1.4036	0.2310	1.3429	1.0350		
	1.7927	66.0190	0.9258	1.3583	0.1162	1.5505	1.4453	0.2022	1.3619	1.0355		
	1.8915	69.3063	0.9316	1.3765	0.1019	1.5771	1.4837	0.1767	1.3794	1.0358		
7	1.0500	30.5062	0.9194	1.0766	0.3422	1.0962	0.4052	2.2085	0.8434	0.5034	2.2085	0.4110
	1.1000	39.3517	0.9882	1.1673	0.2437	1.2774	0.5972	1.3568	1.0403	0.6788	1.3568	0.5828
	1.1494	45.6916	1.0252	1.2157	0.1940	1.5811	0.9939	0.5816	1.2382	0.5243	0.5816	0.4369
	1.2500	55.4327	1.0683	1.2724	0.1382	1.7059	1.1340	0.4093	1.4104	0.7127	0.4093	0.6164
	1.2987	59.2932	1.0818	1.2902	0.1211	1.7478	1.1805	0.3578	1.4738	0.7804	0.3578	0.6759
	1.4085	66.7795	1.1034	1.1389	0.0940	1.8177	1.2583	0.2770	1.5856	0.8983	0.2770	0.7755
	1.5000	72.1183	1.1159	1.3355	0.0786	1.7569	1.1517	0.3716	1.6383	1.1250	0.3716	0.9559
	1.6129	77.9449	1.1272	1.3506	0.0647	1.8985	1.3485	0.1903	1.7235	1.0417	0.1903	0.8913
	1.6949	81.7567	1.1336	1.3590	0.0570	1.9206	1.3734	0.1675	1.7628	1.0823	0.1675	0.9231
	1.8182	86.9778	1.1411	1.3690	0.0479	1.9472	1.4033	0.1408	1.8107	1.1316	0.1408	0.9616

주어진 특성을 만족시키기 위한 타원함수 저역통과 원형필터의 차수는 표 1.3에서 찾거나, 전달함수로부터 구할 수 있다. $\Omega_s = 2$ 에서 $L_{As} \geq 40\,dB$ 이고, 통과대역 리플 $L_{Ar} = 1\,dB$ 일 때, 표 1.3에서 $n = 5$ 라고 찾을 수 있으며, 이는 버터워드나 체비셰브보다 우위에 있다고 알 수 있다.

1.2.4 가우시안 저역통과 원형필터

가우시안 필터는 버터워드나 체비셰브처럼 올폴 필터이므로 그림 1.10도 가우시안 저역통과 원형필터로 볼 수 있다. 가우시안 원형필터는 회로망을 조합함으로써 쉽게 구할 수 있다. 그림 1.4에 두 개의 설계 변수들을 사용하여 소자 값들이 정리되어 있다. 첫 번째 변수는 $\Omega_{1\%}$ 라는 Ω 값인데, 이는 $\Omega = 0$ 에서 값이 1%보다 감소되어지는 군지연을 의미한다. 이 변수는 $\Omega_{1\%}$ 에서 삽입손실이고 $L_{\Omega 1\%}\,(dB)$ 라고 표시한다.

동일한 종속단을 가질 때 ($g_0 = g_{n+1} = 1$), 가우시안 필터 ($n \geq 2$)는 비대칭 구조이다. 높은 차수($n \geq 5$)로 갈수록 삽입손실은 3dB 보다 증가하고 그 주파수 범위에서 군지연은 평탄해진다. 만일, 통과대역에서 군지연이 1% 미만이고, 3dB 의 대역폭을 갖는 필터를 설계하려면, 표 1.4에서 찾을 수 있듯이 소자의 최소 수는 5단 (n=5)으로 구현되어야 한다.

표 1.4 가우시안 저역통과 원형필터 소자 값 ($g_0 = g_{n+1} = 1.0,\ \Omega_s = 1$)

n	$\Omega_{1\%}$	$L_{\Omega 1\%} dB$	g_1	g_2	g_3	g_4	g_5	g_6	g_7	g_8	g_9	g_{10}
2	0.5627	0.4794	1.5774	0.4226								
3	1.2052	1.3365	1.2550	0.5528	0.1922							
4	1.9314	2.4746	1.0598	0.5116	0.3181	0.1104						
5	2.7090	3.8156	0.9303	0.4577	0.3312	0.2090	0.0718					
6	3.5245	5.3197	0.8377	0.4116	0.3158	0.2364	0.1480	0.0505				
7	4.3575	6.9168	0.7677	0.3744	0.2944	0.2378	0.1778	0.1104	0.0375			
8	5.2175	8.6391	0.7125	0.3446	0.2735	0.2297	0.1867	0.1387	0.0855	0.0289		
9	6.0685	10.349	0.6678	0.3203	0.2547	0.2184	0.1859	0.1506	0.1111	0.0682	0.0230	
10	6.9495	12.188	0.6305	0.3002	0.2384	0.2066	0.1808	0.1539	0.1240	0.0911	0.0557	0.0187

1.2.5 전통과 저역통과 원형필터

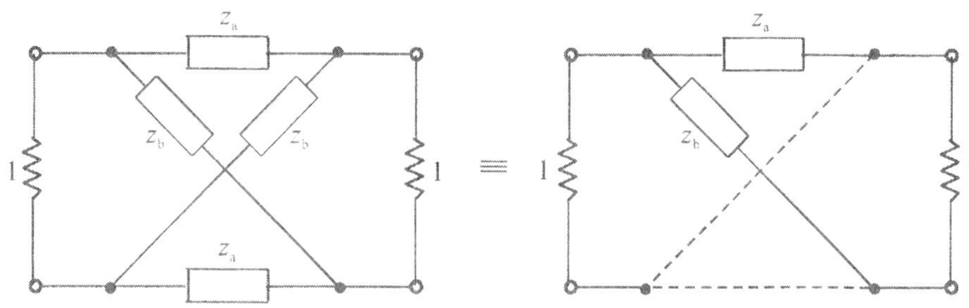

(a) 격자 회로망 구조

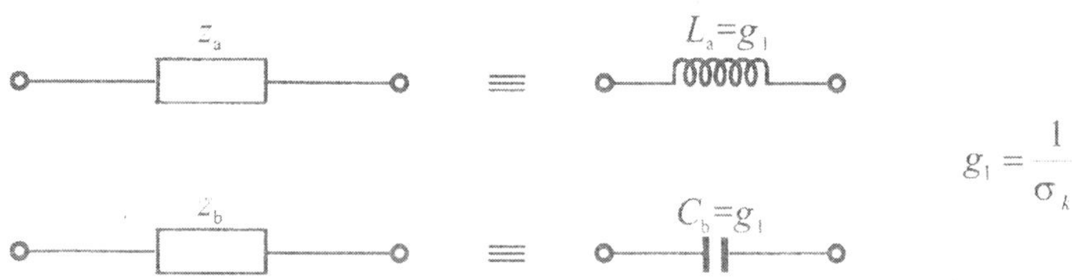

(b) C형 회로망 소자

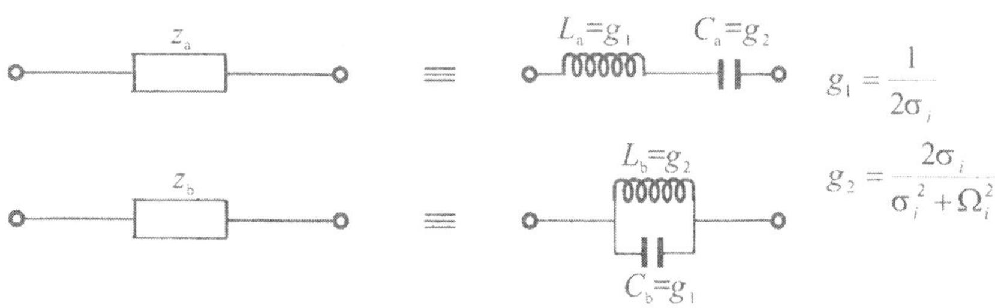

(c) D형 회로망 소자

그림 1.12 전통과 필터의 저역통과 원형필터

전통과 저역통과 원형필터의 기초망은 그림 1.12(a)에서 보여지듯이 격자(lattice) 구조이다. 오른쪽 그림이 좀 더 간결한 구조를 나타내고 있다. 이 격자는 2-포트의 대칭 구조일 뿐만 아니라, 접지에 평형을 이루고 있다. 이 회로망의 2-포트 Z-파라미터를 정규화하면,

$$z_{11} = z_{22} = \frac{z_b + z_a}{2} \tag{1.31}$$

$$z_{12} = z_{21} = \frac{z_b - z_a}{2}$$

그림 1.12(b)에서 보듯이 전통과 저역통과 원형필터의 회로망 소자 값이 C형일 때,

$$z_a = j\Omega L_a = j\Omega g_i \tag{1.32}$$

$$z_b = \frac{1}{j\Omega C_a} = \frac{1}{j\Omega g_1}$$

$$g_1 = \frac{1}{\sigma_k}$$

여기서, $\sigma_k>0$ 은 그림 1.8에서 보여지듯이 군지연 특성을 제어하는 설계 변수이다. C형 구간은 전통과망의 첫 번째 차수이고, 직렬의 인덕턴스나 병렬의 캐패시턴스로 구성되는 저역통과 원형소자 g_1 이 유일하다.

그림 1.12(c)에서 보듯이 전통과 저역통과 원형필터의 회로망 소자 값이 D형일 때,

$$z_a = j\Omega L_a + \frac{1}{j\Omega C_a} \tag{1.33}$$

$$\frac{1}{z_a} = j\Omega C_b + \frac{1}{j\Omega L_b}$$

$$L_a = C_b = g_1 = \frac{1}{2\sigma_i}$$

$$C_a = L_b = g_2 = \frac{2\sigma_i}{\sigma_i^2 + \Omega_i^2}$$

여기서, $\sigma_i > 0$ 와 $\Omega_i > 0$ 은 그림 1.9에서 보듯이 군지연 응답을 구체화 해주는 두 개의 설계 변수이다. D형 구간은 전통과망의 두 번째 차수이고, 두 개의 저역통과 원형소자는 각각 g_1 과 g_2 인데, 그림 1.12(c)에서 보듯이 리액턴스 소자의 위치에 따라 인덕턴스나 캐패시턴스로 표현된다.

1.3 주파수 및 소자 변환(Transformations)

이제까지 레지스턴스/컨덕턴스가 $g_0 = 1$ 이고, 차단 주파수가 $\Omega_c = 1$ 일 때, 저역통과 원형필터를 정규화하였다. 이번 장에서는 저역통과 원형필터의 소자 값과 주파수 특성을 가지고, 설계하고자 하는 주파수 및 소자로 변환하는 과정을 알아볼 것이다.

주파수 사상(mapping)이라고 불리는 주파수 변환은 체비셰브 응답 같은 저역통과 원형필터를 고역통과, 대역통과, 대역저지 필터로 변환하는 데 사용된다. 이와 같은 주파수 변환은 리액티브 소자는 전부 변환이 가능하나, 레지스티브(resistive) 소자는 변환이 불가능하다.

이 같은 주파수 사상과 임피던스 스케일링(scaling)은 소자를 변환하여 얻을 수 있다. 임피던스 스케일링은 $g_0 = 1$ 인 정규화된 임피던스를 변환함으로 얻을 수 있고, Z_0 라는 임피던스를 사용하여 필터를 설계할 수 있다. 임피던스 스케일링 인자 γ_0

의 정의는

$$\gamma_0 = \begin{cases} Z_0/g_0 & g_0\text{값이 레지스턴스일 때} \\ g_0/Y_0 & g_0\text{값이 컨덕턴스일 때} \end{cases} \tag{1.34}$$

여기서, $Y_0 = 1/Z_0$ 는 어드미턴스(admittance)이다. 필터망에서 임피던스 스케일링을 사용하는 방법은

$$L \rightarrow \gamma_0 L \tag{1.35}$$

$$C \rightarrow C/\gamma_0$$

$$R \rightarrow \gamma_0 R$$

$$G \rightarrow G/\gamma_0$$

이고, 응답의 특성에는 영향을 받지 않는다.

g 는 소자 변환을 하는데 저역통과 원형소자를 포괄적인 의미라고 볼 수 있다. 이는 주파수 변환에 독립적으로 작용하고, 여러 종류의 필터를 변환할 때 레지스티브 소자 변환에 종속되어진다.

$$R = \gamma_0 g \qquad g\text{값이 레지스턴스일 때} \tag{1.36}$$

$$G = g/\gamma_0 \qquad g\text{값이 컨덕턴스일 때}$$

1.3.1 저역통과 필터로의 변환

저역통과 원형필터로부터 ω 축의 각 주파수에서 차단 주파수 ω_c 를 갖는 저역통과 필터로 주파수를 변환하기 위한 임피던스 스케일링은 다음과 같다.

$$\Omega = \left(\frac{\Omega_c}{\omega_c}\right)\omega \tag{1.37}$$

소자 값을 변환할 때는 다음과 같다.

$$L = \left(\frac{\Omega_c}{\omega_c}\right)\gamma_0 g \qquad g\text{값이 인덕턴스일 때} \tag{1.38}$$

$$C = \left(\frac{\Omega_c}{\omega_c}\right)\frac{g}{\gamma_0} \qquad g\text{값이 캐패시턴스일 때}$$

그림 1.13(a)에 잘 나타나 있다. 예를 들어, 차단 주파수 $f_c = 2GHz$ 이고, 임피던스 $Z_0 = 50\, ohms$ 인 저역통과 필터를 설계할 때, 그림 1.10(b)의 구조를 가지는 3단 버터워드 저역통과 원형필터로부터 $\Omega_c = 1.0\, rad/s$ 일 때, $g_0 = g_4 = 1.0\, mhos$, $g_1 = g_3 = 1.0\, H$, $g_2 = 2.0\, F$ 이다. 임피던스 스케일링 인자 $\gamma_0 = 50$ 이고, 차단 주파수 $\omega_c = 2\pi \times 2 \times 10^9\, rad/s$ 이다. 식(1.38)에 의해 $L_1 = L_3 = 3.979\, nH$ 이고, $C_2 = 3.183\, pF$ 이 된다. 그림 1.13(b)에 그 결과가 나타나 있다.

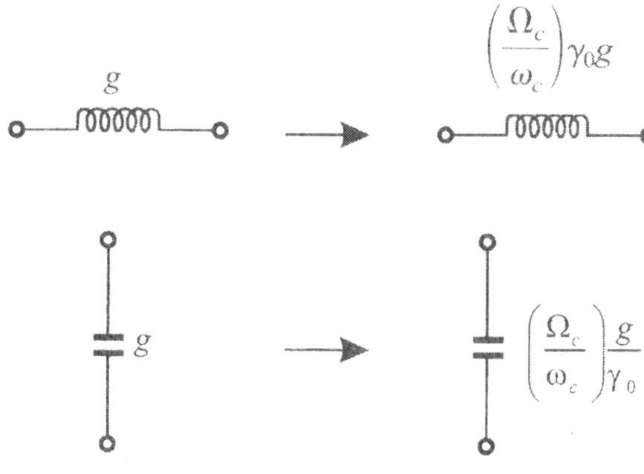

(a) 소자 변환

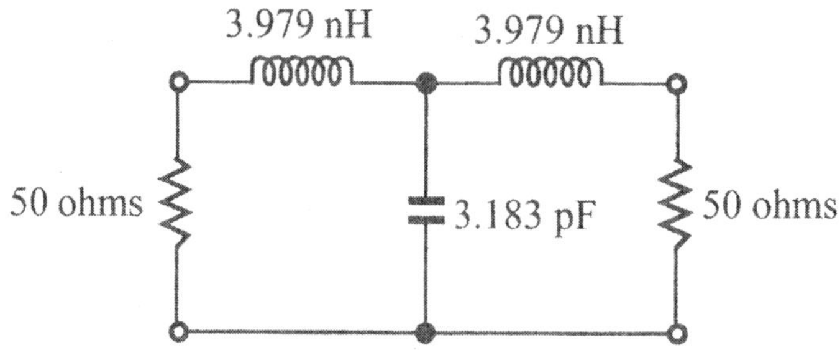

(b) 저역통과 필터로 변환의 예

그림 1.13 저역통과 원형필터로부터 저역통과 필터로의 변환

1.3.2 고역통과 필터로의 변환

ω 축에서 차단 주파수 ω_c 를 갖는 고역통과 필터로의 주파수 변환은 다음과 같고, 저역통과 원형필터의 리액티브 소자 g 의 주파수 변환을 적용하면

$$\Omega = -\frac{\omega_c \Omega_c}{\omega} \tag{1.39}$$

$$j\Omega g \rightarrow \frac{\omega_c \Omega_c g}{j\omega}$$

저역통과 원형필터의 인덕티브 소자와 캐패시티브 소자는 고역통과 필터의 캐패시티브 소자와 인덕티브 소자로 역변환 된다. 피던스 스케일링과 함께 소자 변환은 다음과 같다.

$$C = \left(\frac{1}{\omega_c \Omega_c}\right)\frac{1}{\gamma_0 g} \quad g\text{값이 인덕턴스일 때} \tag{1.40}$$

$$L = \left(\frac{1}{\omega_c \Omega_c}\right)\frac{\gamma_0}{g} \quad g\text{값이 캐패시턴스일 때}$$

소자 변환 형식은 그림 1.14(a)에 나타나 있다. 그림 1.14(b)는 위의 예제를 고역통과 필터로 변환한 결과이다.

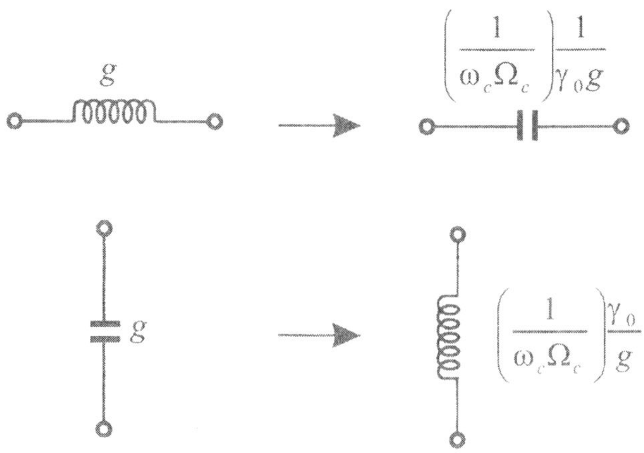

(a) 소자 변환

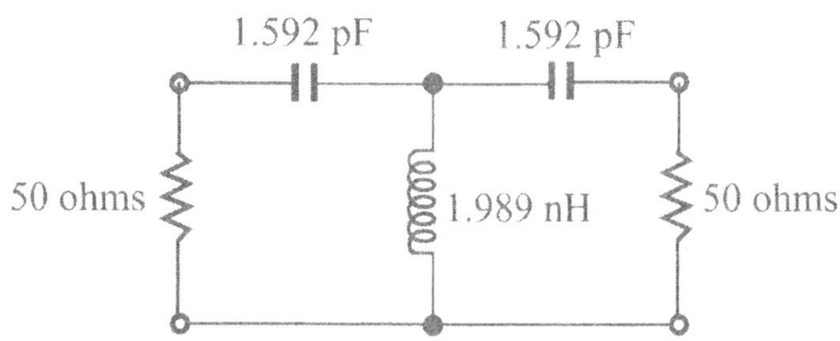

(b) 고역통과 필터로 변환의 예

그림 1.14 저역통과 원형필터로부터 고역통과 필터로의 변환

1.3.3 대역통과 필터로의 변환

저역통과 원형필터를 $\omega_2 - \omega_1$ 의 통과대역을 가지는 대역통과 필터로 변환할 때, ω_1과 ω_2는 통과대역을 경계가 된다. 요구되는 주파수 변환식은

$$\Omega = \frac{\Omega_c}{FBW}\left(\frac{\omega}{\omega_0} - \frac{\omega_0}{\omega}\right) \tag{1.41a}$$

이때,

$$FBW = \frac{\omega_2 - \omega_1}{\omega_0} \tag{1.41b}$$

$$\omega_0 = \sqrt{\omega_1 \omega_2}$$

여기서, ω_0 는 중심 주파수이고, FBW 는 분수(fractional) 대역폭이라고 정의한다. 만일 저역통과 원형필터의 리액티브 소자 g 를 주파수 변환하고자 한다면

$$j\Omega g \rightarrow j\omega \frac{\Omega_c g}{FBW\omega_0} + \frac{1}{j\omega}\frac{\Omega_c \omega_0 g}{FBW}$$

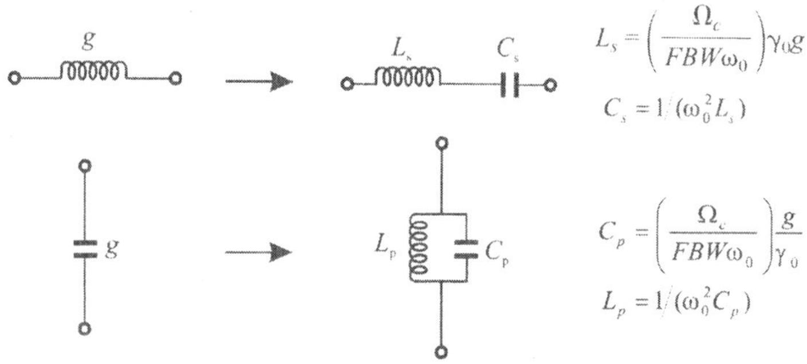

(a) 소자 변환

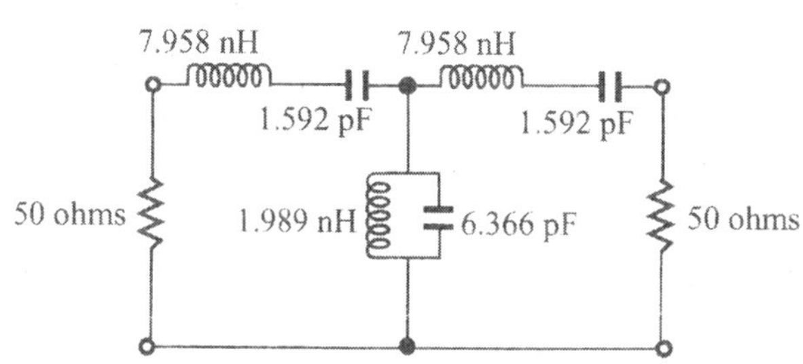

(b) 대역통과 필터로 변환의 예

그림 1.15 저역통과 원형필터로부터 대역통과 필터로의 변환

저역통과 원형필터의 인덕티브 소자와 캐패시티비 소자 g 는 대역통과 필터의 직렬과 병렬 LC 공진회로로 변환된다. 대역통과 필터의 직렬 LC 공진소자는

$$L_s = \left(\frac{\Omega_c}{FBW\omega_0}\right)\gamma_0 g \qquad (1.42a)$$
$$C_s = \left(\frac{FBW}{\omega_0 \Omega_c}\right)\frac{1}{\gamma_0 g}$$

g값이 인덕턴스일 때

유사하게, 대역통과 필터의 병렬 LC 공진 소자는

$$C_p = \left(\frac{\Omega_c}{FBW\omega_0}\right)\frac{g}{\gamma_0} \qquad (1.42b)$$
$$L_p = \left(\frac{FBW}{\omega_0 \Omega_c}\right)\frac{\gamma_0}{g}$$

g값이 캐패시턴스일 때

여기서,

$$\omega_0 L_s = 1/(\omega_0 C_s)$$
$$\omega_0 L_p = 1/(\omega_0 C_p)$$

임을 알아두어야 한다. 그림 1.15(a)는 대역통과 필터로의 변환을 나타낸 것이고, 그림 1.15(b)는 위의 예제에서 1~2GHz 대역폭을 가지는 대역통과 필터로 변환한 결과이다.

1.3.4 대역저지 필터로의 변환

저역통과 원형필터로부터 대역저지 필터로의 변환식은 다음과 같다.

$$\Omega = \frac{\Omega_c FBW}{(\omega_0/\omega - \omega/\omega_0)} \qquad (1.43a)$$

$$\omega_0 = \sqrt{\omega_1 \omega_2} \tag{1.43b}$$

$$FBW = \frac{\omega_2 - \omega_1}{\omega_0}$$

여기서, $\omega_2 - \omega_1$은 대역폭이다.

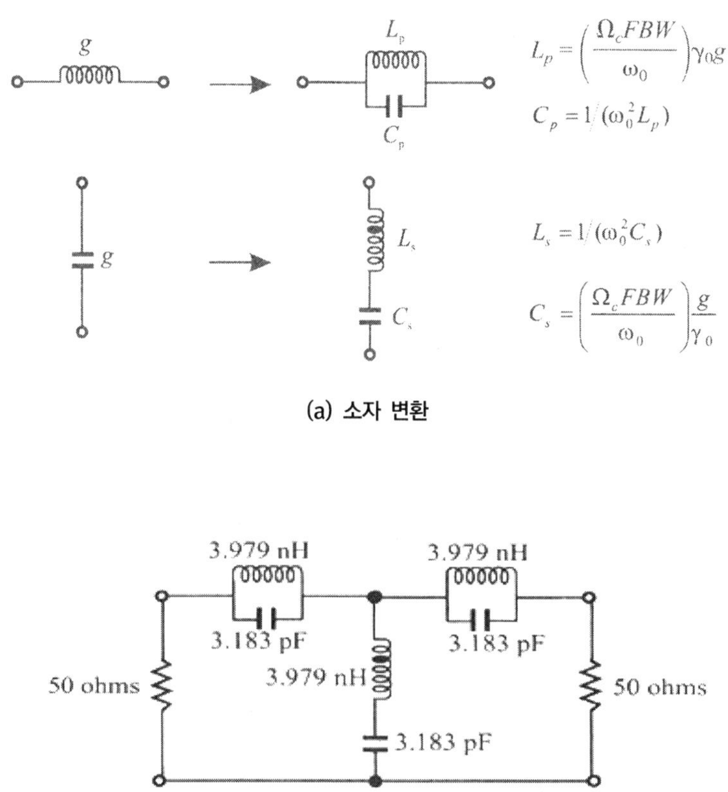

(b) 대역저지 필터로 변환의 예

그림 1.16 저역통과 원형필터로부터 대역저지 필터로의 변환

이와 같은 변환은 대역통과 필터와 반대인데, 저역통과 원형필터의 인덕티브 소자와 캐패시티브 소자가 대역저지 필터의 병렬과 직렬 LC 공진회로로 변환한다. 대역저지

필터의 LC 공진은 다음과 같이 변환한다.

$$C_p = \left(\frac{1}{FBW\omega_0 \Omega c}\right)\frac{1}{\gamma_0 g} \tag{1.44a}$$

g값이 인덕턴스일 때

$$L_p = \left(\frac{\Omega_c FBW}{\omega_0}\right)\gamma_0 g$$

$$L_s = \left(\frac{1}{FBW\omega_0 \Omega_c}\right)\frac{\gamma_0}{g} \tag{1.44b}$$

g값이 캐패시턴스일 때

$$C_s = \left(\frac{\Omega_c FBW}{\omega_0}\right)\frac{g}{\gamma_0}$$

여기서,

$$\omega_0 L_p = 1/(\omega_0 C_p)$$

$$\omega_0 L_s = 1/(\omega_0 C_s)$$

임을 알아두어야 한다. 그림 1.16(a)는 대역저지 필터로의 변환을 나타낸 것이고, 그림 1.16(b)는 위의 예제에서 1~2GHz 대역폭을 가지는 대역저지 필터로 변환한 결과이다.

1.4 이미턴스 인버터(Inverters)

1.4.1 이미턴스, 임피던스, 어드미턴스 인버터의 정의

이미턴스 인버터는 임피던스나 어드미턴스 인버터이다. 임피던스 인버터는 모든 주파수에서 유일한 고유성(property)을 가지는 2-포트 회로망이다. 만일, 포트 2에서 임피던스 Z_2가 종단(terminated)되어져 있으면 포트 1의 임피던스 Z_1 은

$$Z_1 = \frac{K^2}{Z_2} \tag{1.45}$$

여기서, K 는 실수이고, 인버터의 특성(characteristic) 임피던스라고 한다. 만일, Z_2 가 인덕티브 또는 컨덕티브라면 Z_1 은 컨덕티브 또는 인덕티브가 될 것이고, 위상은 ±90도 차이를 가질 것이다. 또한, 임피던스 인버터를 K-인버터라고도 한다. 일반적으로 임피던스 인버터의 ABCD 행렬은 다음과 같이 표현한다.

$$\begin{bmatrix} A\ B \\ C\ D \end{bmatrix} = \begin{bmatrix} 0 & \mp jK \\ \pm \dfrac{1}{jK} & 0 \end{bmatrix} \tag{1.46}$$

마찬가지로, 어드미턴스 인버터는 모든 주파수에서 고유성을 가지는 2포트 회로망이다. 만일, 포트 2에서 어드미턴스 Y_2 가 연결되어 있으면 포트 1의 어드미턴스 Y_1 은

$$Y_1 = \frac{J^2}{Y_2} \tag{1.47}$$

여기서, Y 는 실수이고, 인버터의 특성 어드미턴스라고 한다. 유사하게, 어드미턴스 인버터도 위상이 ±90도 차이가 난다. 또한, 어드미턴스 인버터를 J-인버터라고도 한다. 어드미턴스 인버터의 ABCD 행렬은 다음과 같다.

$$\begin{bmatrix} A\ B \\ C\ D \end{bmatrix} = \begin{bmatrix} 0 & \pm \dfrac{1}{jJ} \\ \mp jJ & 0 \end{bmatrix} \tag{1.48}$$

1.4.2 이미턴스 인버터를 가지는 필터

그림 1.17(a)는 직렬 인덕턴스가 병렬 캐패시턴스로 인버터 되는 것을 보여 주고 있고, 그림 1.17(b)는 병렬 캐패시턴스가 직렬 인덕턴스로 인버터 되는 것을 보여 주고 있다. 또한, 인버터는 K 또는 J 변수를 선택함에 따라 임피던스나 어드미턴스를 바꿀

수 있다. 이는 마이크로웨이브 필터를 설계할 때 사용하기 편리한 구조로 변경이 가능하도록 해 준다.

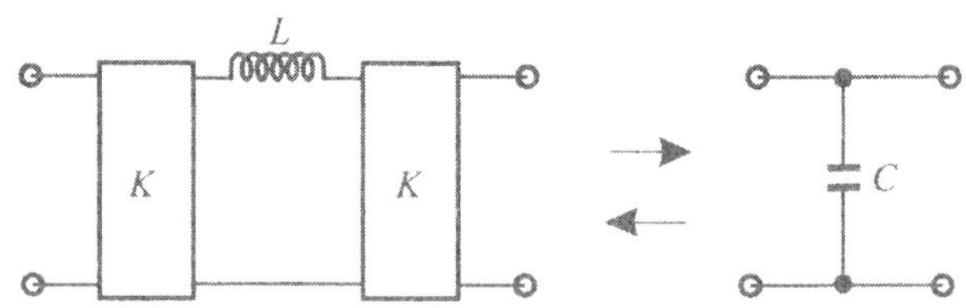

(a) 직렬 인던턱스와 등가회로인 병렬 캐패시턴스를 가지는 이미턴스 인버터

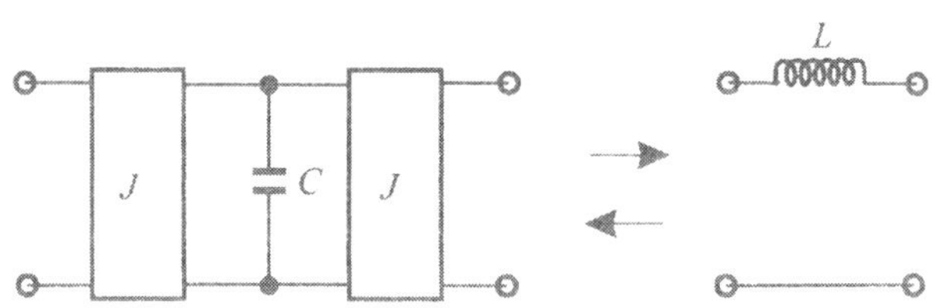

(b) 병렬 캐패시턴스와 등가회로인 직렬 인덕턴스를 가지는 이미턴스 인버터

그림 1.17 이미턴스 인버터

예를 들어, 그림 1.10의 저역통과 원형필터의 구조는 그림 1.18처럼 변경이 가능하다. 여기서, g_i 값은 전에 정의된 원형 소자 값이다. Z_{n+1}, L_{ai}, Y_0, Y_{n+1}, C_{ai} 의 새로운 소자 값은 임의로 선택하여야 하며, 그림 1.18의 방정식에서 볼 수 있듯이, 특별한 이미턴스 인버터 변수 $K_{i,\,i+1}$ 와 $J_{i,\,i+1}$ 를 선택함으로써 필터 응답은 원형필터와 동일하게 할 수 있다. 이와 같은 방정식은 원형필터망의 입력 이미턴스의 개념을 확장함으로써 구현할 수 있다.

이미턴스 인버터 변수는 주파수에 따라 변하지 않으며, 그림 1.18의 저역통과 필터망은 전 장에서 설명되어진 소자 변환으로 다른 형태의 필터로 변환이 가능하다. 그림 1.19는 이미턴스 인버터를 이용한 두 가지 형태의 대역통과 필터이다. 그림 1.19(a)는 직렬 공진기로 구현된 형태이고, 그림 1.19(b)는 병렬 공진기로 구현된 형태이다. 둘 다

동일한 임피던스를 가지고 있고, 임피던스 스케일링이 없다면 스케일링 인자 $\gamma_0 = 1$ 이다. 그림 1.15(a)에서 인덕티브 g 를 L_{ai} 라고 하면 저역통과 필터의 인덕터를 대역통과 필터의 직렬 공진기로 변환할 수 있고,

$$L_{si} = \left(\frac{\Omega_c}{FBW\omega_0} \right) L_{ai}$$

$$C_{si} = \frac{1}{\omega_0^2 L_{si}}$$

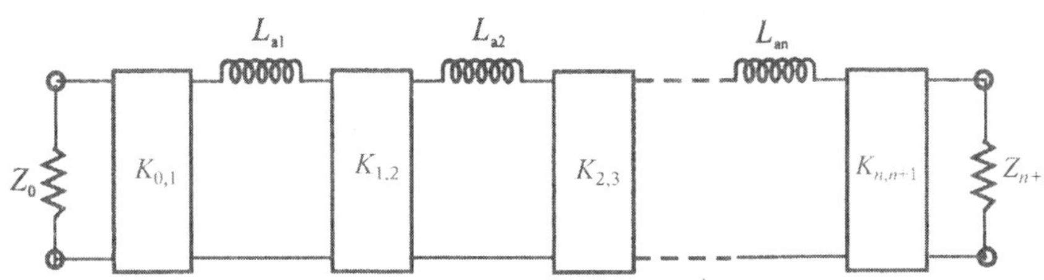

$$K_{0,1} = \sqrt{\frac{Z_0 L_{a1}}{g_0 g_1}}, \quad K_{i,i+1} = \sqrt{\frac{L_{ai} L_{a(i+1)}}{g_i g_{i+1}}}\Bigg|_{i=1 \text{ to } n-1}, \quad K_{n,n+1} = \sqrt{\frac{L_{an} Z_{n+1}}{g_n g_{n+1}}}$$

(a)

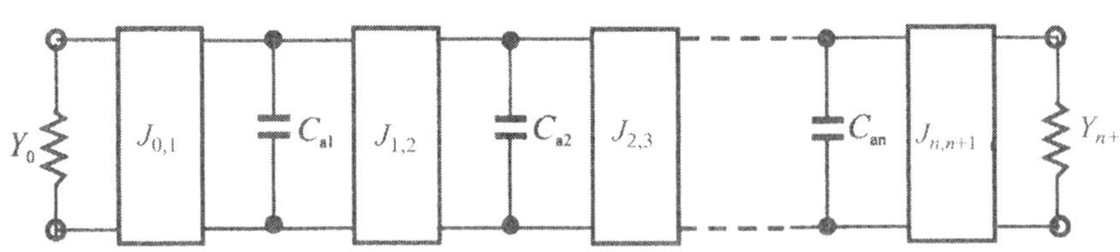

$$J_{0,1} = \sqrt{\frac{Y_0 C_{a1}}{g_0 g_1}}, \quad J_{i,i+1} = \sqrt{\frac{C_{ai} C_{a(i+1)}}{g_i g_{i+1}}}\Bigg|_{i=1 \text{ to } n-1}, \quad J_{n,n+1} = \sqrt{\frac{C_{an} Y_{n+1}}{g_n g_{n+1}}}$$

(b)

그림 1.18 이미턴스 인버터로 변경한 저역통과 원형필터

앞에 언급한 K 변수는 주파수를 변환하여도 바뀌지 않아야 한다. 그림 1.18(a)의

$L_{ai}=(FBW\omega_0/\Omega_c)L_{si}$ 식에 의해 그림 1.19(a)의 방정식을 얻을 수 있다. 그림 1.19(b)도 마찬가지이다.

그림 1.20은 일반화된 두 가지 형태인데, 집중(lumped) LC 공진기를 분포회로로 변경한 형태이다. 분포회로는 마이크로파 공동공진기(cavities), 마이크로스트립 공진기나 다른 RF 공진구조로 이용할 수 있다. 이상적인 경우, 분포회로의 리액턴스나 서셉턴스는 모든 주파수에서 집중소자로 구성된 공진기와 동일하게 등가이다. 협대역에서는 더욱 그렇다. 편리하게도, 분포소자로 구성된 공진기의 리액턴스/서셉턴스와 리액턴스/서셉턴스 기울기(slope)는 대역의 중심에서 집중소자로 구성된 공진기의 값과 일치한다.

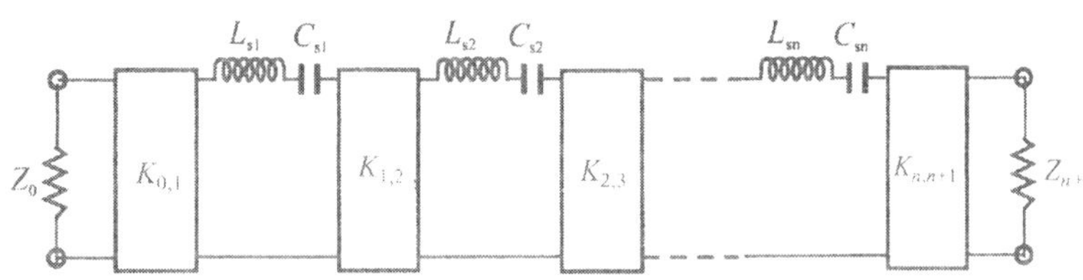

$$K_{0,1}=\sqrt{\frac{Z_0FBW\omega_0L_{s1}}{\Omega_c g_0 g_1}},\quad K_{i,i+1}=\frac{FBW\omega_0}{\Omega_c}\sqrt{\frac{L_{si}L_{s(i+1)}}{g_i g_{i+1}}}\Bigg|_{i=1\text{ to }n-1},\quad K_{n,n+1}=\sqrt{\frac{FBW\omega_0L_{sn}Z_{n+1}}{\Omega_c g_n g_{n+1}}}$$

$$C_{si}=\frac{1}{\omega_0^2L_{si}}\bigg|_{i=1\text{ to }n}$$

(a)

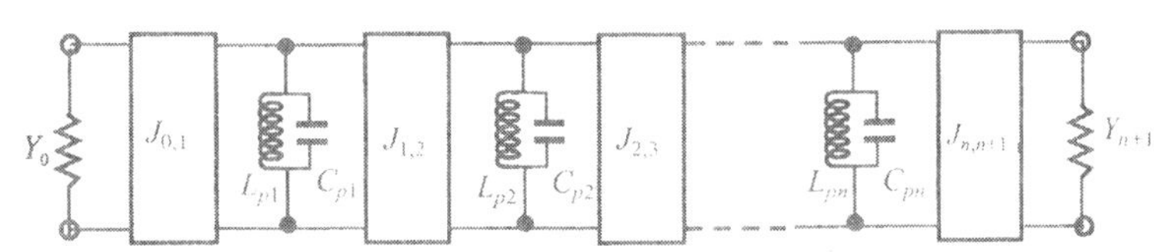

$$J_{0,1}=\sqrt{\frac{Y_0FBW\omega_0C_{p1}}{\Omega_c g_0 g_1}},\quad J_{i,i+1}=\frac{FBW\omega_0}{\Omega_c}\sqrt{\frac{C_{pi}C_{p(i+1)}}{g_i g_{i+1}}}\Bigg|_{i=1\text{ to }n-1},\quad J_{n,n+1}=\sqrt{\frac{FBW\omega_0C_{pn}Y_{n+1}}{\Omega_c g_n g_{n+1}}}$$

$$L_{pi}=\frac{1}{\omega_0^2C_{pi}}\bigg|_{i=1\text{ to }n}$$

(b)

그림 1.19 이미턴스 인버터를 이용한 대역통과 필터

중심 주파수 ω_0 에서 영점 리액턴스를 가지는 공진기의 리액턴스 기울기 변수는 다음과 같이 정의한다.

$$x = \frac{\omega_0}{2}\frac{dX(\omega)}{dw}\Big|_{\omega=\omega 0} \tag{1.49}$$

여기서, $X(\omega)$ 는 분포 공진기의 리액턴스이다. 마찬가지로, 중심 주파수 ω_0 에서 영점 서셉턴스를 가지는 공진기의 서셉턴스 기울기 변수는 다음과 같이 정의한다.

$$b = \frac{\omega_0}{2}\frac{dB(\omega)}{dw}\Big|_{\omega=\omega 0} \tag{1.50}$$

여기서, $B(\omega)$ 는 분포 공진기의 리액턴스이다. 집중 LC 직렬 공진기의 리액턴스 기울기 변수는 $\omega_0 L$ 이고, 집중 LC 병렬 공진기의 서셉턴스 기울기 변수는 $\omega_0 C$ 이다. 그러므로 식(1.49)와 식(1.50)에 의해 정의된 x_i 와 b_i 항은 그림 1.19의 방정식에 의해 $\omega_0 L_{si}$ 와 $\omega_0 C_{pi}$ 로 변경될 수 있다. 그 결과가 그림 1.20의 방정식이다.

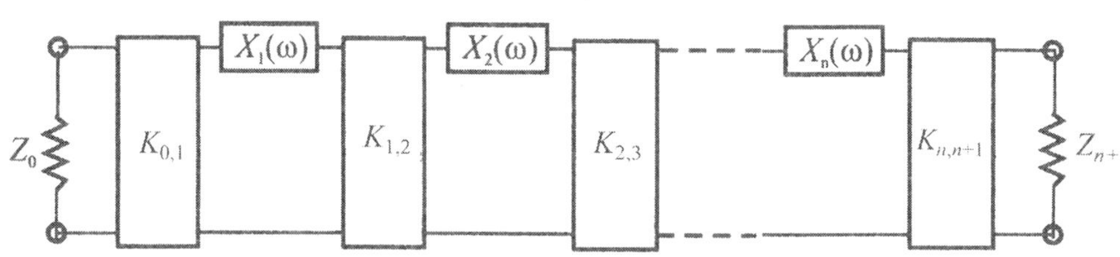

$$K_{0,1} = \sqrt{\frac{Z_0 FBW x_1}{\Omega_c g_0 g_1}}, \quad K_{i,i+1} = \frac{FBW}{\Omega_c}\sqrt{\frac{x_i x_{i+1}}{g_i g_{i+1}}}\Bigg|_{i=1 \text{ to } n-1}, \quad K_{n,n+1} = \sqrt{\frac{FBW x_n Z_{n+1}}{\Omega_c g_n g_{n+1}}}$$

$$x_i = \frac{\omega_0}{2}\frac{dX_i(\omega)}{d\omega}\Bigg|_{\omega=\omega_0}$$

(a)

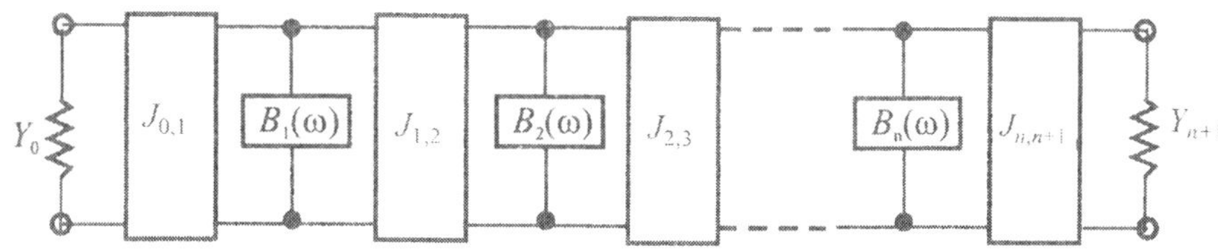

$$J_{0,1} = \sqrt{\frac{Y_0 FBW b_1}{\Omega_c g_0 g_1}}, \quad J_{i,i+1} = \frac{FBW}{\Omega_c} \sqrt{\frac{b_i b_{i+1}}{g_i g_{i+1}}}\Bigg|_{i=1 \text{ to } n-1}, \quad J_{n,n+1} = \sqrt{\frac{FBW b_n Y_{n+1}}{\Omega_c g_n g_{n+1}}}$$

$$b_i = \frac{\omega_0}{2} \frac{dB_i(\omega)}{d\omega}\Bigg|_{\omega=\omega_0}$$

(b)

그림 1.20 이미턴스 인버터를 사용한 일반적인 대역통과 필터(분포소자 포함)

1.4.3 이미턴스 인버터의 실제적인 예

인버터의 가장 간단한 형태는 $\lambda/4$ 전송선로(transmission line)이다. $K = Z_c ohms$ 을 가지는 식(1.46)의 ABCD 형렬로 쉽게 표현할 수 있다. 여기서, Z_c 는 전송선로의 특성 임피던스이다. 그러므로 식(1.45)의 임피던스 인버터 식에 따른다. 물론, $\lambda/4$ 전송선로는 $J = Y_c$를 가지는 어드미턴스 인버터를 사용할 수도 있는데, 여기서 $Y_c = 1/Z_c$ 는 전송선로의 특성 어드미턴스이다. 비록 이 인버터가 협대역에서만 가능하지만, 협대역 필터의 이미턴스 인버터에서는 매우 적합하다. 게다가, $\lambda/4$ 전송선로의 이미턴스 인버터를 사용해서 다양한 회로를 구현할 수 있다.

그림 1.21은 네 가지 형태의 이미턴스 인버터를 보여 주고 있다. 그림 1.21(a), (b)는 K-인버터를 사용하였고, 그림 1.21(c), (d)는 J-인버터를 사용하였다. 인버터의 음(negative) 값은 최종적으로 필터를 설계할 때, 인접한 소자에 흡수시킴으로써 편리하게 구현할 수 있다. 그림 1.21(a), (b)의 위상은 +90도로 변경되며, 그림 1.21(c), (d) -90도로 변경된다. 이것이 이미턴스 인버터를 표현하는 ABCD 행렬에서 $\pm$와 $\mp$로 표시하는 이유이다.

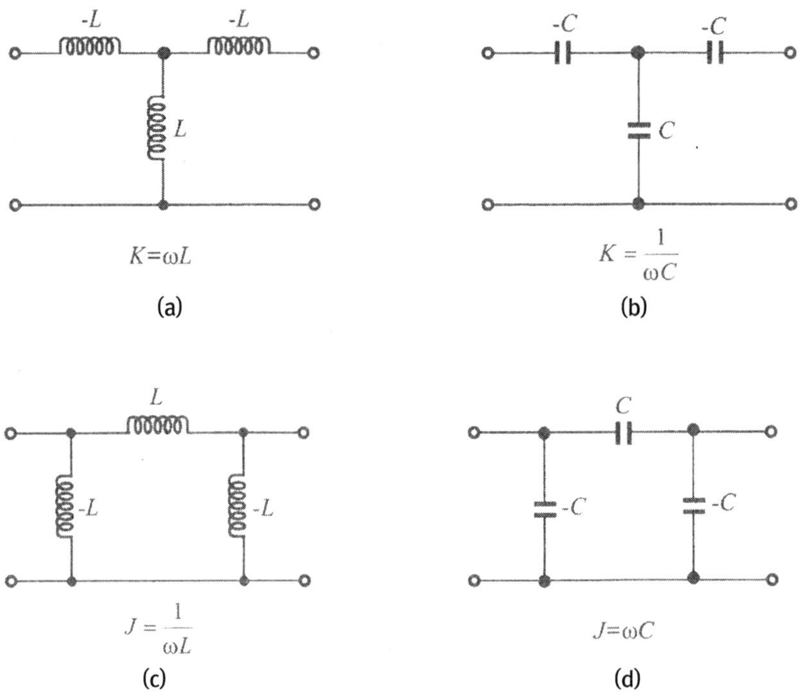

그림 1.21 집중 소자 이미턴스 인버터

이미턴스 인버터의 다른 형태는 그림 1.22에서 보듯이 집중소자와 전송선로를 혼합하여 사용하는 경우이다. 여기서, Z_0 와 Y_0 는 전송선의 특성 임피던스와 어드미턴스이다. ϕ 는 전송선로의 전기적 길이(electrical line)이다. 전기적 길이의 양(positive)과 음의 값은 인접된 동일한 특성 임피던스 전송선로와 합쳐지거나 제거된다.

실제적으로는 이미턴스 임버터에 사용되는 J 와 K 변수는 주파수에 의존적이다. 임의의 주파수 범위에서 J 와 K 변수가 필요할 때는 단지 이상적인 임피던스에 접근할 수밖에 없다. 그러므로, 이미턴스 인버터를 사용하여 필터를 설계할 때에는 협대역 필터가 적합하다.

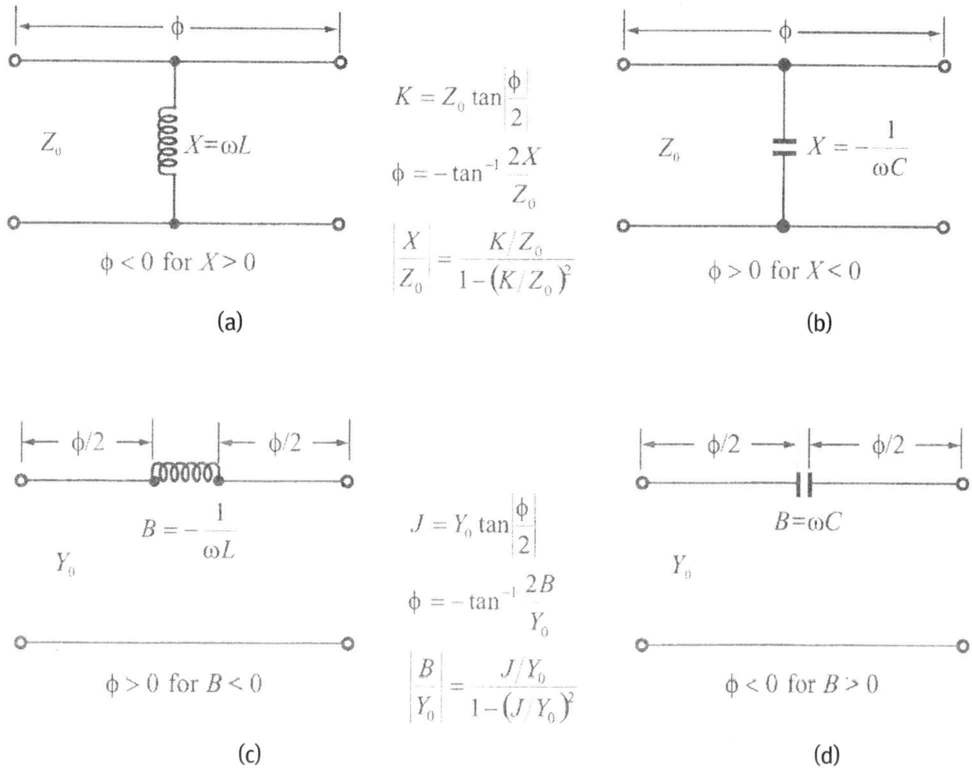

그림 1.22 집중소자와 전송선로가 혼합된 이미턴스 인버터

1.5 Richards 변환 및 Kuroda 동일성(Identities)

1.5.1 Richards 변환

분포소자로 이루어진 전송선로는 마이크로파 필터를 설계하는 데 매우 중요하다. 분포 필터를 설계하는 방법은 집중소자와 분포소자의 등가회로를 찾는 것이다. 이 같은 등가회로는 Richards'의 변환으로 구할 수 있다. Richards는 집중소자로 구성된 LCR 회로망을 동일한 전기적 길이를 가지는 전송선로와 집중 레지스터로 변환하였다.

$$t = \tanh \frac{lp}{v_p} \tag{1.51}$$

여기서, $p = \sigma + j\omega$ 는 복소 주파수 변수로 사용되며, l/v_p 는 동일한 전송선로의 위상속도로 구성된 길이 비(ratio)이다. 새로운 복소 주파수 변수 t 를 Richards' 변수라고 한다. t 를 t 평면이라고 부른다. 식(1.51)을 Richards' 변환이라고 한다. 무손실 수동 회로망 $p = j\omega$ 와 Richards' 변수를 간단히 표현하면

$$t = j\tan\theta \tag{1.52}$$

여기서,

$$\theta = \frac{\omega}{v_p} l = \text{전기적 길이} \tag{1.53}$$

위상 속도 v_p 가 주파수에 독립적이라고 가정하면, TEM 전송 선로에서 전기적 길이는 주파수에 비례하고 $\theta = \theta_0 \omega / \omega_0$ 로 표현된다. 여기서, θ_0 는 주파수 ω_0 에서의 전기적 길이가 된다. 좀 더 편리하게 ω_0 를 라디안 주파수라고 하면 모든 전송선로의 길이는 $\theta_0 = \pi/2$ 에서 $\lambda/4$ 가 되고, $\Omega = \tan\theta$ 라고 하면,

$$\Omega = \tan\left(\frac{\pi}{2}\frac{\omega}{\omega_0}\right) \tag{1.54}$$

주파수 사상이 그림 1.23(a)에 나타나 있다. ω 는 0 과 ω_0 사이에서 변하고, Ω 는 0 과 ∞ 사이에서 변하고, ω 부터 Ω 까지의 사상은 분포 회로망에서 동일한 주기성(periodic)을 갖는다. 그림 1.23(b)은 주기적인 주파수 응답을 갖는 분포 필터망을 나타내고 있다. 식(1.9)의 체비셰브 저역통과 원형필터의 전달함수를 Richards' 변환에 적용

해 보면 $2\omega_0$ 간격으로 주파수가 반복적이다. 그림 1.23(b)의 응답이 중심 주파수 ω_0 에서 분포 대역저지 필터 응답으로 보이는 것은 흥미 있는 일이다.

Richards' 변환에서 집중소자인 인덕터와 캐패시터는 p- 평면에 존재하고, 전송선로의 단선과 단락회로는 t- 평면에서 존재한다. 임피던스 $Z = pL$ 를 가지는 인덕티브 소자인 집중 인덕터는 입력 임피던스 $Z = tZ_c = jZ_c \tan\theta$ 를 가지는 단락회로 소자(stub)로 대치된다. 여기서 Z_c 는 전송선로의 특성 임피던스이다. 마찬가지로, 어드미턴스 $Y = pC$ 를 가지는 집중 캐패시터는 입력 어드미턴스 $Y = tY_c = jY_c \tan\theta$ 를 가지는 단선회로 소자로 대치된다. 여기서 Y_c 는 전송선로의 특성 어드미턴스이다.

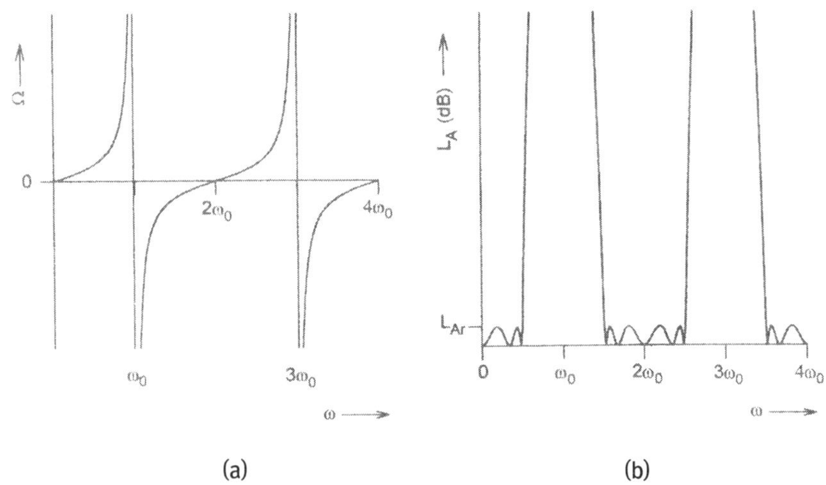

그림 1.23 (a)주파수 변수 ω와 분포 주파수 변수 Ω 사이의 주파수 사상 (b)Richards' 변환

그림 1.24는 단락과 단선회로의 등가회로 표현이다.

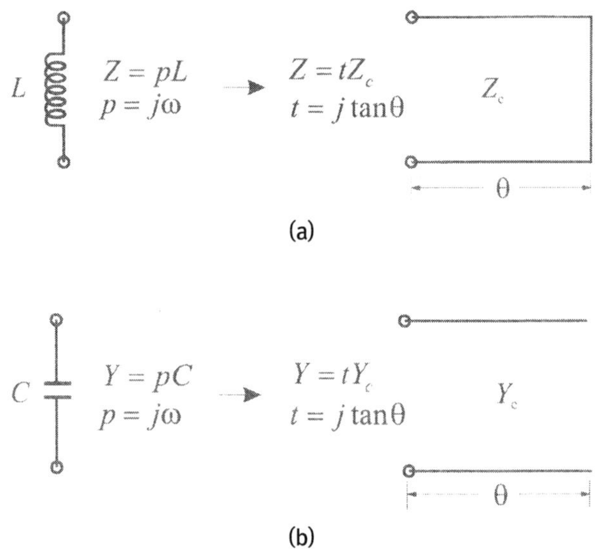

그림 1.24 Richards' 변환을 이용한 집중소자와 분포소자의 등가회로

등가의 집중소자가 없는 분포소자의 경우 2포트 회로망에서는 동일한 전기적 길이를 가지는 전송선로로 대치해야 한다. 특성 임피던스 Z_u 를 갖는 전송선로는 다음의 ABCD 행렬을 갖는다.

$$\begin{bmatrix} A & B \\ C & D \end{bmatrix} = \begin{bmatrix} \cos\theta & jZ_u \sin\theta \\ \dfrac{j\sin\theta}{Z_u} & \cos\theta \end{bmatrix} \tag{1.55a}$$

Richards' 변수로 항을 정리하면,

$$\begin{bmatrix} A & B \\ C & D \end{bmatrix} = \frac{1}{\sqrt{1-t^2}} \begin{bmatrix} 1 & Z_u t \\ \dfrac{t}{Z_u} & 1 \end{bmatrix} \tag{1.55b}$$

이 전송선로 소자들은 단위소자(Unit element)로 그림 1.25에서처럼 UE 로 표시한다.

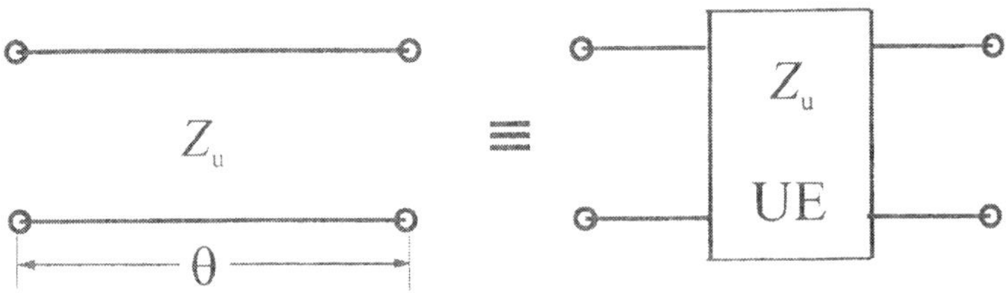

$$\text{ABCD matrix:} \quad \begin{bmatrix} \cos\theta & jZ_u \sin\theta \\ j\sin\theta / Z_u & \cos\theta \end{bmatrix}$$

$$t = j\tan\theta$$

$$\text{ABCD matrix:} \quad \frac{1}{\sqrt{1-t^2}} \begin{bmatrix} 1 & Z_u t \\ t/Z_u & 1 \end{bmatrix}$$

그림 1.25 단위소자

1.5.2 Kuroda 동일성

전송선로로 필터를 설계할 때 형태나 소자 값은 다르지만, 전기적으로 등가를 갖는 다양한 회로망이 요구된다. 이 같은 변환은 설계자의 재량뿐 아니라, 물리적인 치수가 제한되기 때문인 경우도 있다. 그림 1.26은 Kuroda 동일성으로 기초적인 변환을 보여주고 있다. 동일한 전기적 길이 θ 를 가지는 전송선로 소자는 각각 등가이다. 그림 1.26(a)처럼 병렬 단선회로와 직렬 단락회로는 교환이 가능하며, 그림 1.26(b)처럼 직렬 단선회로는 병렬 단선회로로 교환이 가능하다. 그림 1.26(c), (d)도 마찬가지이다. Kuroda 동일성은 ABCD 행렬을 이용하여 추론할 수 있다.

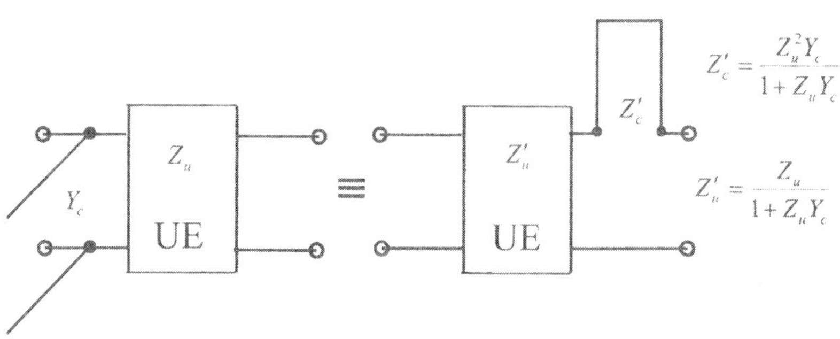

(a)

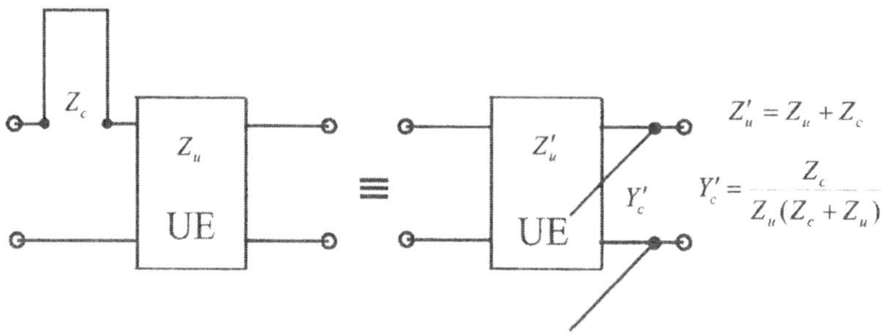

(b)

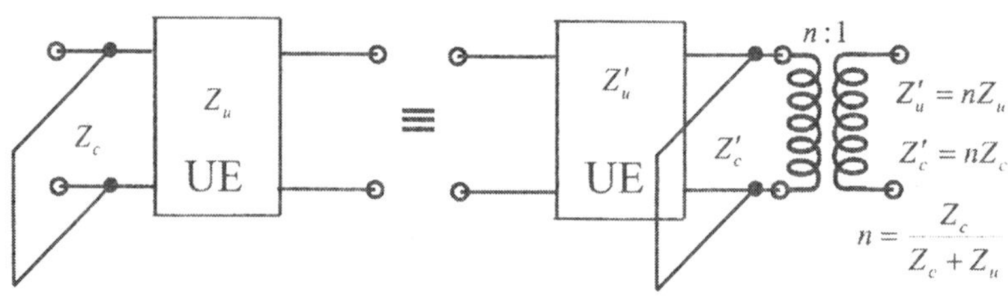

(c)

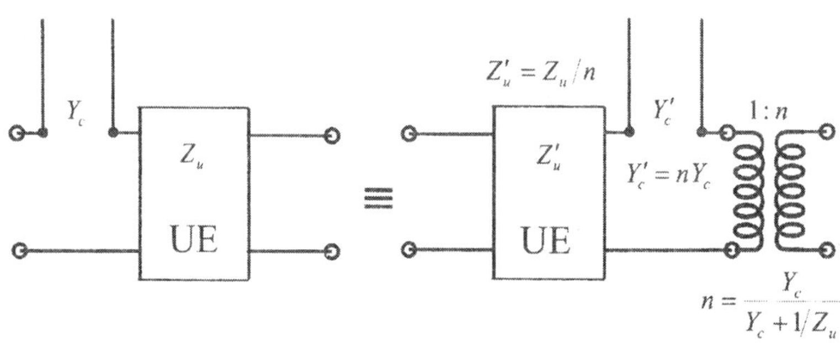

(d)

그림 1.26 Kuroda 동일성

1.5.3 결합선로(Coupled-Line) 등가회로

4-포트 중 2-포트가 단선이나 단락을 갖는 회로처럼 한 쌍의 전송선로는 2-포트를 갖는 필터를 설계할 때 매우 중요하다. 그림 1.27은 몇 가지 종류의 전형적인 예이다.

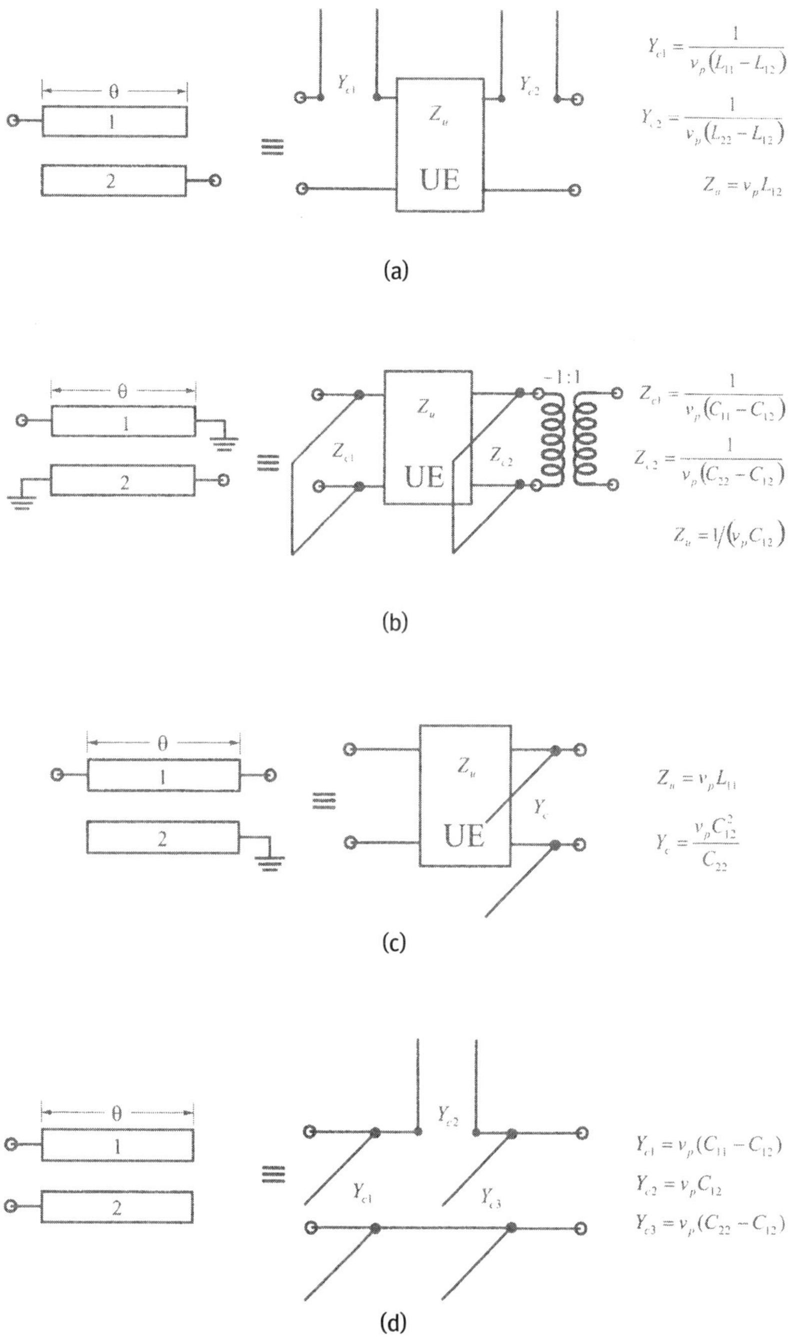

그림 1.27 결합선로의 등가회로

그림 1.28은 결합선로망의 일반적인 등가회로이다. 일반적으로 4-포트의 전압-전류 관계를 가지고 있다.

$$\begin{bmatrix} I_1 \\ I_2 \\ I_3 \\ I_4 \end{bmatrix} = \frac{v_p}{t}\begin{bmatrix} [C] & -\sqrt{1-t^2}\,[C] \\ -\sqrt{1-t^2}\,[C] & [C] \end{bmatrix} \cdot \begin{bmatrix} V_1 \\ V_2 \\ V_3 \\ V_4 \end{bmatrix} \tag{1.56}$$

여기서, I_k 는 단자전류이고, V_k 는 단자전압이다.

$$[C] = \begin{bmatrix} C_{11} & -C_{12} \\ -C_{12} & C_{22} \end{bmatrix} \tag{1.57}$$

C_{11} 과 C_{22} 는 전송선로 1과 전송선로 2의 단위 길이당 자기(self) 컨덕턴스이고, C_{12} 는 단위 길이당 상호(mutual) 컨덕턴스이다. $C_{11} = C_{22}$ 일 때 결합선로는 대칭이다.

다른 형태로는 임피던스 행렬의 형식을 사용하기도 한다.

$$\begin{bmatrix} V_1 \\ V_2 \\ V_3 \\ V_4 \end{bmatrix} = \frac{v_p}{t}\begin{bmatrix} [L] & \sqrt{1-t^2}\,[L] \\ \sqrt{1-t^2}\,[L] & [L] \end{bmatrix} \cdot \begin{bmatrix} I_1 \\ I_2 \\ I_3 \\ I_4 \end{bmatrix} \tag{1.58}$$

여기서,

$$[L] = \begin{bmatrix} L_{11} & L_{12} \\ L_{12} & L_{22} \end{bmatrix} \tag{1.59}$$

L_{11} 과 L_{22} 는 전송선로 1과 전송선로 2의 단위 길이당 자기 인덕턴스이고, L_{12} 는 단위 길이당 상호 인덕턴스이다. $L_{11} = L_{22}$ 일 때 결합선로는 대칭이다. $[L]$ 과 $[C]$ 가 같이 만족되려면,

$$[L] \cdot [C] = [C] \cdot [L] = \frac{[U]}{v_p^2} \tag{1.60}$$

여기서, $[U]$ 는 동일성 행렬이다.

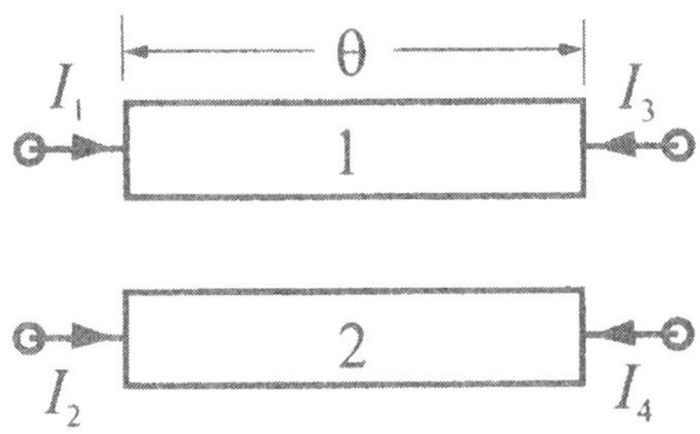

그림 1.28 일반적인 결합선로

1.6 손실과 무부하 품질계수(Unloaded Quality Factor)

이제까지 우리는 필터를 고려할 때 손실이 없는 소자에 대해 논의하였다. 실제 마이크로파 필터를 설계할 때는 전원 손실을 가지는 각 소자를 결합하여야 한다. 이 같이 기생하는(parasitic) 손실은 이상적으로 손실이 없는 소자를 가지고 설계한 값과 실제로 제작한 주파수 응답과 차이를 발생한다. 삽입손실이라는 특성이 손실 값으로 나타나는 현상이다.

1.6.1 손실이 있는 리액턴스 소자의 무부하 품질계수

그림 1.29(a)와 같이 일반적으로, 손실이 있는 인덕터는 순수(pure) 인덕턴스 L 에 직렬로 저항 R 이 연결된 형태로 표현한다. 손실이 있는 인덕터의 무부하 품질계수 Q_u 를 다음과 같이 정의하면

$$Q_u = \frac{\omega L}{R} \tag{1.61}$$

유사하게, 손실이 있는 캐패시턴스는 그림 1.29(b)와 같은 등가회로를 갖는다. 여기서 G 는 순수 캐패시턴스 C 에 병렬로 연결된 컨덕턴스이다. 손실이 있는 캐패시턴스 Q_u 는

$$Q_u = \frac{\omega C}{G} \tag{1.62}$$

여기서, ω 는 Q_u 를 측정할 때 특정 주파수이다. 저역통과 필터나 고역통과 필터에서 ω 는 차단 주파수이고, 대역통과 필터나 대역저지 필터에 ω는 중심 주파수이다.

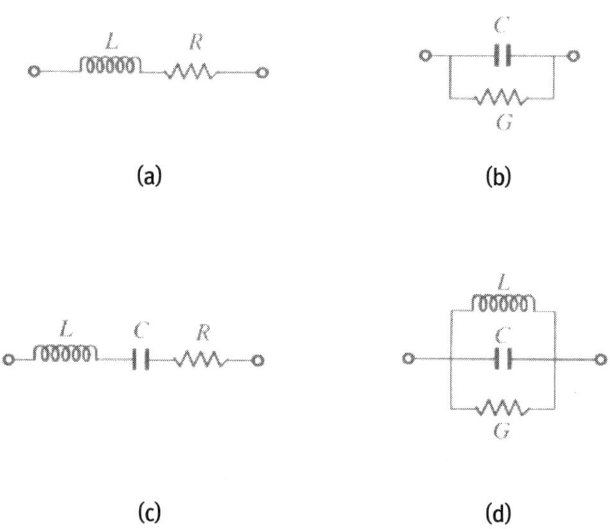

그림 1.29 손실이 있는 리액티브 소자 및 공진기의 등가회로

손실이 있는 공진기를 표현할 때는 편리하게 그림 1.29(c), (d)처럼 등가회로화시킨다. 이 같은 두 개의 등가 공진회로에서 무부하 품질계수는 식 (1.59)와 식 (1.60)으로 정의될 수 있다. 그러나, 이 경우 ω 는 $\omega = 1/\sqrt{LC}$ 라는 공진 주파수이다. 손실이

없는 경우 리액턴스 소자는 $R \to 0$, $G \to 0$ 이므로 $Q_u \to \infty$ 가 된다. 어쨌든, 실제적으로 Q_u 는 마이크로파 소자가 고유한 손실을 가지므로 존재하게 된다.

1.6.2 저역통과 필터 및 고역통과 필터에서 손실효과

필터에서 모든 리액티브 소자가 무부하 품질계수를 가지고 있다고 가정하면, 우리는 식 (1.59)와 식(1.60)으로부터 손실이 있는 리액티브 소자의 R 과 G 값을 찾을 수 있고, 이론적으로든 실험적으로든 결정해야 한다. 필터의 삽입손실 효과는 손실소자 R 과 G 를 포함하는 필터의 등가회로를 분석함으로써 쉽게 판단할 수 있다.

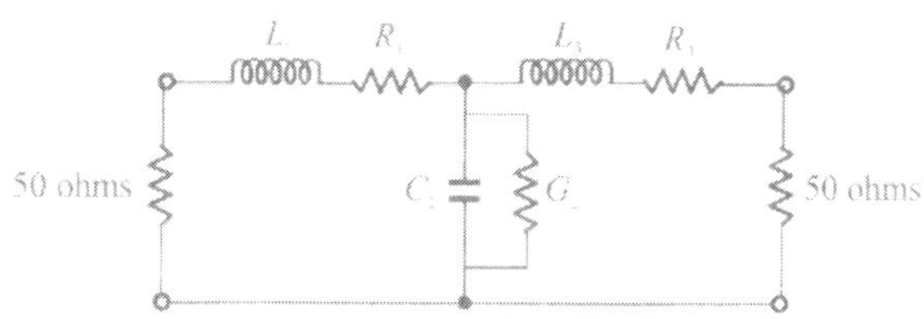

$L_1 = L_3 = 3.979$ nH $\quad C_2 = 3.183$ pF

$R_1 = R_3 = \dfrac{2\pi f_c L_1}{Q_u} \quad G_2 = \dfrac{2\pi f_c C_2}{Q_u} \quad f_c = 2$ GHz

(a) 소자 값

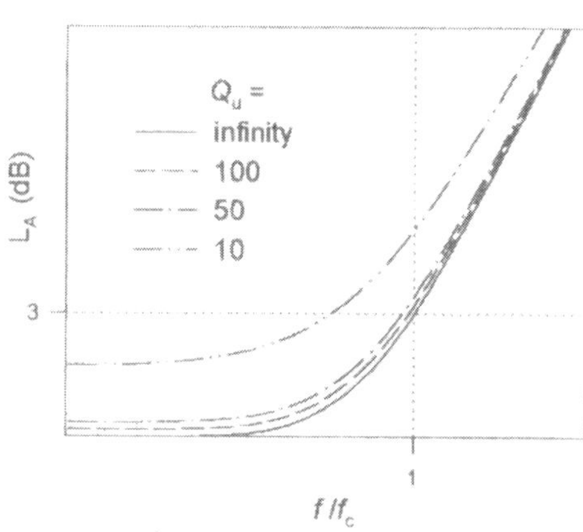

(b) 삽입손실 효과

그림 1.30 손실이 있는 리액티브 소자로 구성된 저역통과 필터 예

예를 들어, 차단 주파수 $f_c = 2\,GHz$ 인 버터워드 응답을 갖는 그림 1.13의 저역통과 필터 설계를 고려해 보자. 리액티브 소자의 유한한 무부하 품질인자를 계산하기 위해 그림 1.30(a)처럼 필터의 등가회로를 수정하였다. 단순하게, 모든 리액티브 소자의 무부하 품질계수가 등가라고 하면 Q_u 로 표시할 수 있다. 그림 1.30(b)는 필터의 삽입손실이 유한한 Q_u 의 전형적인 영향을 보여 주고 있다. Q_u 값은 이 필터의 차단 주파수에 영향을 미친다. 즉, 두 가지 명백한 영향이 있다.

1. 주파수에서 추가되는 손실에 의해 결정된 상수값만큼 삽입손실이 발생한다.
2. 통과대역 가장자리 부분의 삽입손실이 순차적으로 증가하므로 통과대역의 폭을 감소시켜 선택도를 감소시킨다.

이 두 가지 영향은 동시에 발생되며 두 번째 영향은 Q_u 값이 작을수록 ($Q_u < 100$) 중요하게 영향을 미친다. 설계하고자 하는 필터가 저역통과 원형필터로부터 설계된 필터라면, 마이크로파 필터 소자에서 손실소자 Q_u 값과의 관계를 편리하게 해석할 수 있고, 원형필터로부터 손실의 효과를 결정할 수 있다. 다음은 사다리형 저역통과 필터 $(\omega = 0)$의 손실효과를 결정하는 간단한 형태이다.

$$\Delta L_{A0} = 4.343 \sum_{i=1}^{n} \frac{\Omega_c}{Q_{ui}} g_i \, dB \tag{1.63}$$

여기서, $\Delta L_{A0}(dB)$ 는 $\omega = 0$ 에서 삽입손실의 증가 값이고, Ω_c 는 차단 주파수이며, g_i 는 저역통과 원형소자 값이다. Q_{ui} 는 차단주파수 ω_c 를 갖는 저역통과 필터에서 g_i 에 대응되는 마이크로파 소자의 무부하 품질계수이다.

저역통과 필터가 3차 버터워드 저역통과 원형 소자인 $g_1 = g_3 = 1$, $g_2 = 2$, $\Omega_c = 1$ 을 가지고, $Q_{u1} = Q_{u2} = Q_{u3} = Q_u$ 라고 가정하면, $Q_u = 100$ 일 때 $\Delta L_{A0} = 0.174\,dB$ 가 되고, $Q_u = 10$ 일 때 $\Delta L_{A0} = 0.737\,dB$ 가 된다. 식(1.61)에

따라 계산해도 회로망 분석에 의해 정확히 일치함을 알 수 있다.

손실이 있는 리액티브 소자를 포함한 고역통과 필터의 손실효과는 주파수 변환이 저역통과 원형을 역 변환함으로써 가능하다. 저역통과 원형으로부터 고역통과 필터를 설계하는 데 있어, ΔL_{A0} 는 $\omega \rightarrow \infty$ 일 때 삽입손실은 증가한다.

1.6.3 대역통과 필터 및 대역저지 필터에서 손실효과

대역통과 필터에서 손실효과를 논의하기 위해, 통과대역이 1~2GHz 를 갖고 버터워드 응답을 갖는 그림 1.15(b)에 있는 대역통과 필터를 고려해 보자. 공진기에서 모두 같은 Q_u 라고 가정하자. 공진기의 손실 소자를 포함하는 필터의 등가회로가 그림 1.31(a)에 나타나 있다. 그림 1.31(b)는 Q_u 값이 달라짐에 따라 삽입손실이 달라짐을 보여 주고 있다. Q값은 공진 주파수에서 평균값이므로, 여기서는 필터의 중심 주파수에 해당된다. Q_u 값이 감소함에 따라, 통과대역의 삽입손실은 증가하고 선택도는 감소한다. 또한, 필터의 대역폭도 감소함을 볼 수 있다.

유사하게, 저역통과 원형필터로부터 설계되는 대역통과 필터의 손실 효과를 쉽게 표현할 수 있다. 식(1.61)을 대역통과 필터로 변경하면

$$\Delta L_{A0}^{'} = 4.343 \sum_{i=1}^{n} \frac{\Omega_c}{FBW\, Q_{ui}} g_i \, dB \tag{1.64}$$

여기서, $\Delta L_{A0}^{'}$ 는 필터의 중심 주파수에서 삽입손실의 증가를 나타내며, Q_{ui} 는 g_i 와 관계있는 마이크로파 공진기의 무부하 품질계수이다. 대역통과 필터가 3차 버터워드 저역통과 원형 소자인 $g_1 = g_3 = 1$, $g_2 = 2$, $\Omega_c = 1$ 을 가지고, 대역통과 폭 $FBW = 0.707$ 과 중심 주파수 $f_0 = 1.414\, GHz$ 를 가지고, $Q_{u1} = Q_{u2} = Q_{u3} = Q_u$ 라고 가정하면, 그림 1.31(b)에서처럼 $Q_u = 100$ 일 때 $\Delta L_{A0}^{'} = 0.246\, dB$ 가 되고, $Q_u = 10$ 일 때 $\Delta L_{A0}^{'} = 2.457\, dB$ 이 된다.

손실이 있는 대역저지 필터도 유사하게 분석할 수 있다. 필터에서 기생 손실의 효과는 대역통과보다는 대역저지에서 더 크다. 저지대역에서 더 많은 감쇄극을 가지고 있으므로 만일 공진기에서 손실이 없다면 감쇄는 무한하다. 실제적으로 공진기에서 손실이 있으므로 유한하게 감쇄가 형성되고, 때때로 원치 않는 수준으로 최대 저지대역 감쇄가 형성된다.

추가적으로 필터망 분석을 할 때, 만일 대역저지 필터가 사다리형 저역통과 원형필터로부터 설계되면, 최대 저지대역 감쇄 $L_{A\max}(dB)$ 를 간단히 표현하면

$$L_{A\max} = 20\log\left(\prod_{i=1}^{n}\Omega_c FBW Q_{ui} g_i\right) - 10\log\left(\frac{4}{g_0 g_{n+1}}\right) dB \tag{1.65}$$

여기서, Q_{ui} 는 저지대역의 중심 주파수에서 마이크로파 공진기의 무부하 품질계수이고, FBW 는 식(1.43)에서 정의된 대역폭이다. 예를 들어, $FBW = 0.201$ 이고, $g_0 = g_4 = 1$, $g_1 = g_3 = 1$, $g_2 = 2$, $\Omega_c = 1$ 3차 버터워드 저역통과 필터를 가지는 대역저지 필터를 설계해 보자. 마이크로파 공진기가 동일한 $Q_{u1} = Q_{u2} = Q_{u3} = 50$ 을 갖는다고 가정하자. 식(1.63)을 이용하여 최대 저지대역 감쇄는 $L_{A\max} = 60.131\,dB$ 가 되고, 회로망을 분석하면 $L_{A\max} = 61.857\,dB$ 가 된다. 공진기에서 손실은 저지대역 필터의 감쇄 특성을 더욱 완만하게 한다. 이 명백한 효과가 식(1.43)에 정의된 것처럼 대역의 가장자리인 ω_1 과 ω_2 근처에서 감쇄를 증가시킨다. 대역의 가장자리 주파수에서의 감쇄를 간단히 표현하면

$$\Delta L_{A\,band-edge} = 8.686\sum_{i=1}^{n}\frac{\Omega_c g_i}{FBW Q_{ui}} \tag{1.66}$$

여기서, 높은 Q_{ui} 를 가질 때 적용되며, 낮은 Q_{ui} 일 때는 오차가 발생한다.

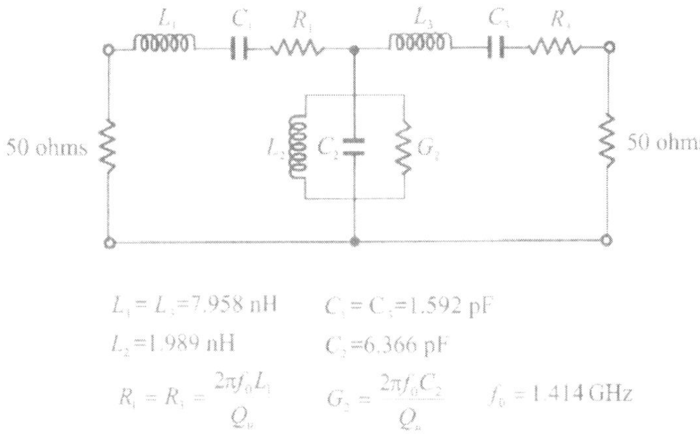

(a) 소자 값

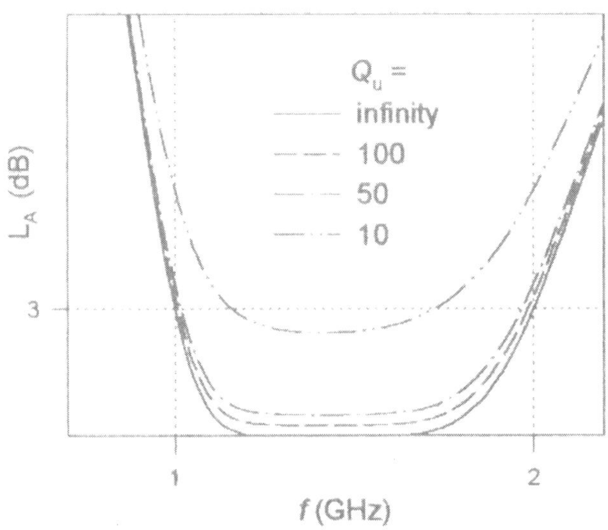

(b) 삽입손실 효과

그림 1.31 손실이 있는 리액티브 소자로 구성된 대역통과 필터 예

참고문헌

[1] Jia-Sheng Hong, and M. J. Lancaster, "Microstrip Filters for RF/Microwave Applications", John Wiley & Sons, Inc., ch. 3, 2001.

[2] G. C. Temes, and S. K. Mitra, Modern Filter Theory and Design, Wiley, New York, 1973.

[3] J. D. Rhodes, Theory of Electrical Filters, Wiley, New York, 1976.

[4] J. Helszajn, Synthesis of Lumped Element, Distributed and Planar Filters, McGrawHill, London, 1990.

[5] G. Mattaei, L, Young, and E. M. T. Jones, Microwave Filters, Impedance-Matching Networks, and Coupling Structures, Artech House, Norwood, MA, 1980.

[6] L. weinberg, Network Analysis and Synthesis, McGraw-Hill, New York, 1962.

[7] A. Papoulis, The Fourier Integral and Its Applications, McGraw-Hill, New York, 1962.

[8] W. Cauer, Synthesis of Linear communications Newworks, McGraw-Hill, New York, 1958.

[9] W. E. Thomson, "Delay network having maximally flat frequency characteristics," Proc. IEE, 96, 487-490, Nov. 1949.

[10] R. Saal, Der Entwurf von Filtern mit hilfe des Kataloges normierter Tiefpasse, Telefunken GmbH, Backnang (Germany), 1961.

[11] S. Darlington, "Synthesis of reactance-four-poles which produce prescribed insertion loss characteristics," J. Math. Phys., 30, 257-353. Sept. 1939.

[12] R. Saal and E. Ulbrich, "On the design of filters by synthesis," IRE Trans., CT-5, 284-327, Dec. 1958.

[13] P. I. Richards, "Resistor-transmission-line circuits," Proc. IRE., 36, 217-220, Feb. 1948.

[14] H. Ozaki and J. Ishii, "Synthesis of a class of strip-line filters," IRE Trans.

Circuit Theory, CT-5, 104-109, June 1958.

[15] S. B. Cohn, "Disspation loss in multiple-coupled resonator filter," Proc. IRE, 47, pp. 1342-1348, August 1959.

[16] S. Urabe, "Development in Mobile/Portable Telephones and Key Devices for Miniaturization," IEICE Trans., ELECTRON., Vol. E79-C, No. 5, pp. 600-605, 1996.

[17] R. Levy and S. B. cohn, "A History of Microwave Filter Research, Design, and Development," IEEE Trans., Microwave Theory Tech., Vol. MTT-32, No. 9, pp. 1055-1067, 1984.

[18] J. Kato, H. Kagata, and K. Nishimoto, "Dielectric Properties of Lead Alkaline-Earth Zirconate at Microwave Frequencies," Japanese Journal of Applied Physics, Vol. 30, pp. 2343-2346, 1991.

[19] T. Nishikawa, "RF Front End Circuit components Miniaturized Using Dielectric Resonators for Cellular Portable Telephones," IEICE Trans, ELECTRON., Vol.E74, No.6, pp. 1556-1562, 1991.

[20] K. Hettak, N. Dib, A. F. Sheta, and S. Toutain, "A Class of Novel Uniplanar Series Resonators and Their Implementation in Original Application," IEEE Trans., Microwave Theory Tech., Vol. MTT-46, No. 9, pp. 1270-1276, 1998.

[21] K. Hettak, N. Dib, and A. Omar, "A New Class of Miniature Radiationless CPW Shut Stubs and Printed on the Center Conduction," 1999 IEEE MTT-S Dig., pp. 1335-1338, 1999.

[22] K. Yoshida, K. Saskiyama, S. Nishioka, H. Shimakage, and Z. Wang, "Design and performance of miniaturized superconducting coplanar waveguide filter," IEEE Trans. Applied Superconductivity, Vol. 9, No, 2. pp. 3905-3908, 1999.

[23] A. Brucher, C. Cenac, M. Delmond, F. Delpino, B. Madrangeas, P. Meunier, V. Madrangeas, L. Billonnet, and B. Jarry, "Several Methodologies for Active Filter Design at Microwaves," International Journal of RF and Microwave and Computer-Aided Engineering, Vol. 7, No. 3, pp. 250-267, 1997.

[24] I. Awai and T. Yamashita, "A Dual Mode Dielectic Waveguide Resonator and Its Application to Bandpass Filters," IEICE Trans. ELECTRON., Vol. E78-C, No.8, pp. 1018-1025, 1995.

[25] C. Wnag, K. A. Zaki. and A. E. Atia, "Dual Mode Combined Dielectic and Conductor Loaded Cavity Filter," 1997 IEEE MTT-S dig., pp. 1103-1106, 998.

2 전송선로 이론

이 장에서는 전송선로의 기본 개념과 설계 방정식에 대해 설명한다.

세부 주제로는 필터 설계에 사용되는 마이크로스트립 구조, 결합선로 구조, 불연속 구조 등이 포함된다.

2.1 마이크로스트립(Microstrip)

2.1.1 마이크로스트립 구조

마이크로스트립의 일반적인 구조가 그림 2.1에 나타나 있다. 구조는 상대 유전율이 ε_r 이고 높이가 h 인 유전체 기판 위에, 폭 W 를 갖고 두께 t 인 마이크로스트립 선로를 갖는다. 또한, 바닥면은 접지(ground) 되어 있다.

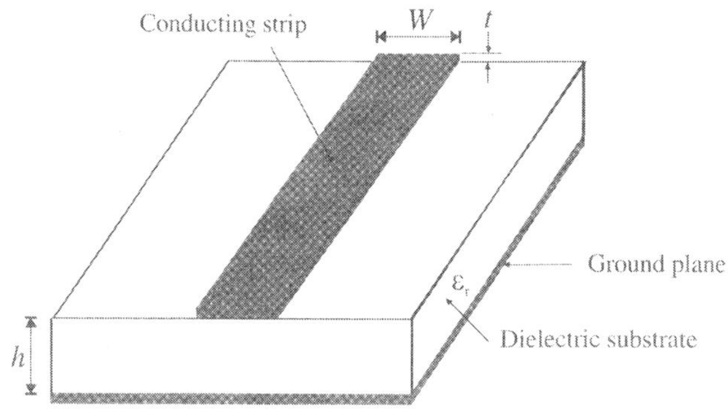

그림 2.1 마이크로스트립 구조

마이크로스트립에서는 두 가지 매질로 구성되어 있는데 윗면은 공기이고, 아랫면은 유전체로 되어 있다. 즉, 비동질(inhomofeneous) 구조가 된다. 이 비동질 구조 때문에 마이크로스트립 구조는 순수한 TEM 파로 진행되지 않는다. 파의 진행에 있어 순수한 TEM 파가 아니므로, 전파 속도는 물질의 유전율(ε) 과 투자율(μ) 에 따라 다르다. 어쨌든, 전파 속도는 물질의 특성뿐만 아니라, 마이크로스트립의 물리적 치수에 따라 다르게 된다.

소자의 길이가 마이크로스트립의 주된 모드(mode)보다 짧을 때는 TEM 모드로 해석되어 TEM 전송선로 방정식이 잘 적용된다. 이를 준(Quasi) TEM 모드라고 하고, 마이크로스트립을 설계할 때 유용하게 사용된다.

2.1.2 유효(Effective) 유전율과 특성 임피던스

준 TEM 이고 유효 유전율을 갖는 균질의 유전체는 마이크로스트립에서 비균질의 유전체-공기 매질로 바꿔야 한다. 마이크로스트립 전송선로의 특성은 유효 유전율(ε_{re})과 특성 임피던스(Z_c)로 정의할 수 있다. 위의 두 가지 변수는 두 개의 캐패시턴스의 값으로 결정할 수 있다.

$$\varepsilon_{re} = \frac{C_d}{C_a} \tag{2.1}$$

$$Z_c = \frac{1}{c\sqrt{C_a C_d}}$$

여기서, C_d 는 유전체 기판에서 단위 길이당 캐패시턴스이고, C_a 는 공기 부분의 단위 길이당 캐패시턴스이다. c는 자유공간에서의 전자기파의 속도이다 ($c \approx 3.0 \times 10^8 m/s$).

컨덕터(conductors)의 두께가 얇다면 ($t \to 0$), 다음과 같이 표현될 수 있다.

$$\varepsilon_{re} = \frac{\varepsilon_r + 1}{2} + \frac{\varepsilon_r - 1}{2}\left\{\left(1 + 12\frac{h}{W}\right)^{-0.5} + 0.04\left(1 - \frac{W}{H}\right)^2\right\} \tag{2.2}$$

$$Z_c = \frac{\eta}{2\pi\sqrt{\varepsilon_{re}}}\ln\left(\frac{8h}{W} + 0.25\frac{W}{h}\right)$$

여기서, 자유공간에서의 파의 임피던스 $\eta = 120\pi\, ohms$ 이다.

$W/h \geq 1$ 일 때,

$$\varepsilon_{re} = \frac{\varepsilon_r + 1}{2} + \frac{\varepsilon_r - 1}{2}\left(1 + 12\frac{h}{W}\right)^{-0.5} \tag{2.3}$$

$$Z_c = \frac{\eta}{\sqrt{\varepsilon_{re}}}\left\{\frac{W}{h} + 1.393 + 0.677\ln\left(\frac{W}{h} + 1.444\right)\right\}^{-1}$$

유효 유전율을 더 정확히 표현하면,

$$\varepsilon_{re} = \frac{\varepsilon_r + 1}{2} + \frac{\varepsilon_r - 1}{2}\left(1 + \frac{10}{u}\right)^{-ab} \tag{2.4}$$

$$a = 1 + \frac{1}{49}\ln\left(\frac{u^4 + \left(\frac{u}{52}\right)^2}{u^4 + 0.432}\right) + \frac{1}{18.7}\ln\left[1 + \left(\frac{u}{18.1}\right)^3\right]$$

$$b = 0.564\left(\frac{\varepsilon_r - 0.9}{\varepsilon_r + 3}\right)^{0.053}$$

여기서, $u = W/h$ 이고, $\varepsilon_r \le 128$ 그리고 $0.01 \le u \le 100$ 일 때 더 정확하다.

특성 임피던스를 더 정확히 표현하면,

$$Z_c = \frac{\eta}{2\pi\sqrt{\varepsilon_{re}}}\ln\left[\frac{F}{u} + \sqrt{1 + \left(\frac{2}{u}\right)^2}\right] \tag{2.5}$$

$$F = 6 + (2\pi - 6)\exp\left[-\left(\frac{30.666}{u}\right)^{0.7528}\right]$$

여기서, $Z_c\sqrt{\varepsilon_{re}}$ 는 $u \le 1000$ 일 때보다 $u \le 1$ 일 때 더 정확하다.

Z_c 와 ε_r 일 때 W/h 를 더 정확히 표현하면

$W/h \le 2$일 때

$$\frac{W}{h} = \frac{8\exp(A)}{\exp(2A) - 2} \tag{2.6}$$

$$A = \frac{Z_c}{60}\left(\frac{\varepsilon_r + 1}{2}\right)^{0.5} + \frac{\varepsilon_r - 1}{\varepsilon_r + 1}\left(0.23 + \frac{0.11}{\varepsilon_r}\right)$$

$W/h \ge 2$일 때

$$\frac{W}{h} = \frac{2}{\pi}\left\{(B-1) - \ln(2B-1) + \frac{\varepsilon_r - 1}{2\varepsilon_r}\left[\ln(B-1) + 0.39 - \frac{0.61}{\varepsilon_r}\right]\right\} \tag{2.7}$$

$$B = \frac{60\pi^2}{Z_c\sqrt{\varepsilon_r}}$$

2.1.3 관내파장, 전파상수, 위상속도, 전기적 길이

마이크로스트립의 유효 유전율이 정해지면, 준 TEM 모드 마이크로스트립의 관내파장(guided wavelength)은 다음과 같다.

$$\lambda_g = \frac{\lambda_0}{\sqrt{\varepsilon_{re}}} = \frac{300}{f(GHz)\sqrt{\varepsilon_{re}}}\, mm \tag{2.8}$$

여기서, λ_0 는 주피수 f 에시의 자유공간에서의 파장이다.

전파상수(propagation constant) β 와 위상속도(phase velocity) v_p 는

$$\beta = \frac{2\pi}{\lambda_g} \tag{2.9}$$

$$v_p = \frac{\omega}{\beta} = \frac{c}{\sqrt{\varepsilon_{re}}} \tag{2.10}$$

여기서, c 는 자유공간에서의 빛의 속도이다 ($c \approx 3.0 \times 10^8 m/s$).

마이크로스트립의 물리적 길이(physical length) l 이 주어졌을 때 전기적 길이 θ 는

$$\theta = \beta l \tag{2.11}$$

그러므로, $l=\lambda_g/4$ 일 때 $\theta=\pi/2$ 이고, $l=\lambda_g/2$ 일 때 $\theta=\pi$ 이다. 1/4 파장과 반파장 마이크로스트립 선로는 마이크로스트립 필터를 설계할 때 매우 중요하다.

2.1.4 마이크로스트립 두께와 분산(Dispersion)

그림 2.1의 마이크로스트립 선로 두께 t 는 매우 얇다. 그래서 대부분의 경우 그 효과는 무시된다. 그리고 특성 임피던스나 유효 유전율에 영향을 받는다.

$W/h \le 1$ 일 때

$$Z_c(t)=\frac{\eta}{2\pi\sqrt{\varepsilon_{re}}}\ln\left\{\frac{8}{W_e(t)/h}+0.25\frac{W_e(t)}{h}\right\}$$

$W/h \ge 1$ 일 때

$$Z_c(t)=\frac{\eta}{\sqrt{\varepsilon_{re}}}\left\{\frac{W_e(t)}{h}+1.393+0.667\ln\left(\frac{W_e(t)}{h}+1.444\right)\right\}^{-1} \tag{2.12}$$

여기서,

$$\frac{W_e(t)}{h}=\begin{cases}\dfrac{W}{h}+\dfrac{1.25}{\pi}\dfrac{t}{h}\left(1+\ln\dfrac{4\pi W}{t}\right) & \left(\dfrac{W}{h}\le 0.5\pi\right)\\[2ex] \dfrac{W}{h}+\dfrac{1.25}{\pi}\dfrac{t}{h}\left(1+\ln\dfrac{2h}{t}\right) & \left(\dfrac{W}{h}\ge 0.5\pi\right)\end{cases} \tag{2.13}$$

$$\varepsilon_{re}(t)=\varepsilon_{re}-\frac{\varepsilon_r-1}{4.6}\frac{t/h}{\sqrt{W/h}}$$

여기서, ε_{re} 는 $t=0$ 일 때의 유효 유전율이다. t/h 가 작을 때 마이크로스트립 선로의 두께는 특성 임피던스나 유효 유전율의 영향을 덜 받는다. 어쨌든, 마이크로스트립 선로의 두께는 컨덕터의 손실에 중요한 영향을 끼친다.

마이크로스트립의 분산에 있어서 위상속도는 상수가 아니라, 주파수에 따라 다르다.

유효 유전율 ε_{re} 는 주파수 함수이기 때문에 $\varepsilon_{re}(f)$ 로 표현된다. 분산효과를 계산하기 위해

$$\varepsilon_{re}(f) = \frac{\varepsilon_r - \varepsilon_{re}}{1 + \left(\dfrac{f}{f_{50}}\right)^m} \tag{2.14}$$

여기서,

$$f_{50} = \frac{f_{TM_0}}{0.75 + (0.75 - 0.332\,\varepsilon_r^{-1.73})\dfrac{W}{h}} \tag{2.15}$$

$$f_{TM_0} = \frac{c}{2\pi h\sqrt{\varepsilon_r - \varepsilon_{re}}}\tan^{-1}\left(\varepsilon_r\sqrt{\frac{\varepsilon_{re} - 1}{\varepsilon_r - \varepsilon_{re}}}\right)$$

$$m = m_0 m_c \le 2.32 \tag{2.16}$$

$$m_0 = 1 + \frac{1}{1 + \sqrt{\dfrac{W}{h}}} + 0.32\left(\frac{1}{1 + \sqrt{\dfrac{W}{h}}}\right)^3$$

$$m_c = \begin{cases} 1 + \dfrac{1.4}{1 + \dfrac{W}{h}}\left\{0.15 - 0.235\exp\left(\dfrac{-0.45f}{f_{50}}\right)\right\} & \dfrac{W}{h} \le 0.7 \text{ 일 때} \\ 1 & \dfrac{W}{h} \ge 0.7 \text{ 일 때} \end{cases}$$

여기서, c 는 자유공간에서 빛의 속도이고, $m_0 m_c$ 가 2.32 보다 커지면, 변수 m 은 2.32로 정해야 한다. $\varepsilon_{re}(f)$ 는 주파수가 증가할수록 증가하는데, $f \to \infty$ 일 때, $\varepsilon_{re}(f) \to \varepsilon_r$ 이 된다. $0.1 \le W/h \le 10$, $1 \le \varepsilon_r \le 128$ 일 때 더 정확하다.

분산 효과를 고려한 특성 임피던스는

$$Z_c(f) = Z_c\frac{\varepsilon_{re}(f) - 1}{\varepsilon_{re} - 1}\sqrt{\frac{\varepsilon_{re}}{\varepsilon_{re}(f)}} \tag{2.17}$$

여기서, Z_c 는 특성 임피던스이다.

2.1.5 마이크로스트립 손실(Losses)

컨덕터 손실을 포함한 마이크로스트립의 손실은 유전체 손실과 방사(radiation) 손실이 있다. 손실이 있는 전송선로의 전파상수는 복소수이다. $\gamma = \alpha + j\beta$ 로 표현한다. 여기서, 실수 α 는 감쇄상수로 단위 길이당 네이퍼이고, 여러 손실에 대한 감쇄상수의 합이다. α 는 단위 길이당 데시벨(dB)로 표현할 수 있다.

$$\alpha(dB/unit\ length) = (20\log_{10}^{e})\,\alpha\,(nepers/unit\ length)$$
$$\approx 8.686\alpha\,(nepers/unit\ length)$$

컨덕터 손실에 의한 감쇄를 간단히 표현하면

$$\alpha_c = \frac{8.686\,R_s}{Z_c\,W}\,dB/unit\ length \tag{2.18}$$

$$R_s = \sqrt{\frac{\omega\mu_0}{2\sigma}}$$

여기서, Z_c 는 마이크로스트립 선폭 W 일 때 특성 임피던스이고, R_s 는 단위 면적당 표면 저항이다. σ 는 전도율(conductivity)이고, μ_0 는 자유공간에서 투자율이다. ω 는 각 주파수이다.

식(2.18)은 선폭이 클 때 적용되는 간단한 표현이다. 마이크로스트립에서 유전체 손실에 의한 감쇄는 다음과 같이 결정할 수 있다.

$$\alpha_d = 8.686\pi\left(\frac{\varepsilon_{re}-1}{\varepsilon_r-1}\right)\frac{\varepsilon_r}{\varepsilon_{re}}\frac{\tan\delta}{\lambda_g}\,dB/unit\ length \tag{2.19}$$

여기서, $\tan\delta$ 는 유전체 기판의 손실 탄젠트(tangent)라고 한다. 마이크로스트립은 반개방 구조이고, 방사는 자유공간으로 확장되거나 금속함체(enclosure)에 유도(induce) 된다. 이런 경우 방사 손실이라고 부른다.

2.2 결합선로(Coupled Lines)

마이크로스트립 결합선로는 마이크로스트립 필터에서 광범위하게 사용된다. 그림 2.2 는 한 쌍의 마이크로스트립 결합선로를 나타내고 있다. 여기서 두 선로의 폭 W 는 평행하고, 간격 s 사이에서 가장자리(edge) 결합을 갖는다.

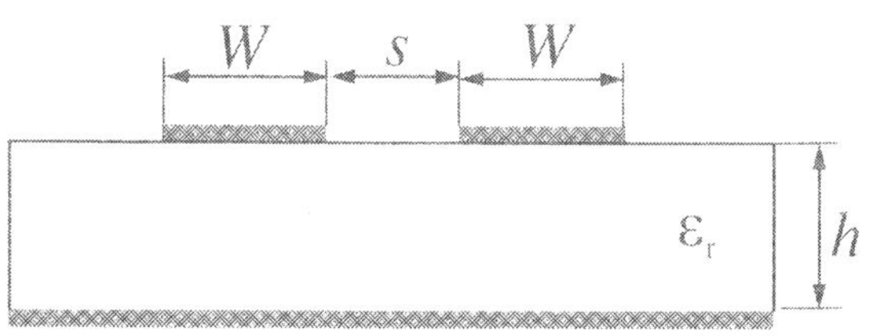

그림 2.2 결합선로 구조

이 결합선로 구조는 준 TEM 모드이므로 그림 2.3과 같이 우모드와 기모드를 갖는다. 우모드 여기(excitation)는 두 마이크로스트립 선로가 동일한 전압 전위를 갖거나 동일한 부호(+)의 전하를 갖는다. 즉, 대칭평면에서 자기적(magnetic) 벽(wall)이 발생한다. 기모드 여기는 두 마이크로스트립 선로가 반대 전압 전위를 갖거나 반대 부호의 전하를 가지므로 전기적(electric) 벽이 발생한다. 일반적으로 두 모드는 동시에 발생한다. 그러므로 결합선로는 두 모드의 특성 임피던스와 유효 유전율을 고려해야 한다.

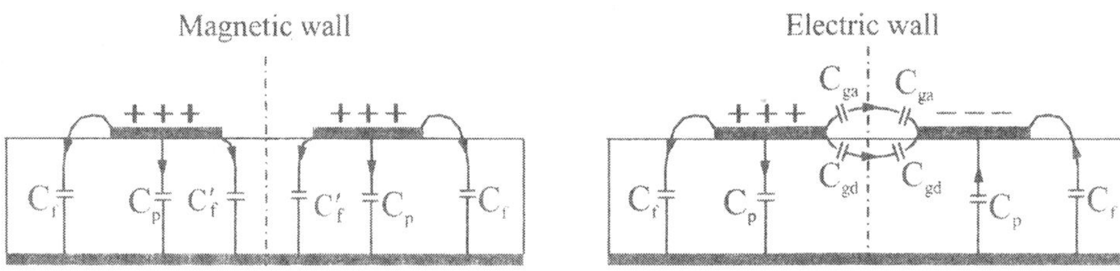

(a) 우모드　　　　(b) 기모드

그림 2.3 결합선로의 준 TEM 모드

2.2.1 우모드와 기모드 캐패시턴스

단일 마이크로스트립과 유사하게, 마이크로스트립 결합선로의 우모드와 기모드 특성 임피던스와 유효 유전율은 C_e 와 C_o 라는 우모드와 기모드 캐패시턴스 항으로 나누어 해석한다. 그림 2.3에서 우모드와 기모드 캐패시턴스를 표현하면

$$C_e = C_p + C_f + C_f' \tag{2.20}$$

$$C_o = C_p + C_f + C_{gd} + C_{ga}$$

C_p 는 스트립선로와 접지 평판 사이의 병렬 평판 캐패시턴스이다. 단순히 표현하면

$$C_p = \varepsilon_0 \varepsilon_r \frac{W}{h} \tag{2.21}$$

C_f 는 단일 선로일 때의 프리징(fringe) 캐패시턴스이다. 등가회로는

$$2C_f = \frac{\sqrt{\varepsilon_{re}}}{cZ_c} - C_p \tag{2.22}$$

C_f' 는 상대 선로의 영향으로 발생하는 단일선로의 프리징 캐패시턴스를 수정한 것이다. C_f' 의 실험식은

$$C_f' = \frac{C_f}{1 + A\dfrac{h}{s}\tanh\left(\dfrac{8s}{h}\right)} \tag{2.23}$$

$$A = \exp\left[-0.1\exp\left(2.33 - 2.53\frac{W}{h}\right)\right]$$

기모드에서 C_{ga} 와 C_{gd} 는 공기와 유전체 층의 결합 간격에서 발생하는 프리징 캐패시턴스이다. 캐패시턴스 C_{gd} 는 다음과 같은 방법으로 구할 수 있다.

$$C_{gd} - \frac{\varepsilon_0\varepsilon_r}{\pi}\ln\left[\coth\left(\frac{\pi}{4}\frac{s}{h}\right)\right] + 0.65\,C_f\left(\frac{0.02\sqrt{\varepsilon_r}}{s/h} + 1 - \frac{1}{\varepsilon_r^2}\right) \tag{2.24}$$

캐패시턴스 C_{ga} 를 두 개의 타원 함수의 비율항으로 표현하면

$$C_{ga} = \varepsilon_0\frac{K(k')}{K(k)} \tag{2.25}$$

$$k = \frac{\dfrac{s}{h}}{\dfrac{s}{h} + 2\dfrac{W}{h}}$$

$$k' = \sqrt{1 - k^2}$$

타원 함수의 비는 다음과 같다.

$$\frac{K(k')}{K(k)} = \begin{cases} \frac{1}{\pi}\ln\left(2\frac{1+\sqrt{k'}}{1-\sqrt{k'}}\right) & 0 \le k^2 \le 0.5 \text{ 일 때} \\ \frac{\pi}{\ln\left(2\frac{1+\sqrt{k}}{1-\sqrt{k}}\right)} & 0.5 \le k^2 \le 1 \text{ 일 때} \end{cases} \tag{2.26}$$

위의 캐패시턴스를 구하는 조건은 $0.2 \le W/h \le 2$, $0.05 \le s/h \le 2$, $\varepsilon_r \ge 1$ 이다.

2.2.2 우모드와 기모드 특성 임피던스와 유효 유전율

우모드와 기모드 특성 임피던스 Z_{ce} 와 Z_{co} 는 캐패시턴스로부터 구할 수 있다.

$$Z_{ce} = \left(c\sqrt{C_e^a C_e}\right)^{-1} \tag{2.27}$$

$$Z_{co} = \left(c\sqrt{C_o^a C_o}\right)^{-1}$$

여기서, C_e^a 와 C_o^a 는 공기와 유전체를 갖는 결합선로 구조의 우모드와 기모드 캐패시턴스이다. 우모드와 기모드 유효 유전율 ε_{re}^e 와 ε_{re}^o 는 C_e 와 C_o 로 구할 수 있다.

$$\varepsilon_{re}^e = \frac{C_e}{C_e^a} \tag{2.28}$$

$$\varepsilon_{re}^o = \frac{C_o}{C_o^a}$$

결합선로의 유효 유전율과 특성 임피던스를 더 정확히 표현하면

$$\varepsilon_{re}^{e} = \frac{\varepsilon_r + 1}{2} + \frac{\varepsilon_r - 1}{2}\left(1 + \frac{10}{v}\right)^{-a_e b_e} \tag{2.29}$$

$$v = \frac{u(20 + g^2)}{10 + g^2} + g\exp(-g)$$

$$a_e = 1 + \frac{1}{49}\ln\left[\frac{v^4 + \left(\frac{v}{52}\right)^2}{v^4 + 0.432}\right] + \frac{1}{18.7}\ln\left[1 + \left(\frac{v}{18.1}\right)^3\right]$$

$$b_e = 0.564\left(\frac{\varepsilon_r - 0.9}{\varepsilon_r + 3}\right)^{0.053}$$

여기서, $u = W/h$ 이고 $g = s/h$ 이다.

$$\varepsilon_{re}^{o} = \varepsilon_{re} + \left[0.5(\varepsilon_r + 1) - \varepsilon_{re} + a_o\right]\exp(-c_o g^{do}) \tag{2.30}$$

$$a_o = 0.7287\left[\varepsilon_{re} - 0.5(\varepsilon_r + 1)\right]\left[1 - \exp(-0.179u)\right]$$

$$b_o = \frac{0.747\varepsilon_r}{0.15 + \varepsilon_r}$$

$$c_o = b_o - (b_0 - 0.207)\exp(-0.414u)$$

$$d_o = 0.593 + 0.694\exp(-0.526u)$$

여기서, ε_{re} 는 단일 마이크로스트립 선폭 W 일 때의 유효 유전율이다.

우모드와 기모드 특성 임피던스는 $0.1 \le u \le 10$, $0.1 \le g \le 10$, $1 \le \varepsilon_r \le 18$ 일 때

$$Z_{ce} = \frac{Z_c\sqrt{\dfrac{\varepsilon_{re}}{\varepsilon_{re}^{e}}}}{1 - Q_4\sqrt{\varepsilon_{re}} \cdot \dfrac{Z_c}{377}} \tag{2.31}$$

여기서, Z_c 는 단일 마이크로스트립 선폭 W 일 때의 특성 임피던스이다.

$$Q_1 = 0.8685u^{0.194} \tag{2.32}$$

$$Q_2 = 1 + 0.7519g + 0.189g^{2.31}$$

$$Q_3 = 0.1975 + \left[16.6 + \left(\frac{8.4}{g}\right)^6\right]^{-0.387} + \frac{1}{241}\ln\left[\frac{g^{10}}{1 + \left(\frac{g}{3.4}\right)^{10}}\right]$$

$$Q_4 = \frac{2Q_1}{Q_2} \cdot \frac{1}{u^{Q3}\exp(-g) + [2 - \exp(-g)]u^{-Q3}}$$

$$Q_5 = 1.794 + 1.14\ln\left[1 + \frac{0.638}{g + 0.517g^{2.43}}\right]$$

$$Q_6 = 0.2305 + \frac{1}{281.3}\ln\left[\frac{g^{10}}{1 + (g/5.8)^{10}}\right] + \frac{1}{5.1}\ln\left(1 + 0.598g^{1.154}\right)$$

$$Q_7 = \frac{10 + 190g^2}{1 + 82.3g^3}$$

$$Q_8 = \exp\left[-6.5 - 0.95\ln(g) - (g/0.15)^5\right]$$

$$Q_9 = \ln(Q_7) \cdot \left(Q_8 + \frac{1}{16.5}\right)$$

$$Q_{10} = Q_4 - \frac{Q_5}{Q_2}\exp\left[\frac{Q_6\ln(u)}{u^{Q_9}}\right]$$

$$Z_{co} = \frac{Z_c\sqrt{\dfrac{\varepsilon_{re}}{\varepsilon_{re}^o}}}{1 - Q_{10}\sqrt{\varepsilon_{re}} \cdot \dfrac{Z_c}{377}} \tag{2.33}$$

2.3 불연속(Discontinuities) 구조와 소자(Components)

2.3.1 마이크로스트립 불연속 구조

마이크로스트립 불연속 구조는 필터를 설계할 때 사용된다. 그림 2.4는 4개의 일반적인 구조와 등가회로를 나타내고 있다. 이 불연속 구조는 EM 시뮬레이션을 통해 필터를 설계할 때 더 정확히 해석할 수 있다. 그리고 불연속 구조에 대한 등가회로는 마이크로스트립 불연속 구조를 해석할 때 유용하게 사용된다.

단(Step)

그림 2.4(a)의 캐패시턴스와 인덕턴스 등가회로는 다음 식으로 표현한다.

$$C = 0.00137h\frac{\sqrt{\varepsilon_{re1}}}{Z_{c1}}\left(1-\frac{W_2}{W_1}\right)\left(\frac{\varepsilon_{re1}+0.3}{\varepsilon_{re1}-0.258}\right)\left(\frac{\dfrac{W_1}{h}+0.264}{\dfrac{W_1}{h}+0.8}\right)pF \tag{2.34}$$

$$L_1 = \frac{L_{w1}}{L_{w1}+L_{w2}}L, \quad L_2 = \frac{L_{w2}}{L_{w1}+L_{w2}}L$$

$$L_{wi} = Z_{ci} \cdot \frac{\sqrt{\varepsilon_{rei}}}{c}$$

$$L = 0.000987h\left(1-\frac{Z_{c1}}{Z_{c2}}\sqrt{\frac{\varepsilon_{re1}}{\varepsilon_{re2}}}\right)^2 nH$$

여기서, $L_{wi}(i=1, 2)$ 는 폭 W_1 과 W_2 를 갖는 마이크로스트립 선로의 단위 길이당 인덕턴스이다. 반면 Z_{ci} 와 ε_{rei} 는 폭 W_i 의 특성 임피던스와 유효 유전율이고, c 는 자유공간에서의 빛의 속도이고, h 는 유전체 기판의 두께이다.

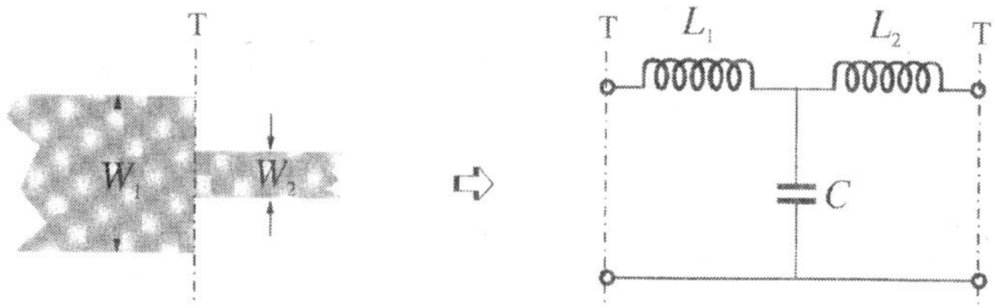

(a) 단(step)

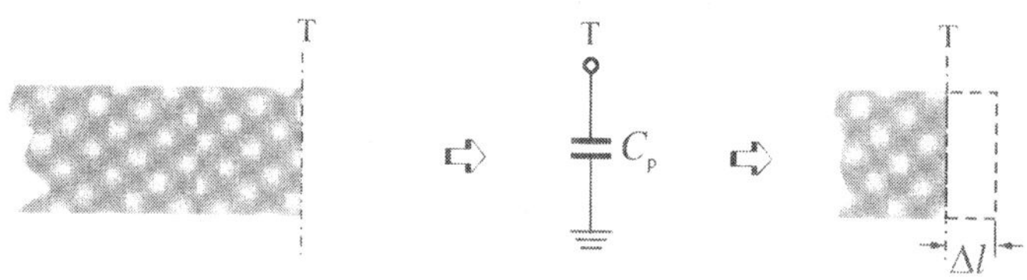

(b) 종단 개방

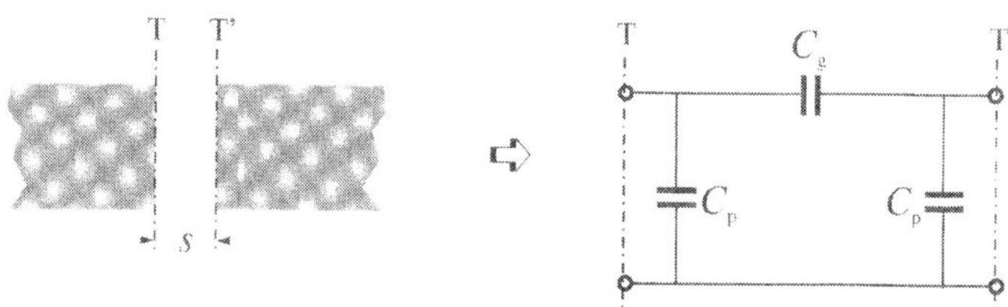

(C) 간격(gap)

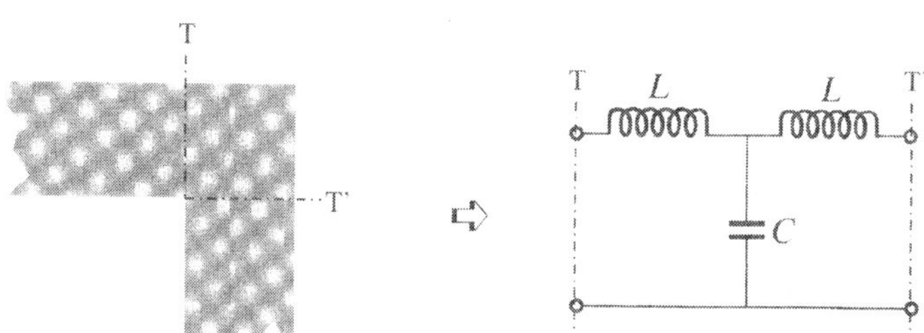

(d) 밴드(bend) 종단개방

그림 2.4 마이크로스트립 불연속 구조

그림 2.4(b)에서 폭 W 를 갖는 마이크로스트립 선로의 종단개방에서 파(field)는 갑자기 멈추지 않을 뿐 아니라, 프리징 효과 때문에 약간 뻗어 나간다. 이 효과는 병렬 캐패시턴스 C_p 로 등가화하거나, 전송선로 Δl 로 등가화 할 수 있다. 등가화된 길이는 필터 설계에 있어 유용하게 사용된다. 두 가지 등가회로 변수의 관계는 다음과 같다.

$$\Delta l = \frac{cZ_c C_p}{\sqrt{\varepsilon_{re}}} \tag{2.35}$$

여기서, c 는 자유공간에서의 빛의 속도이고, $\Delta l/h$ 를 표현하면 $0.01 \leq W/h \leq 100$ 과 $\varepsilon_r \leq 128$ 일 때,

$$\frac{\Delta l}{h} = \frac{\xi_1 \xi_3 \xi_5}{\xi_4} \tag{2.36}$$

$$\xi_1 = 0.434907 \frac{\varepsilon_{re}^{0.81} + 0.26(W/h)^{0.8544} + 0.236}{\varepsilon_{re}^{0.81} - 0.189(W/h)^{0.8544} + 0.87}$$

$$\xi_2 = 1 + \frac{(W/h)^{0.371}}{2.35\varepsilon_r + 1}$$

$$\xi_3 = 1 + \frac{0.5274\tan^{-1}[0.084(W/h)^{1.9413/\xi_2}]}{\varepsilon_{re}^{0.9236}}$$

$$\xi_4 = 1 + 0.037\tan^{-1}[0.067(W/h)^{1.456}] \cdot 6 - 5\exp[0.036(1-\varepsilon_r)]$$

$$\xi_5 = 1 - 0.218\exp(-7.5\,W/h)$$

간격(Gaps)

그림 2.4(c)에서 마이크로스트립 간격의 등가회로가 표현되어 있다. 병렬과 직렬 캐패시턴스 C_p 와 C_g 는 다음 식으로 결정된다. $0.5 \leq W/h \leq 2$과 $2.5 \leq \varepsilon_r \leq 15$ 일 때,

$$C_p = 0.5\, C_e \tag{2.37}$$

$$C_g = 0.5\, C_o - 0.25\, C_e$$

$$\frac{C_o}{W}(pF/m) = \left(\frac{\varepsilon_r}{9.6}\right)^{0.8}\left(\frac{s}{W}\right)^{m_o}\exp(k_o)$$

$$\frac{C_e}{W}(pF/m) = 12\left(\frac{\varepsilon_r}{9.6}\right)^{0.9}\left(\frac{s}{m}\right)^{m_e}\exp(k_e)$$

여기서,

$$m_o = \frac{W}{h}[0.619\log(W/h) - 0.3853]$$

$$k_o = 4.26 - 1.453\log(W/h) \qquad 0.1 \le s/W \le 1.0 \text{ 일 때}$$

$$m_e = 0.8675$$

$$k_e = 2.043(W/h)^{0.12} \qquad 0.1 \le s/W \le 0.3 \text{ 일 때}$$

$$m_e = \frac{1.565}{(W/h)^{0.16}} - 1$$

$$k_e = 1.97 - \frac{0.03}{W/h} \qquad 0.3 \le s/W \le 1.0 \text{ 일 때}$$

밴드(Bends)

그림 2.4(d)에서 마이크로스트립 밴드는 T-회로망으로 등가화된다. 캐패시턴스와 인덕턴스의 등가회로는 다음과 같다.

$0.5 \le W/h \le 2$ 일 때,

$$\frac{C}{W}(pF/m) = \begin{cases} \dfrac{(14\varepsilon_r + 12.5)W/h - (1.83\varepsilon_r - 2.25)}{\sqrt{W/h}} + \dfrac{0.02\varepsilon_r}{W/h} & \dfrac{W}{h} < 1 \text{ 일 때} \\ (9.5\varepsilon_r + 1.25)W/h + 5.2\varepsilon_r + 7.0 & \dfrac{W}{h} \geq 1 \text{ 일 때} \end{cases}$$

$$\frac{L}{h}(nH/m) = 100\left\{4\sqrt{\frac{W}{h}} - 4.21\right\} \tag{2.38}$$

2.3.2 마이크로스트립 소자

마이크로스트립 필터를 설계할 때 사용되는 마이크로스트립 소자는 집중 인덕터와 캐패시터, 준집중 소자 그리고 공진기이다. 대부분의 경우 공진기는 1/4 파장이나 반파장 공진기를 사용한다. 소자의 선택은 설계자의 의도에 따라 손실이나 Q 값, 사용되는 진압, 사용되는 주파수 등을 고려하여 선택힌디.

집중 인덕터와 캐패시터

집중 인덕터와 캐패시터의 모양이 그림 2.5와 2.6에 나타나 있다. 이와 같은 소자의 물리적 길이는 사용할 주파수에서 자유공간의 파장 λ_0 보다 작아야 한다. $0.1\lambda_0$ 보다 작으면 더욱 적합하다. 그러므로, 크기는 매우 작고 광대역 특성을 나타낼 수는 있으나, Q 값이 떨어지고, 분포소자보다 사용되는 전압이 낮다. 그러나, 크기를 줄일 수 있기 때문에 MMIC(monolithic microwave intergrated circuits)에서 적합하게 사용된다.

그림 2.5는 높은 임피던스를 갖고 수평선로 면을 갖는 인덕터의 예이다. 가장 낮은 인덕터 값은 3nH 이나, 나선(spiral) 형태의 인덕터는 10nH 값을 가질 수 있다. 나선 형태 인덕터의 안쪽 원은 via hole 이나 wire-bond 로 외각 원과 연결하여 사용할 수 있다.

그림 2.6에 있는 인터디지탈 캐패시터는 1.0pF 보다 작은 캐패시턴스 값을 가질 때

안정적으로 사용된다. MIM(metal-insulator-metal) 캐패시터는 두 금속면을 사용하여 낮은 손실 유전체 면을 갖는 구조로 두께는 0.5μm 정도이다. 대략 30pF 정도 값을 갖는다. 금속면은 최소의 컨덕터 손실을 가질 때 세 배의 표면 깊이(skin depth)보다 커야 한다. 윗면은 다른 회로와 연결되어 있다.

기생효과 때문에 집중소자를 해석하는 것은 쉽지 않다. 예를 들어 집중 인덕터를 마이크로스트립으로 해석할 때는 항상 접지와 병렬 캐패시턴스가 발생하게 된다. 그러므로 집중 소자의 정확한 특성은 항상 EM 시뮬레이션을 통하여 사용해야 한다. 몇 가지 간단한 설계 방정식을 논의할 예정이다.

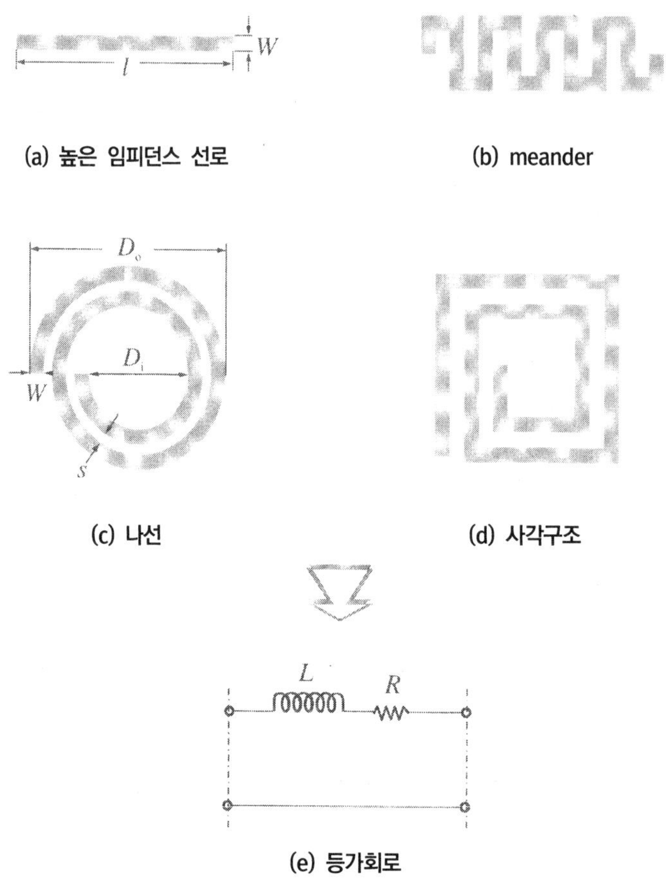

그림 2.5 인덕터

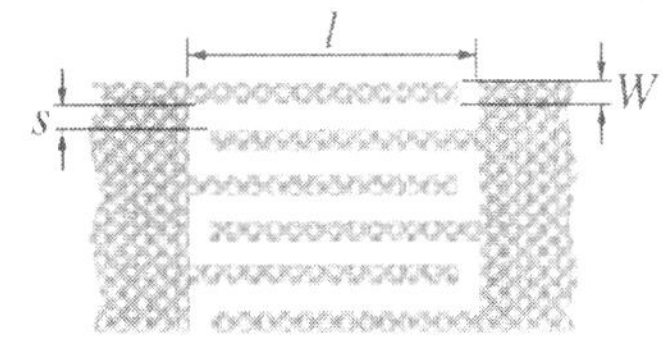

(a) 인터디지탈 캐패시터

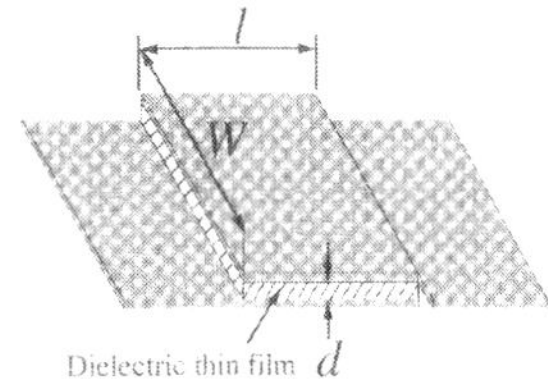

(b) MIM 캐패시터

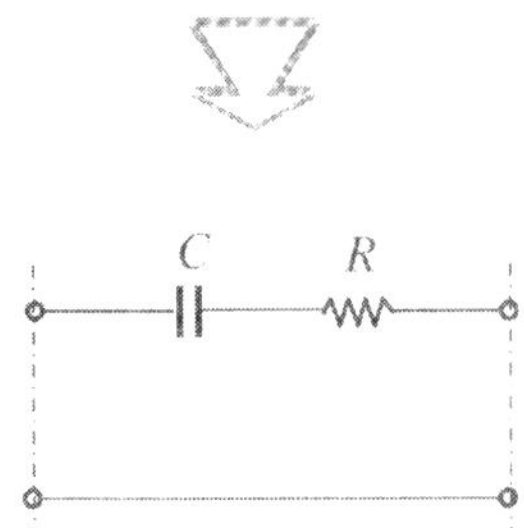

(c) 등가회로

그림 2.6 캐패시터

인덕터 설계

대략적인 설계 방정식은 인덕턴스와 인덕터에서 발생하는 다양한 래지스턴스의 조합으로 이루어진다. 선폭, 두께, 컨덕터의 길이를 각각 W, t, l 이라고 하면, 컨덕터의 두께 t 는 표면 깊이의 3배보다 커야 한다. 나선의 경우 n 은 회전 수이고, s 는 나선 사이의 간격이다. R_s 는 단위 면적당 컨덕터의 표면 저항 값이다.

곧은(straight) 선로 인덕터에서

$$L(nH) = 2\times 10^{-4} l\left[\ln\left(\frac{l}{W+t}\right) + 1.193 + 0.2235\frac{W+t}{l}\right] \cdot K_g \qquad l(\mu m)\text{일 때}$$

$$R = \frac{R_s l}{2(W+t)} \cdot \left[1.4 + 0.217\ln\left(\frac{W}{5t}\right)\right] \qquad 5 < \frac{W}{t} < 100\text{일 때}$$

(2.39)

나선 인덕터에서

$$L(nH) = 0.03937\frac{a^2n^2}{8a+11c} \cdot K_g \qquad a(\mu m)\text{일 때} \tag{2.40}$$

$$a = \frac{D_o + D_i}{4} \qquad c = \frac{D_o - D_i}{2}$$

$$R = 1.5\frac{\pi a n R_s}{W}$$

인덕터 표현에서 K_g 는 접지면 효과를 계산하기 위한 교정계수이다. 인덕터의 값이 감소함에 따라 접지면은 더 가까워진다.

$$K_g = 0.57 - 0.145\ln\frac{W}{h} \qquad \frac{W}{h} > 0.05\text{일 때} \tag{2.41}$$

여기서, h 는 기판의 두께이다. 인덕터의 무부하 Q 는

$$Q = \frac{\omega L}{R} \tag{2.42}$$

캐패시터 설계

핑거(finger) 폭 W 와 같은 간격 s 는 최대의 캐패시턴스 값을 구현한다. 기판의 두께 h 는 핑거의 폭보다 커야 한다. 인터디지탈 캐패시턴스의 값은 다음과 같다.

$$C(pF) = 3.937\times10^{-5}l(\varepsilon_r+1)[0.11(n-3)+0.252] \qquad l(\mu m)\text{일 때} \tag{2.43}$$

$$Q_c = \frac{1}{\omega CR} \qquad R = \frac{4}{3}\frac{R_s l}{Wn}$$

여기서, n 은 핑거의 수이고, ε_r 은 기판의 상대 유전율이다. 컨덕터 손실과 관계있는 Q 값은 식(2.43)과 같다. 유전체의 Q 값은 대략 $Q_d = 1/\tan\delta$ 이고, $\tan\delta$ 는 유전

체의 손실 탄젠트이다. 전체 Q 값은 다음과 같다.

$$\frac{1}{Q}=\frac{1}{Q_c}+\frac{1}{Q_d} \tag{2.44}$$

MIM 캐패시터의 캐패시턴스 값은 평행판 캐패시터와 유사하다.

$$C=\frac{\varepsilon(W\times l)}{d} \tag{2.45}$$

여기서, $(W\times l)$ 은 두께 d 와 유전상수 ε 를 갖는 유전체 금속판 면적이다. 컨덕터 Q_c 는

$$Q_c=\frac{1}{\omega CR} \qquad R=\frac{R_s l}{W} \text{ 일 때} \tag{2.46}$$

전체 Q는 식(2.44)와 동일하다.

High와 Low 임피던스 단락선로

그림 2.7처럼 low 임피던스(Z_o) 로 양쪽에 종단되고, 짧은 high 임피던스(Z_c)를 갖는 구조는 π형 등가회로망으로 표현이 가능하다. 짧은 선로의 전파상수는 $\beta=2\pi/\lambda_g$ 이고, 회로의 변수는 다음과 같다.

$$x=Z_c\sin\left(\frac{2\pi}{\lambda_g}l\right), \qquad \frac{B}{2}=\frac{1}{Z_c}\tan\left(\frac{\pi}{\lambda_g}l\right) \tag{2.47}$$

두 회로를 ABCD 파라미터로 풀면 $l<\lambda_g/8$ 일 때,

$$x\approx Z_c\left(\frac{2\pi}{\lambda_g}l\right), \qquad \frac{B}{2}\approx\frac{1}{Z_c}\left(\frac{\pi}{\lambda_g}l\right) \tag{2.48}$$

여기서, $Z_c \gg Z_0$ 임을 보여 주고 있다. 병렬 서셉턴스의 효과는 무시되고, 짧은 선로부분은 $L = Z_c l / v_p$ 값을 갖는 직렬 인덕턴스와 같은 효과가 있다. 여기서, $v_p = \omega / \beta$ 는 짧은 선로에 전파되는 위상속도이다.

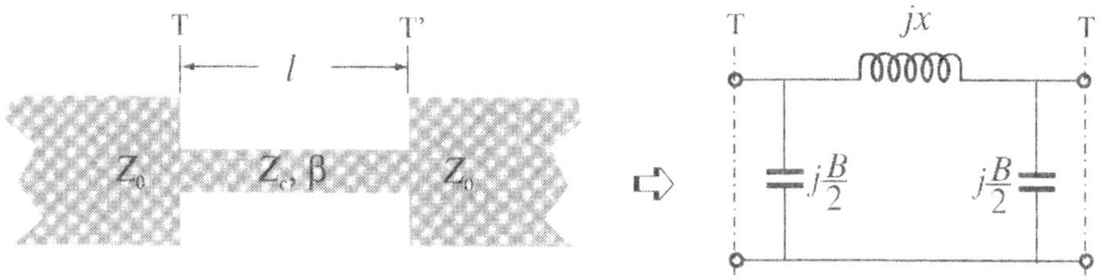

그림 2.7 단락선로의 high 임피던스

그림 2.8처럼 high 임피던스(Z_o) 로 양쪽에 종단되고, 짧은 low 임피던스(Z_c) 를 갖는 구조는 T 형 등가회로망으로 표현이 가능하다. 회로의 변수는 다음과 같다.

$$B = \frac{1}{Z_c}\sin\left(\frac{2\pi}{\lambda_g}l\right), \qquad \frac{x}{2} = Z_c \tan\left(\frac{\pi}{\lambda_g}l\right) \tag{2.49}$$

$l < \lambda_g / 8$ 일 때,

$$B \approx \frac{1}{Z_c}\left(\frac{2\pi}{\lambda_g}l\right), \qquad \frac{x}{2} \approx Z_c\left(\frac{\pi}{\lambda_g}l\right) \tag{2.50}$$

유사하게, $Z_c \ll Z_0$ 이면, 직렬 리액턴스 효과는 무시되고, 짧은 선로는 병렬 캐패시턴스 $C = l/(Z_c v_p)$ 와 같은 효과가 있다. 이 단선선로의 품질계수 Q 를 등가화하기 위해, 손실은 전파 상수 $\gamma = \alpha + j\beta$ 를 갖는 손실이 있는 전송선로를 고려했을 때 포함된다. 직렬 리액턴스 결합인 전체 등가 직렬저항은 $R \approx Z_c \alpha l$ 로 근사화되고, 병렬 서셉턴스 결합인 전체 등가 병렬 컨덕턴스는 $G \approx \alpha l / Z_c$ 로 근사화된다. 손실이 있는 리액턴스 소자는 $Q_Z = x/R$ 이고, 손실이 있는 서셉턴스 소자는 $Q_Y = B/G$ 이다. 단락선로 소자의 품질계수 Q($1/Q = 1/Q_Z + 1/Q_Y$) 는 다음에 의해 정리된다.

$$Q = \frac{\beta}{2\alpha} \tag{2.51}$$

여기서, β 는 단위 길이당 라디안(radians)이고, α 는 단위 길이당 네이퍼이다.

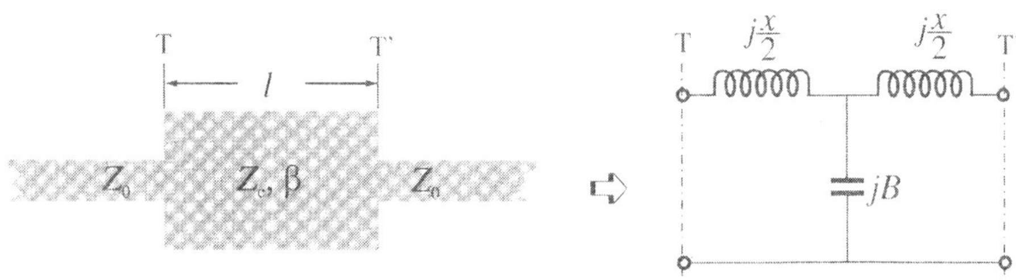

그림 2.8 단락선로의 low 임피던스

단선 및 단락회로 스터브

그림 2.9처럼 손실이 있는 전송선로의 단선회로 스터브는 병렬 캐패시턴스로 등가화 할 수 있고, 유사한 단락회로 스터브는 병렬 인덕터로 등가화 할 수 있다.

전송선로 이론에 따르면, 특성 임피던스 $Y_c = 1/Z_c$ 를 갖는 단선회로 전송선로의 입력 임피던스와 전파 상수 $\beta = 2\pi/\lambda_g$ 는 다음과 같다.

$$Y_{in} = jY_c \tan\left(\frac{2\pi}{\lambda_g} l\right) \tag{2.52}$$

여기서, l 은 스터브의 길이이다. 만일 입력 어드미턴스가 $l < \lambda_g/4$ 일 때, 캐패시티브이다. 만일 스터브가 $l < \lambda_g/8$ 보다 짧으면 입력 어드미턴스는 다음과 같이 근사화 된다.

$$Y_{in} \approx jY_c\left(\frac{2\pi}{\lambda_g} l\right) = j\omega\left(\frac{Y_c l}{v_p}\right) \tag{2.53}$$

여기서, v_p 는 스터브에서의 위상속도이다. 단선회로 스터브는 병렬 캐패시턴스 $C = Y_c l / v_p$로 등가화된다.

이중(dual) 구조의 경우, 전송선로의 단락회로 입력 임피던스는 다음과 같다.

$$Z_{in} = jZ_c \tan\left(\frac{2\pi}{\lambda_g} l\right) \tag{2.54}$$

$l < \lambda_g/4$ 일 때 입력 임피던스는 인덕티브이다. 만일 스터브가 $l < \lambda_g/8$ 이면 입력 임피던스는 다음과 같이 근사화된다.

$$Z_{in} \approx jZ_c\left(\frac{2\pi}{\lambda_g} l\right) = j\omega\left(\frac{Z_c l}{v_p}\right) \tag{2.55}$$

그러므로 이와 같은 단락회로 스터브 함수는 병렬 집중소자 인덕턴스 $L = Z_c l / v_p$ 이다.

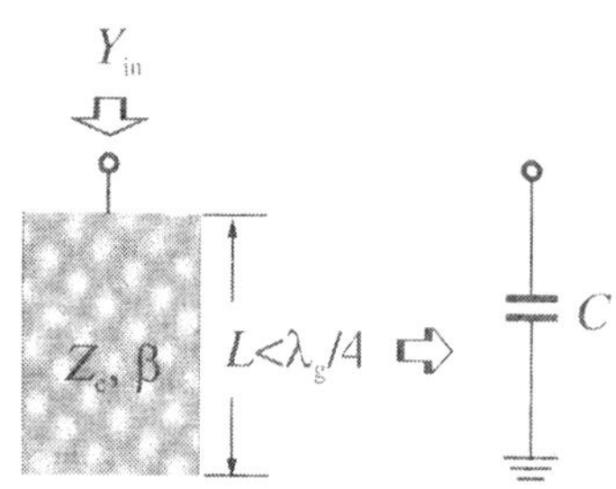

(a) 단선회로 스터브

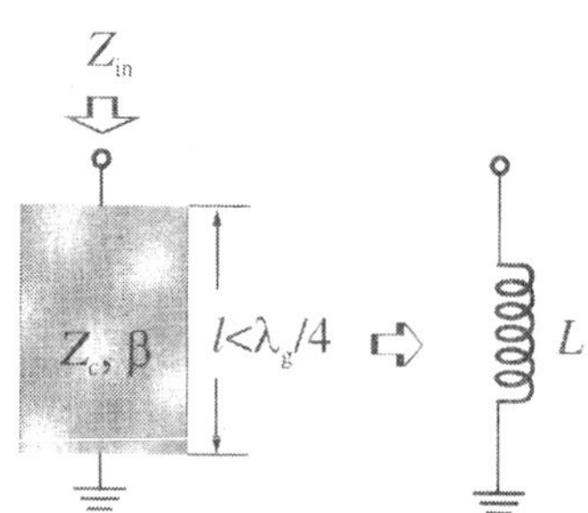

(b) 단락회로 스터브

그림 2.9 단락 스터브 소자

공진기(Resonators)

(a) 집중소자 공진기

(b) 준집중 소자 공진기

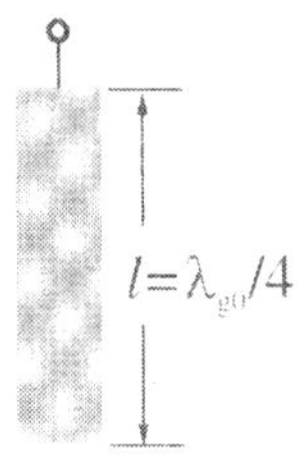

(c) $\lambda_{g0}/4$ 공진기(직렬공진)

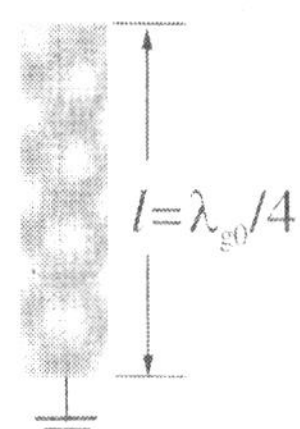

(d) $\lambda_{g0}/4$ 공진기(병렬공진)

(e) $\lambda_{g0}/2$ 공진기

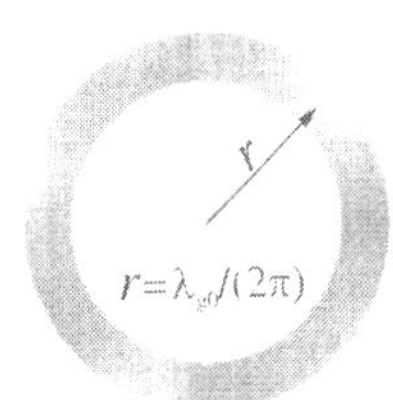

(f) 링(ring) 공진기

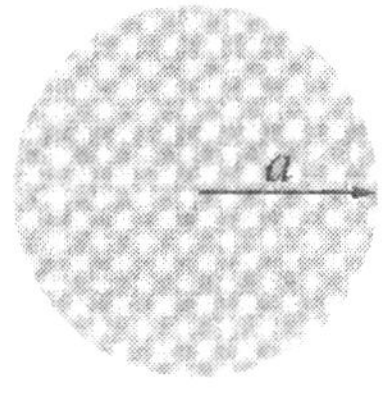

(g) 원 공진기

(h) 삼각 공진기

그림 2.10 마이크로스트립 공진기

마이크로파 공진기는 전자기장에서 적어도 하나의 진동(oscillating)을 갖는 구조이다. 그림 2.10처럼 일반적으로 필터 설계에는 마이크로스트립 공진기는 집중소자, 준집중소자, 분포선로, 패치(patch) 공진기 등이 사용된다.

그림 2.10(a), (b)처럼 집중소자나 준집중 소자 공진기는 $\omega_0 = 1/\sqrt{LC}$ 에서 공진점을 갖는 집중(준집중) 인덕터나 캐패시턴스로 구성된다. 어쨌든 크기가 파장보다 짧지 않은 약간 높은 주파수에서 공진이 발생한다. 그러므로 집중이나 준집중 소자라고 보기는 어렵다.

그림 2.10(c), (d)의 분포선로는 $\lambda_{g0}/4$ 에서 공진을 발생하고, λ_{g0} 는 기본 공진 주파수 f_0 를 갖는 관내파장이다. $f \approx (2n-1)f_0$ $(n=2,\ 3,\cdots)$일 때 높은 주파수에서 공진을 발생시킨다. 또 다른 분포선로 공진기는 반파장 공진기이며, 그림 2.10(e)에 나타나 있다. 기본 주파수 $\lambda_{g0}/2$ 에서 공진을 발생시키며, $f \approx nf_0$ $(n=2,\ 3,\cdots)$일 때 공진을 발생시킨다.

그림 2.10(f)의 링 공진기는 분포 공진기의 또 다른 형태이다. 여기서 r 은 링의 반지름이다. 링 공진기는 f_0 에서 공진을 발생시키는데 공진 조건은 $2\pi r \approx \lambda_{g0}$ 이다. 높은 공진 모드는 $f \approx nf_0$ $(n=2,\ 3,\cdots)$이다. 이 구조는 이중(dual) 모드 필터를 설계할 때 사용된다. 유사한 구조로는 사각이나 meander 구조 등이 있다.

마이크로스트립 필터를 설계할 때 흥미 있게 사용되는 구조가 패치(patch) 구조이다. 이 구조는 사용 전압을 높일 수 있다. 마이크로스트립 패치 공진기의 장점은 좁은 마이크로스트립 선로 공진기로 구성되므로 적은 컨덕터 손실을 가지고 있다. 비록 패치 공진기가 방사를 많이 하지만, 필터를 금속함체에 넣음으로써 방사손실을 줄일 수 있다. 패치 공진기는 크기가 크다. 어쨌든 높은 전압과 저 손실에 유리한 구조이다. 그러나, 높은 주파수에서 사용되기 때문에 크기는 별로 문제가 되지 않는다. 그림 2.10(g), (h)처럼 원이나 삼각형 형태가 사용된다. 이 같은 마이크로스트립 패치 공진기는 측면을 자기 벽으로 해석하면 도파관으로 해석할 수 있다. 즉, TM^{Z}_{nm0} 모드가 형성되며, z 는 접지면과 수직이다. 이 모드에서 공진은 원통 좌표계($\phi,\ r,\ z$) 로 표현될 수 있다.

$$E_Z = A_{nm} J_n\left(\frac{K_{nm} r}{a}\right) \cos(n\phi) \tag{2.56}$$

$$H_r = \frac{j}{\omega\mu}\left(\frac{1}{r}\frac{\partial E_Z}{\partial \phi}\right) = -\frac{j}{\omega\mu}\frac{n}{r} A_{nm} J_n\left(\frac{K_{nm} r}{a}\right) \sin(n\phi)$$

$$H_\phi = \frac{-j}{\omega\mu}\left(\frac{\partial E_Z}{\partial r}\right) = -\frac{j}{\omega\mu}\frac{K_{nm}}{a} A_{nm} J_n{}'\left(\frac{K_{nm} r}{a}\right) \cos(n\phi)$$

$$E_\phi = E_r = H_Z = 0$$

여기서, A_{nm} 은 진폭이고, J_n 은 Bessel 함수의 첫 번째 n 차 항이고, J_n 은 미분 계수이다. K_{nm} 은 $J_n{}'$ 의 m 차 영점이다. $m = 1$ 에서 영점은

$$K_{n1} = \begin{cases} 3.83171 & n = 0 \\ 1.84118 & n = 1 \\ 3.05424 & n = 2 \\ 4.20119 & n = 3 \end{cases} \tag{2.57}$$

이와 같은 모드의 공진 주파수는

$$f_{nm0} = \frac{K_{nm} c}{2\pi a_e \sqrt{\varepsilon_r}} \qquad a_e = a\sqrt{1 + \frac{2\pi}{\pi a}\left[\ln\left(\frac{\pi a}{2h}\right) + 1.7726\right]} \tag{2.58}$$

여기서, a_e 는 프리징 효과로 계산되는 유효 반지름이다($h \ll a$ 일 때 $a_e \approx a$). 그러므로 더 낮은 차수나 기본모드는 TM_{110}^Z 이다. 이 모드에서 원형 패치 공진기는 이중 공진기로 사용된다. 또 다른 모드는 TM_{010}^Z 모드이고, 가장자리에서 전류를 가지지 않는다. 이 모드는 높은 전압에서 사용되는 초전도(superconducting) 필터로 사용된다.

2.3.3 마이크로스트립 공진기의 손실

실제적인 필터 설계에서 마이크로스트립 공진기의 무부하 품질계수 Q_u 값을 계산해야 한다. 예를 들어, 대역통과 필터의 삽입손실을 결정할 때 사용된다. 어떤 공진기를 사용하든지 Q_u 의 일반적인 정의는

$$Q_u = \omega \frac{\text{공진기에 저장된 에너지}}{\text{공진기에서 손실된 평균 전력}} \tag{2.59}$$

대부분의 손실은 컨덕터, 유전체 기판, 방사 등의 손실이다. 전체 무부하 품질계수는 모든 손실의 합이다. 그 결과는

$$\frac{1}{Q_u} = \frac{1}{Q_c} + \frac{1}{Q_d} + \frac{1}{Q_r} \tag{2.60}$$

여기서, Q_c, Q_d, Q_r 은 각각 컨덕터, 유전체, 방사 품질계수이며, 상호관계가 있다. 필터에 적용할 때 항상 함체(housing)을 사용하는데, 이 경우 방사 품질계수는 함체의 손실을 포함하게 된다. 품질계수를 계산할 때는 함체의 크기 때문에 전자기파의 분포는 마이크로파 공진기의 구조에 따라 다르기 때문에 중요한 요인이 된다. 즉, 경계(boundary) 조건이 필요하다. EM 시뮬레이션이 이 조건에 대한 해석을 가능하게 해 준다.

마이크로스트립 선로의 컨덕터 Q 는 다음 식으로 구할 수 있다.

$$Q_c = \frac{\pi}{\alpha_c \lambda_g} \tag{2.61}$$

여기서, α_c 는 단위 길이당 컨덕터 감쇄상수이며, λ_g 는 마이크로스트립 선로의 관

내파장이다. 마이크로스트립과 접지면 사이가 균일 평면이라면

$$Q_c \approx \pi\left(\frac{h}{\lambda}\right)\left(\frac{\eta}{R_s}\right) \tag{2.62}$$

h 는 기판의 두께이고, λ 와 $\eta\,(\approx 377\Omega)$ 는 자유공간에서의 파장과 임피던스이고, R_s 는 컨덕터의 표면저항이다. 일반적으로 R_s 는 주파수 f 를 갖는 $\sqrt{f}$ 값에 따라 변한다. 기판의 두께가 증가할수록 Q_c 는 증가하므로 방사도 증가하고 원치 않는 결합도 발생하므로 주의해야 한다.

유전체 손실은 유전체 기판 $\varepsilon = \varepsilon' - j\varepsilon''$ 의 복수 유전율로 계산할 수 있다. 유전체 기판에서의 손실은 유효 전도율 $\omega\varepsilon''$ 로 추정할 수 있다.

$$Q_d \geq \frac{\varepsilon'}{\varepsilon''} = \frac{1}{\tan\delta} \tag{2.63}$$

여기서, $\tan\delta$ 는 유전체의 손실 탄젠트이다. 또 다른 유전체 손실은 다음 식으로 계산한다.

$$Q_d = \frac{\pi}{\alpha_d \lambda_g} \tag{2.64}$$

α_d 는 단위 길이당 유전체의 감쇄상수이다.

만일 마이크로스트립 공진기가 개방되어 있으면 방사는 매우 잘 일어난다. 방사 품질계수의 일반적인 정의는 다음과 같다.

$$Q_r = \omega \frac{\text{공진기에 저장된 에너지}}{\text{방사된 평균 전력}} \tag{2.65}$$

그러나, 마이크로파 공진기를 사용하는 필터는 대부분 컨덕터로 함체화된다. 이 경우, 함체 품질계수는 방사 품질계수를 대신해서 해석된다. 일반적인 함체 품질계수는

$$Q_h = \omega \frac{\text{공진기에 저장된 에너지}}{\text{하우징에서의 평균 전력 손실}} \tag{2.66}$$

함체의 전력 손실은 공진시 전도체(함체의 재료)가 완전하지 않기 때문에 발생하며, 그 표현은

$$P_h = \frac{R_h}{2} \int | \underline{n} \times \underline{H} |^2 \, dS \tag{2.67}$$

여기서, R_h 는 함체의 표면저항이고, $\underline{n}$ 는 함체의 단위이며, $\underline{H}$ 는 공진시 자기장이다.

그러므로, 함체의 품질계수 Q_h 와 역비례 관계인 P_h 는 함체의 크기를 크게 함으로써 큰 값을 가질 수 있고, 높은 품질계수를 갖는 물질을 사용함으로써 Q_c 를 줄일 수 있다.

참고문헌

[1] Jia-Sheng Hong, and M. J. Lancaster, "Microstrip Filters for RF/Microwave Applications", John Wiley & Sons, Inc., ch. 4, 2001.

[2] K. C. Gupta, R. Garg, I. Bahl, and P. Bhartis, Microstrip Lines and Slotlines, Second Edition, Artech House, Boston, 1996.

[3] T. Edwards, foundations for Microstrip Circuit Design, Second Edition, Wiley, Chichester, U.K., 1991.

[4] E. O. Hammerstard, "Equations for microstrip circuit design," in Proceedings of the European Microwave Conference, Hamburg, Germany, 1975, pp. 268-272.

[5] E. O. Hammerstad and O. jensen, "Accurate models for microstrip computer-aided design," IEEE MTT-S, 1980, Digest, pp. 407-409.

[6] H. Wheeler, "Transmission line properties of parallel strips separated by a dielectric sheet," IEEE Trans., MTT-13, 1965, 172-185.

[7] I. J Bahl and R. Garg, "Simple and accurate formulas for microstrip with finite strip thickness," Proc. IEEE, 65, 1977, 1611-1612.

[8] M. Kobayashi, "A dispersion formula satisfying recent requirements in microstrip CAD," IEEE Trans., MTT-36, Aug. 1988, 1246-1250.

[9] I. J. Bahl, "Easy and exact methods for shielded microstrip design," Microwaves, 17, Dec. 1978, 61-62.

[10] E. J. Denlinger, "Losses of microstrip Lines," IEEE Trans., MTT-28, June 1980, 513-522.

[11] R. A. Pucel, D. J. Masse, and C. P. Hartwig, "Losses in microstrip," IEEE Trans., MTT-16, June 1968, 342-350. Correnction IEEE Trans., MTT-16, Dec. 1968, p. 1064.

[12] G. D. Vendelin, "Limitations on strip line Q," Microwave Journal, 13, May 1970, 63-69.

[13] R. Garg and I. J. Bahl, "Characteristics of coupled microstriplines," IEEE Trans., MTT-27, July 1979, 700-705. Corrections in IEEE Trans., MTT-28, March 1980, p. 272.

[14] M. Kirschning and R. H. Jansen, "Accurate wide-range design equations for

parallel coupled microstrip lines," IEEE Trans., MTT-32, Jan. 1984, 83-90. Corrections in IEEE Trans., MTT-33, March 1985, p. 288.

[15] M. Kirschning, R. H. Jansen, and N. H. L. Koster, "Accurate model for poen end effect of microstrip lines," Electronics Letters, 17, Feb. 1981, 123-125.

[16] B. Easter, "The equivalent circuit of some microstrip discontinuities," IEEE Trans., MTT-23, Aug. 1975, pp. 655-660.

[17] J. S. Hong and J. M. Shi, "Model microstrip step discontinuities by the transmission matrix," Electronics Letters, 23, 13, 1987, 678-679.

[18] K. Rambabu and M. Ramesh, "Models describe microstrip circuit characteristics," Microwave & RF, 38, Feb. 1999, 64-74.

[19] R. A. Pucel, "Design considerations for monolithic microwave circuits," IEEE Trans., MTT-29, June 1981, 513-534.

[20] E. Pettenpaul, H. Kapusta, A. Weisgerber, H. Mampe, J. Luginsland, and I. Wolff, "CAD models of lumped elements on GaAs up to 18 GHz," IEEE Trans., MTT-36, Feb. 1988, 294-304.

[21] C. Y. Chi and G. M. Rebeiz, "Planar microwave and millimeter-wave lumped elements and coupling-line filters using micro-machining techniques," IEEE Trans., MTT-43, April 1995, 730-738.

[22] G. D. Alley, "Interdigital capacitors and their application to lumped-element microwave intergrated circuits," IEEE Trans., MTT-18, Dec. 1970, 1028-1033.

[23] J. S. Hong and M. J. Lancaster, "Couplings of microstrip square open-loop resonators for cross-coupled planar microwave filters," IEEE Trans., MTT-44, Nov. 1996, 2099-2109.

[24] I. Wolff and N. Knoppink, "Microstrip ring resonator and dispersion measurement on microstrip lines," Elecronics Letters, 7, 1971, 779-781.

[25] J. S. Hong and M. J. Lancaster, "Bandpass characteristics of new dual-mode microstrip square loop resonators," Electronics Letters, 7, 1995, 891-892.

[26] J. S. Hong and M. J. Lancaster, "Microstrip bandpass filter using degenerate modes of a novel meander loop resonator," IEEE Microwave and Guided Wave Letters, 5, 1995, 371-372.

3 마이크로스트립 필터

이 장에서는 마이크로스트립 필터 설계에 대해 설명한다.

세부 주제로는 저역통과 필터, 대역통과 필터, 고역통과 필터, 대역저지 필터가 포함된다.

3.1 저역통과 필터

3.1.1 스탭(Stepped) 임피던스, L-C 사다리형(Ladder) 저역통과 필터

그림 3.1(a)는 high와 low 임피던스가 번갈아 가며 다단으로 연결된 전송선로를 가지는 스탭 임피던스 저역통과 마이크로스트립 필터 구조이다. 이와 같은 구조는 준집중(semilumped) 소자를 가지므로 관내파장보다 짧다. High 임피던스 선로는 직렬 인덕터로 동작하고, low 임피던스 선로는 병렬 캐패시터로 동작한다. 그러므로 그림 3.1(b)처럼 L-C 사다리형 저역통과 필터로 등가화 된다.

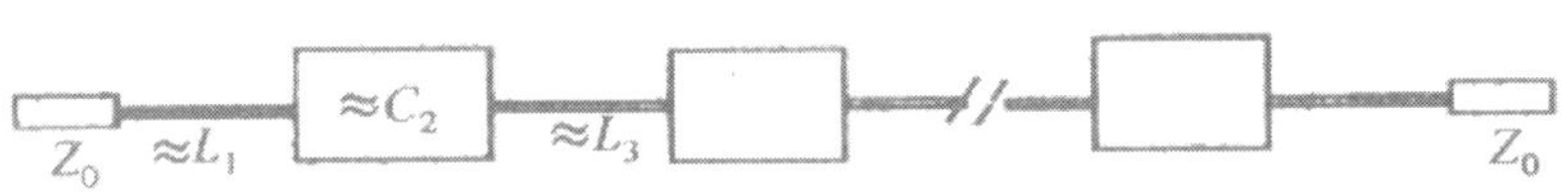

(a) 스탭 임피던스 필터의 구조

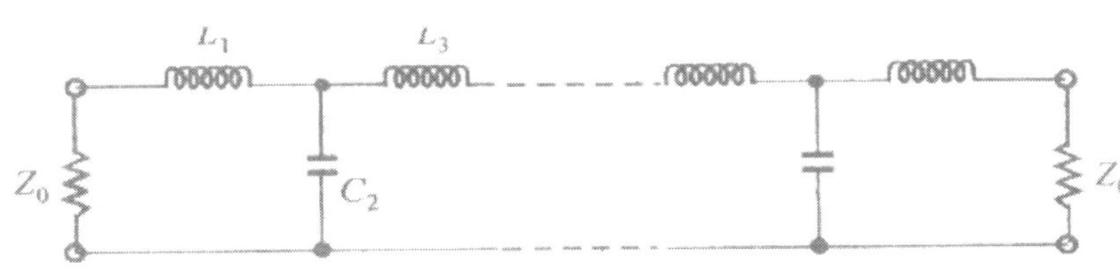

(b) L-C 사다리형 필터의 등가회로

그림 3.1 스탭 임피던스 저역통과 마이크로스트립 필터 구조

위의 필터를 설계할 때 인덕턴스나 캐패시턴스가 특성 임피던스나 전기적 길이로 표현되기 때문에 마이크로스트립 선로의 기본 설계 정보를 먼저 알아야 한다.

h와 low 임피던스를 가지는 선로의 특성 임피던스를 결정하기 위해 다음 조건을 고려해야 한다.

- $Z_{0C} < Z_0 < Z_{0L}$, Z_{0C} 와 Z_{0L} 은 low와 high 임피던스 선로의 특성 임피던스

이다. Z_0 는 50 $ohms$ 을 갖는 마이크로스트립 필터의 원천 임피던스이다.

- Z_{0C} 가 low일 때 집중소자 캐패시터 값에 더 근접해지고 선로 폭 W_C 도 원하는 주파수에서 부수적인 공진이 발생하지 않는다.
- Z_{0L} 이 high일 때 집중 소자 인덕터 값에 더 근접해진다. 그러나, 과도하게 선로 폭을 줄이면 제작 시 어려움이 있으므로 Z_{0L} 을 매우 high로는 설계하지 말아야 한다.

이와 같은 필터를 설명하기 위해 3단 저역통과 필터의 예를 들어 보자. 설계하고자 하는 필터의 특성은 다음과 같다.

차단 주파수 $f_c = 1\,GHz$

통과대역 리플 $0.1\,dB$ (또는 반사 손실 $\leq -16.42\,dB$)

원천/부하 임피던스 $Z_0 = 50\,ohms$

체비셰브 응답은 저역통과 원형필터에서 소자 값은

$$g_0 = g_4 = 1$$

$$g_1 = g_3 = 1.0316$$

$$g_2 = 1.1474$$

정규화된 차단 주파수 $\Omega_c = 1.0$ 일 때 소자 변환식을 이용하면,

$$L_1 = L_3 = \left(\frac{Z_0}{g_0}\right)\left(\frac{\Omega_c}{2\pi f_c}\right) g_1 = 8.209 \times 10^{-9}\,H \tag{3.1}$$

$$C_2 = \left(\frac{g_0}{Z_0}\right)\left(\frac{\Omega_c}{2\pi f_c}\right) g_2 = 3.652 \times 10^{-12}\,F$$

여기서, 상대 유전율이 10.8이고, 두께는 1.27mm 인 기판을 이용하여 필터를 설계하고자 한다. 위의 식들을 고려하여 high와 low의 특성 임피던스를 $Z_{0L} = 93\,ohms$ 와 $Z_{0C} = 24\,ohms$ 로 선택할 수 있다. 관내파장은 차단 주파수 $f_c = 1\,GHz$ 일 때 계산한 것이다. 표 3.1에 계산된 값들이 정리되어 있다.

표 3.1 스탭 임피던스를 갖는 저역통과 필터의 마이크로스트립 설계 변수

특성 임피던스 (ohms)	$Z_{0C} = 24$	$Z_0 = 50$	$Z_{0L} = 93$
관내 파장 (mm)	$\lambda_{gC} = 105$	$\lambda_{g0} = 112$	$\lambda_{gL} = 118$
마이크로스트립 선폭 (mm)	$W_C = 4.0$	$W_0 = 1.1$	$W_L = 0.2$

초기에 high와 low 임피던스 선로의 물리적 길이를 찾기 위해

$$l_L = \frac{\lambda_{gL}}{2\pi}\sin^{-1}\left(\frac{\omega_c L}{Z_{0L}}\right) \tag{3.2}$$

$$l_C = \frac{\lambda_{gC}}{2\pi}\sin^{-1}(\omega_c C Z_{0C})$$

이용하여 계산하면 $l_L = 11.04\,mm$ 이고, $l_C = 9.75\,mm$ 이다. 식(3.2)에서는 low 임피던스의 직렬 리액턴스와 high 임피던스의 병렬 서셉턴스를 계산할 수는 없다. 이와 같은 효과를 포함하기 위해 high 와 low 임피던스 선로의 길이는 다음 식으로 정리될 수 있다.

$$\omega_c L = Z_{0L}\sin\left(\frac{2\pi l_L}{\lambda_{gL}}\right) + Z_{0C}\tan\left(\frac{\pi l_C}{\lambda_{gC}}\right) \tag{3.3}$$

$$\omega_c C = \frac{1}{Z_{0C}}\sin\left(\frac{2\pi l_C}{\lambda_{gC}}\right) + 2\times\frac{1}{Z_{0L}}\tan\left(\frac{\pi l_L}{\lambda_{gL}}\right)$$

여기서, L과 C는 집중 인덕터와 캐패서터 소자 값이다. 식(3.3)을 l_L 과 l_C 로 풀면

$l_L = 9.81\,mm$ 이고 $l_C = 7.11\,mm$ 이다. 그림 3.2(a)는 설계한 마이크로스트립 필터를 나타내고, 그림 3.2(b)는 EM 시뮬레이션(Simulation)을 한 결과 그래프이다.

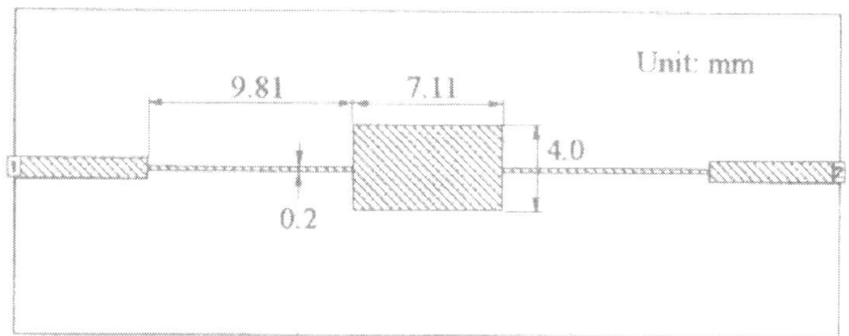

(a) 스텝 임피던스 저역통과 필터의 치수

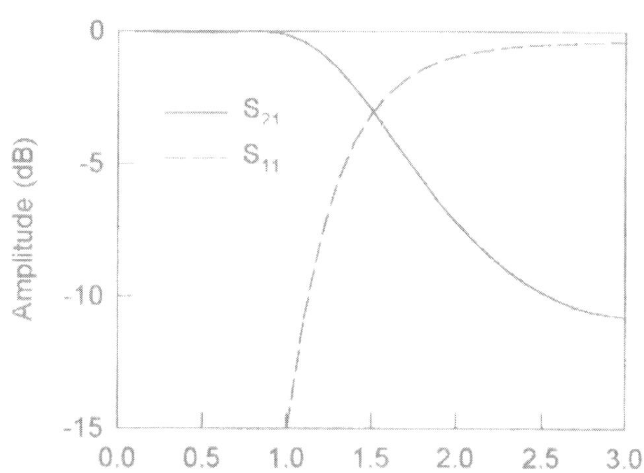

(b) EM 시뮬레이션 그래프

그림 3.2 스텝 임피던스 저역통과 필터의 설계 결과

3.1.2 개방 스터브(Open Stubs)를 이용한 L-C 사다리형 저역통과 필터

스탭 임피던스 저역통과 필터는 전송 경로로 low 임피던스 선로를 사용하는 저역통과 원형필터의 병렬 캐패시터로 해석하였다. 또 다른 해석 방법으로는 병렬 캐패시터를 개방 스터브로 사용하는 것이다.

$$\omega C = \frac{1}{Z_0} \tan\left(\frac{2\pi}{\lambda_g} l\right) \qquad l < \lambda_g < 4 \text{ 일 때} \tag{3.4}$$

여기서, 왼쪽항은 병렬 캐패시터의 서셉턴스이고, 오른쪽항은 특성 임피던스 Z_0 를 갖는 개방 스터브의 입력 서셉턴스이다. 그리고 물리적 길이 l 은 관내파장 λ_g 의 1/4 보다 짧다.

다음 예제는 이런 형태의 마이크로스트립 저역통과 필터를 어떻게 해석하는지를 보여 주고 있다. 앞선 예제와 동일한 원형필터와 기판을 사용하고, 동일한 high 임피던스 $(Z_{0L} = 93\,ohms)$ 선로를 직렬 인덕터로 사용하였다. 또한, 개방 스터브는 동일한 low 특성 임피던스 $Z_{0C} = 24\,ohms$ 을 가져야 할 것이다. 즉, 표 3.1과 동일한 설계 변수가 되어야 한다. 초기에 집중 L-C 소자 값을 얻기 위해 high 임피던스의 물리적 길이와 개방 스터브 값을 결정해야 한다.

$$l_L = \frac{\lambda_{gL}}{2\pi} \sin^{-1}\left(\frac{\omega_c L}{Z_{0L}}\right) = 11.04mm \tag{3.5}$$

$$l_C = \frac{\lambda_{gC}}{2\pi} \tan^{-1}(\omega_c C Z_{0C}) = 8.41mm$$

근접해 있는 두 개의 high 임피던스 선로에서 원치 않은 서셉턴스를 보상하기 위해, 초기 l_C 를 만족하는 값으로 바꿔야 한다.

$$\omega_c C = \frac{1}{Z_{0C}} \tan\left(\frac{2\pi l_C}{\lambda_{gC}}\right) + 2 \times \frac{1}{Z_{0L}} \tan\left(\frac{\pi l_L}{\lambda_{gL}}\right) \tag{3.6}$$

l_C 로 정리하여 풀어보면 $l_C = 6.28\,mm$ 이다. 게다가 개방 스터브의 최종 개방단 효과도 잘 적용됨을 알 수 있다. 이 경우에는 $\Delta l = 0.5\,mm$ 일 때 매우 잘 보정이 된다. 그러므로, 개방 스터브의 최종 길이는 $l_C = 6.28 - 0.5 = 5.78\,mm$ 가 된다.

그림 3.3에 설계된 필터의 치수 및 EM 시뮬레이션 결과가 나타나 있다. 같은 원형 필터를 기반으로 설계된 필터이므로 그림 3.2와 비교해 보면 매우 유사한 필터 응답 결과를 보인다. 그러나, 두 종류의 필터는 단지 차단 주파수 근처에서 결과가 유사할 뿐, 해석할 때는 다른 형태임은 인식하고 있어야 한다. 즉, 그림 3.4에서 보듯이 광대역(wide-band) 주파수로 보면 주파수 응답이 달라짐을 볼 수 있다. 개방 스터브를 사용하는 필터가 5.6GHz에서 더 좋은 저지대역 특성을 보이고 있다. 이 주파수에서 개방 스터브를 사용하는 필터는 대략 1/4 관내파장을 갖게 되므로 감쇄 정점(peak)을 형성한다.

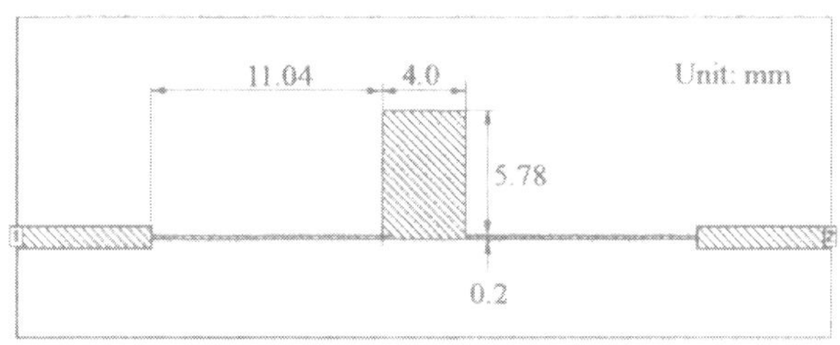

(a) 개방 스터브를 이용한 마이크로스트립 저역통과 필터의 치수

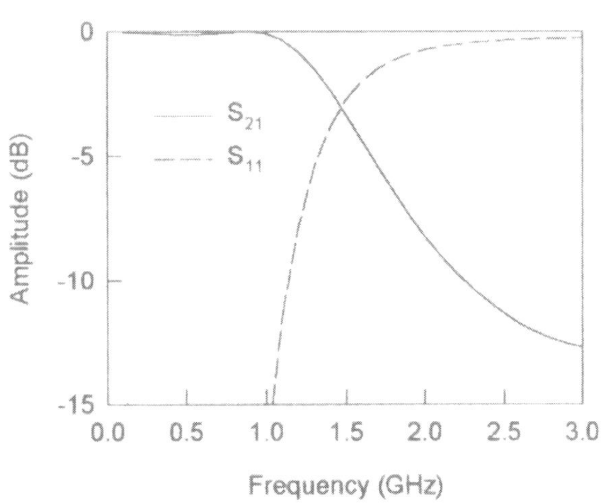

(b) EM 시뮬레이션 그래프

그림 3.3 개방 스터브를 이용한 저역통과 필터의 설계 결과

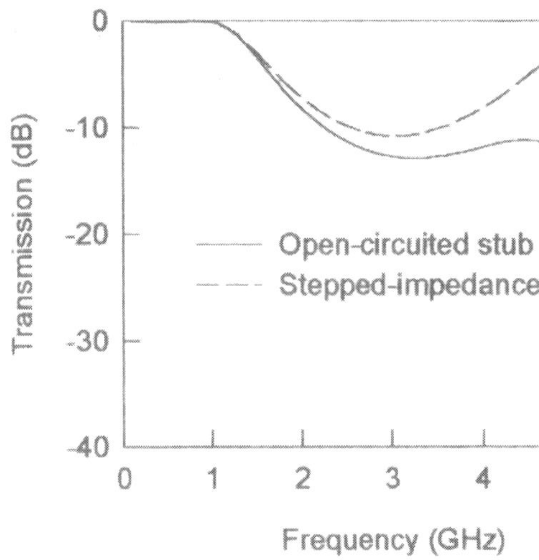

그림 3.4 두 필터의 광대역 주파수 응답 특성 비교

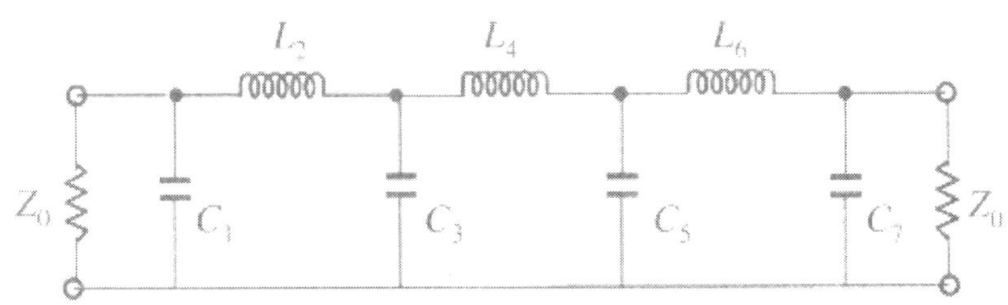

(a) 7단 집중소자 저역통과 필터

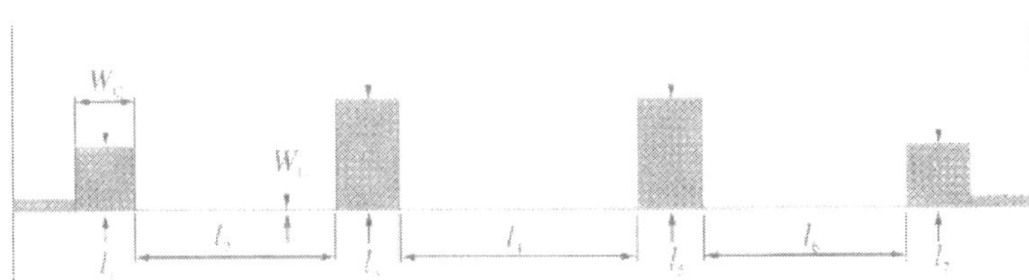

(b) 마이크로스트립 저역통과 필터로 등가화

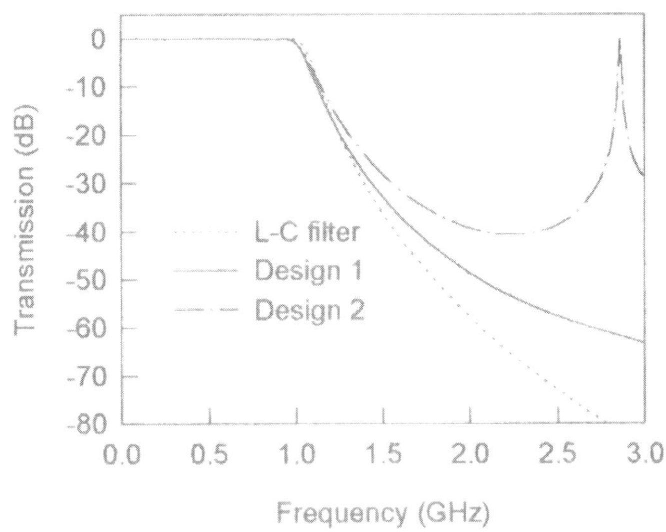

(c) 비교 결과 그래프

그림 3.5 7단 저역통과 필터 비교

차단 주파수의 감쇄 특성을 향상시키기 위해 필터 설계시 단수를 증가시켜야 한다. 그림 3.5(a)는 7단 집중소자 저역통과 필터의 회로도이고, 그림 3.5(b)는 마이크로스트립 구조로 변경한 것이다. 동일한 선로 폭 W_C 를 갖는 4개의 개방 스터브는 병렬 캐패시터로 사용되고, 얇은 마이크로스트립 선로 폭 W_L 은 직렬 인덕터로 사용되었다. 이 저역통과 필터는 체비셰브 응답을 갖고, 통과대역 리플 0.1dB, 차단 주파수는 1.0dB를 갖는다. 그림 3.5(a)의 집중 소자 값은

$$Z_0 = 50\,ohms \qquad C_1 = C_7 = 3.7596\,pF$$

$$L_2 = L_6 = 11.322\,nH \qquad C_3 = C_5 = 6.6737\,pF$$

$$L_4 = 12.52\,nH$$

High 임피던스 선로에서 다른 두 종류의 특성 임피던스를 갖는 설계 방법이 표 3.2

에 정리되어 있다. 첫 번째(Design 1)는 high 임피던스 선로에서 특성 임피던스 $Z_{0L} = 110\,ohms$, 선로 폭 $W_L = 0.1\,mm$ 를 갖도록 설계하였다. 두 번째(Design 2)는 특성 임피던스 $Z_{0L} = 93\,ohms$, 선로 폭 $W_L = 0.2\,mm$ 를 갖도록 설계하였다. 두 종류의 필터를 시뮬레이션 한 결과가 그림 3.3(c)에 나타나 있다. 결과에서 보듯이 두 종류의 마이크로스트립 필터는 저지대역의 감쇄 특성이 다르게 나타나 있다. 더 얇은 인덕티브 선폭($W_L = 0.1\,mm$)을 갖는 마이크로스트립 필터(Design 1)가 저지대역 감쇄 특성이 우수하게 나타나 있다. 그 이유는, 더 높은 특성 임피던스를 가지는 인덕티브 선폭을 사용하여 선로 길이를 짧게 하여 집중 인덕터에 좀 더 유사하게 설계하였기 때문이다. 다른 마이크로스트립 필터(Design 2)는 더 넓은 인덕티브 선폭 ($W_L = 0.2\,mm$)을 사용함으로써 더 긴 인덕티브 선로를 갖아야 하므로 2.86GHz에서 원치 않는 전송선로의 정점이 형성된다.

표 3.2 개방 스터브를 갖는 두 종류의 마이크로스트립 저역통과 필터

기판 ($\varepsilon_r = 10.8,\ h = 1.27\,mm$) $W_C = 5\,mm$	$l_1 = l_7$ (mm)	$l_2 = l_6$ (mm)	$l_3 = l_5$ (mm)	l_4 (mm)
Design 1 ($W_L = 0.1\,mm$)	5.86	13.32	9.54	15.09
Design 2 ($W_L = 0.2\,mm$)	5.39	16.36	8.67	18.93

3.1.3 유한(Finite) 주파수 감쇄극을 갖는 준집중 저역통과 필터

앞 장의 두 가지 형태의 마이크로스트립 저역통과 필터는 $f = \infty$ 에서 무한한 감쇄극을 가지는 필터이다. 감쇄를 더욱 많이 형성시키기 위해 차단 주파수에서 리액티브 소자를 증가시키는데 이로 인해 유한 주파수에서 무한개의 감쇄극이 형성된다. 이런 형태의 원형필터는 타원함수 응답을 가지고 있다. 그림 3.6(a)는 타원함수 저역통과 필터를 보여 주고 있는데, 공진 주파수에서 전송선로가 단락된 형태인 병렬 구조에서 두 개의 직렬 공진기로 연결되어 있다. 그러므로 두 개의 유한한 감쇄극이 형성된다. 그림

3.6(b)에서 이와 같은 필터의 대략적인 구조가 설명되어 있다.

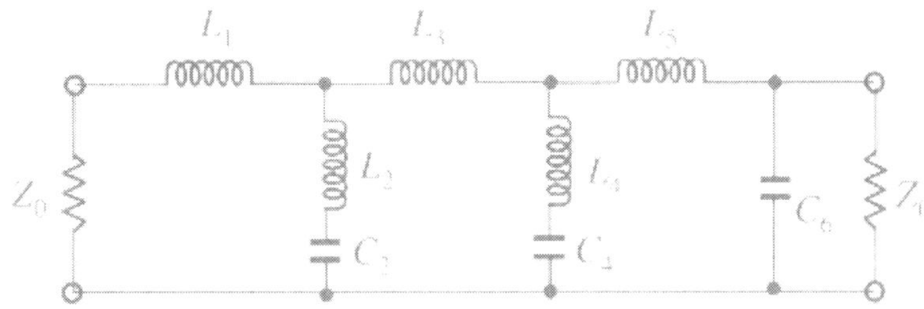

(a) 타원함수를 갖는 집중소자 저역통과 필터

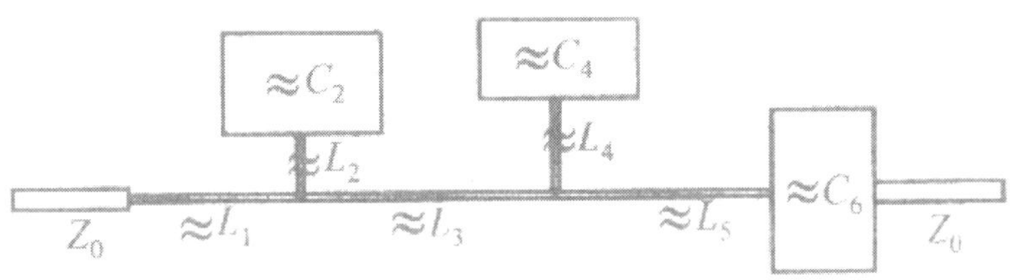

(b) 타원함수 저역통과 필터의 마이크로스트립 구조

그림 3.6 유한한 감쇄극을 갖는 저역통과 필터

설계 예

타원함수 저역통과 필터의 소자 값은 저역통과 원형필터 소자 값으로부터 얻을 수 있다.

$g_0 = g_7 = 1.000$

$g_{L1} = g_1 = 0.8214$

$g_{L2} = g'_2 = 0.3892$

$g_{C2} = g_2 = 1.0840$

$g_{L3} = g_3 = 1.1880$

$g_{L4} = g'_4 = 0.7413$

$g_{C4} = g_4 = 0.9077$

$g_{L5} = g_5 = 1.1170$

$g_{C6} = g_6 = 1.1360$

여기서, g_{Li} 와 g_{Ci} 는 인덕티브와 캐패시티브 소자이다. 이 원형필터는 통과대역 리플 $L_{Ar} = 0.18$ 을 갖고, 차단 주파수 $\Omega_c = 1$ 을 갖기 위한 $\Omega_s = 1.194$ 에서 최소 저지대역 감쇄 특성인 $L_{Ar} = 38.1\,dB$ 를 가져야 한다. 이 마이크로스트립 필터는 차단 주파수 $f_c = 1.0\,GHz$ 를 갖고, 입출력 종단 임피던스는 $Z_0 = 50\,ohms$ 를 갖는다. 그러므로 L-C 소자 값은 Z_0 와 f_c 를 결정함으로써 알 수 있다.

$$L_i = \frac{1}{2\pi f_c} Z_0 g_{Li} \tag{3.7}$$

$$C_i = \frac{1}{2\pi f_c} \frac{1}{Z_0} Z_0 g_{Ci}$$

계산하면,

$L_1 = 6.53649\,nH$

$L_3 = 9.45380\,nH$

$L_5 = 8.88880\,nH$

$C_6 = 3.61600\,pF$

$L_2 = 3.09716\,nH$

$C_2 = 3.45048\,pF$

$L_4 = 5.89908\,nH$

$C_4 = 2.88930\,pF$

두 개의 유한 주파수 감쇄극인 경우는

$$f_{p1} = \frac{1}{2\pi\sqrt{L_4 C_4}} = 1.219\, GHz$$

$$f_{p2} = \frac{1}{2\pi\sqrt{L_2 C_2}} = 1.540\, GHz$$

사용된 기판의 상대 유전율은 10.8 이고, 두께는 1.27mm 이다. 모든 인덕터는 특성 임피던스 $Z_{0L} = 93\, ohms$ 을 갖는 high 임피던스로 사용되고, 반면 모든 캐패시턴는 특성 임피던스 $Z_{0C} = 14\, ohms$ 을 갖는 low 임피던스로 사용된다. 표 3.3은 마이크로스트립 설계 방정식을 사용하여 계산된 마이크로스트립 설계 변수이다.

표 3.3 타원함수 저역통과 필터를 위한 마이크로스트립 설계 변수 값

특성 임피던스(ohms)	$Z_{0C} = 14$	$Z_0 = 50$	$Z_{0L} = 93$
마이크로스트립 선로 폭(mm)	$W_C = 8.0$	$W_0 = 1.1$	$W_L = 0.2$
f_c에서 관내파장(mm)	$\lambda_{gC}(f_c) = 101$	$\lambda_{g0} = 112$	$\lambda_{gL}(f_c) = 118$
f_{p1}에서 관내파장(mm)	$\lambda_{gC}(f_{p1}) = 83$		$\lambda_{gL}(f_{p1}) = 97$
f_{p2}에서 관내파장(mm)	$\lambda_{gC}(f_{p2}) = 66$		$\lambda_{gL}(f_{p2}) = 77$

초기에 설계된 L-C 소자 값으로부터 high와 low 임피던스 선로의 물리적 길이를 계산하기 위하여 다음 방정식을 적용하면

$$l_{Li} = \frac{\lambda_{gL}(f_c)}{2\pi} \sin^{-1}\left(2\pi f_c \frac{L_i}{Z_{0L}}\right) \tag{3.8}$$

$$l_{Ci} = \frac{\lambda_{gC}(f_c)}{2\pi} \sin^{-1}(2\pi f_c Z_{0C} C_i)$$

계산하면,

$$l_{L1} = 8.59 \qquad l_{L2} = 3.96$$

$$l_{L3} = 13.01 \qquad l_{C2} = 4.96$$

$$l_{L5} = 12.10 \qquad l_{L4} = 7.70$$

$$l_{C6} = 5.20 \qquad l_{C4} = 4.13$$

모든 치수는 mm 이다. 원치 않는 리액턴스/서셉턴스와 마이크로스트립의 불연속 지점이 존재하므로 좀 더 정확히 설계하기 위해 보정이 필요하다. L_5 와 C_6 마이크로스트립 선로가 연결되어 있으므로 원치 않은 리액턴스와 서셉턴스를 보정하기 위해 l_{L5} 와 l_{C6} 의 길이를 다음 방정식으로 풀어야 정확하다.

$$2\pi f_c L_5 = Z_{0L}\sin\left(\frac{2\pi l_{L5}}{\lambda_{gL}(f_c)}\right) + Z_{0C}\tan\left(\frac{\pi l_{C6}}{\lambda_{gC}(f_c)}\right) \tag{3.9}$$

$$2\pi f_c C_6 = \frac{1}{Z_{0C}}\sin\left(\frac{2\pi l_{C6}}{\lambda_{gC}(f_c)}\right) + \frac{1}{Z_{0L}}\tan\left(\frac{\pi l_{L5}}{\lambda_{gL}(f_c)}\right)$$

계산하면, $l_{L5} = 11.62mm$ 이고, $l_{C6} = 4.39mm$ 이다.

또한, 인덕티스 선로 소자 L_1, L_2 와 L_3 가 연결되어 있고, L_2 와 C_2 가 연결되어 있어서 l_{L2} 와 l_{C2} 는 길이를 보정해야 한다. 그러나, l_{L1} 과 l_{L3} 은 보정할 필요가 없다.

$$\frac{1}{(2\pi f L_2) - \dfrac{1}{(2\pi f C_2)}} = B_2(f) + \Delta B_{123}(f) \qquad f = f_c \text{와} f_{p2} \text{ 일 때} \tag{3.10}$$

왼쪽 항은 L_2 와 C_2 에 의해 형성된 직렬 공진기이며, 오른쪽 항 $B_2(f)$ 는 L_2 와 C_2 선로 소자의 서셉턴스를 보정하기 위해

$$B_2(f) = \cfrac{1}{Z_{0L}\sin\left(\cfrac{2\pi l_{L2}}{\lambda_{gL}(f)}\right) + Z_{0C}\tan\left(\cfrac{\pi l_{C2}}{\lambda_{gC}(f)}\right) - \cfrac{1}{\cfrac{1}{Z_{0C}} sin\left(\cfrac{2\pi l_{C2}}{\lambda_{gC}(f)}\right) + \cfrac{1}{Z_{0L}} tan\left(\cfrac{\pi l_{L2}}{\lambda_{gL}(f)}\right)}}$$

$$\Delta B_{123}(f) = \frac{1}{Z_{0L}}\tan\left(\frac{\pi l_{L1}}{\lambda_{gL}(f)}\right) + \frac{1}{Z_{0L}} tan\left(\frac{\pi l_{L2}}{\lambda_{gL}(f)}\right) + \frac{1}{Z_{0L}} tan\left(\frac{\pi l_{L3}}{\lambda_{gL}(f)}\right) \tag{3.11}$$

ΔB_{123} 는 세 개의 인덕티브 선로 소자 때문에 발생하는 원치 않는 등가 서셉턴스이다. 식 (3.10)에 의해 $l_{L2} = 2.98\,mm$ 이고, $l_{C2} = 5.61\,mm$ 이다. 위와 똑같은 방법으로 풀면 $l_{L4} = 6.49\,mm$이고, $l_{C42} = 4.24\,mm$ 이다. 선로의 종단 소자 C_2 와 C_4 에서 프린징 캐패시턴스를 풀기 위해 개방 효과를 계산하면 $\Delta l = 0.54\,mm$ 이다. $l_{C2} = 5.61 - 0.54 = 5.07\,mm$ 이고, $l_{C4} = 4.24 - 0.54 = 3.70\,mm$ 이 된다.

최종으로 설계된 마이크로스트립 필터의 치수가 그림 3.7(a)에 나타나 있다. 이 설계는 EM 시뮬레이션으로 확인하였고, 그림 3.7(b)에 결과가 나타나 있다. 여기서 보이는 두 개의 감쇄극이 차단 주파수 근처에 존재하므로 감쇄가 뛰어나다. 한 스프리어스(spurious)는 약 2.81GHz에서 존재한다.

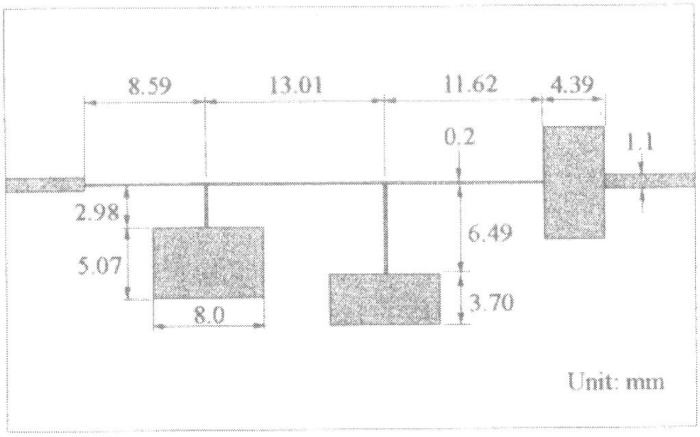

(a) 마이크로스트립 타원함수 저역통과 필터의 치수

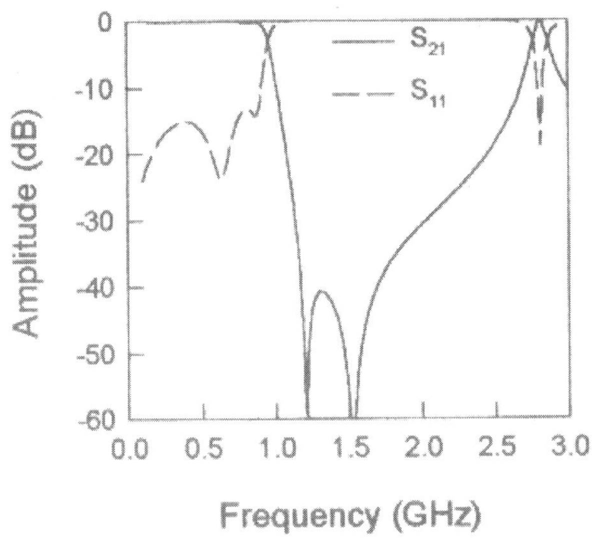

(b) EM 시뮬레이션 결과

그림 3.7 마이크로스트립 타원함수 저역통과 필터의 예

3.2 대역통과 필터

3.2.1 종단결합(End-Coupled), 반파장(Half-Wavelength) 공진기 필터

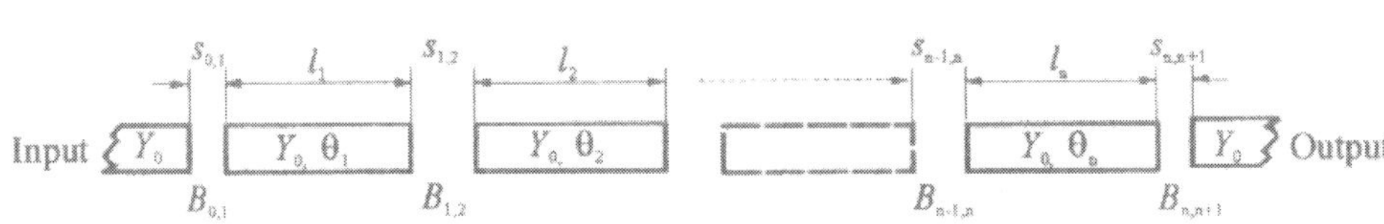

그림 3.8 종단결합 마이크로스트립 필터의 일반적인 형태

그림 3.8은 일반적인 형태의 종단결합 마이크로스트립 대역통과 필터이다. 이 마이크로스트립 공진기 각각의 개방된 종단은 대역통과 필터의 중심 주파수 f_0 에서 대략

1/2의 관내파장 길이를 가지고 있다. 공진기와 공진기 사이의 결합은 인접된 공진기의 개방된 종단 사이의 결합으로 연결되므로 캐패시티브로 해석된다. 이 경우, 간격을 그림 1.22(d)와 같이 인버터로 표현할 수 있다. 이런 *J*- 인버터는 반파장 공진기 종단을 high 임피던스로 변환하며, 병렬 공진의 공진기로 활용된다. 그러므로 병렬 공진 필터로 해석하여 다음과 같은 설계 방정식으로 계산한다.

$$\frac{J_{01}}{Y_0} = \sqrt{\frac{\pi}{2}\frac{FBW}{g_0 g_1}} \tag{3.12}$$

$$\frac{J_{j,\,j+1}}{Y_0} = \frac{\pi FBW}{2}\frac{1}{\sqrt{g_j g_{j+1}}} \qquad j = 1 \text{ 에서 } n-1$$

$$\frac{J_{n,\,n+1}}{Y_0} = \sqrt{\frac{\pi FBW}{2 g_n g_{n+1}}}$$

여기서, $g_{0,}\, g_1 \cdots g_n$ 은 정규화된 차단 주파수 $\Omega_c = 1$ 을 갖는 사다리형 저역통과 원형소자이고, FBW 는 대역통과 필터의 대역폭이다. $J_{j,\,j+1}$ 은 *J*- 인버터의 특성 어드미턴스이고, Y_0 는 마이크로스트립 선로의 특성 어드미턴스이다.

캐패시티브 간격이 서셉턴스 $B_{j,\,j+1}$ 의 직렬 캐패시턴스의 불연점이라고 가정하면, 그림 1.22(d)에서

$$\frac{B_{j,\,j+1}}{Y_0} = \frac{\dfrac{J_{j,\,j+1}}{Y_0}}{1-\left(\dfrac{J_{j,\,j+1}}{Y_0}\right)^2} \tag{3.13}$$

$$\theta_j = \pi - \frac{1}{2}\left[\tan^{-1}\left(\frac{2B_{j-1,\,j}}{Y_0}\right) + \tan^{-1}(\left(\frac{2B_{j,\,j+1}}{Y_0}\right)\right] radians \tag{3.14}$$

여기서, $B_{j,\,j+1}$ 과 θ_j 는 f_0 에서의 값이다. 식(3.14)의 오른쪽 두 번째 항은 반파장 공진기에서 j 번째 항의 *J*- 인버터가 음의 전기적 길이가 흡수됨을 보인다.

그림 3.9는 마이크로스트립 간격의 등가회로이다. 종단결합 공진기 필터의 결합 간격 $S_{j,\,j+1}$ 을 직렬 캐패시턴스라고 결정하면

$$C_g^{j,\,j+1} = \frac{B_{j,\,j+1}}{\omega_0} \tag{3.15}$$

여기서, $\omega_0 = 2\pi f_0$ 는 중심 대역에서의 각 주파수이다. 공진기의 물리적 길이는

$$l_j = \frac{\lambda_{g0}}{2\pi}\theta_j - \Delta l_j^{e1} - \Delta l_j^{e2} \tag{3.16}$$

여기서, $\Delta l_j^{e1,\,e2}$ 는 공진기 양쪽 종단에 있는 병렬 캐패시턴스의 유효길이이다. 병렬 캐패시턴스 $C_p^{j,\,j+1}$ 가 마이크로스트립 간격의 등가회로에서 정의된 것처럼 직렬 캐패시턴스 $C_g^{j,\,j+1}$ 과 결합되어있기 때문에 식(3.15)의 $C_g^{j,\,j+1}$ 의 결정은 주어진 결합 간격으로 풀 수 있다. 유효길이는 다음 식으로 구할 수 있다.

$$\Delta l_j^{e1} = \frac{\omega_0 C_p^{j-1,\,j}}{Y_0}\frac{\lambda_{g0}}{2\pi} \tag{3.17}$$

$$\Delta l_j^{e2} = \frac{\omega_0 C_p^{j,\,j+1}}{Y_0}\frac{\lambda_{g0}}{2\pi}$$

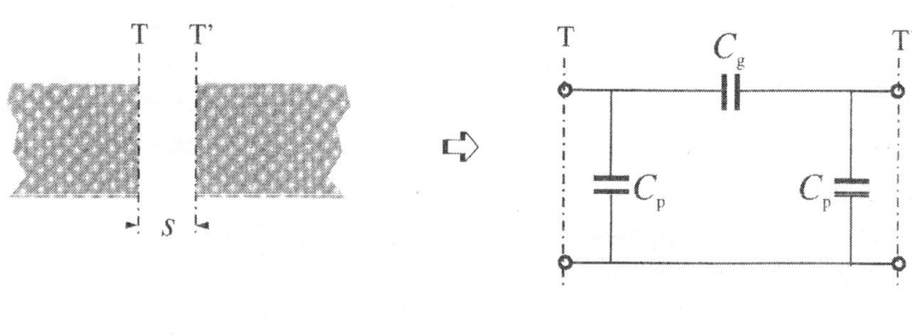

그림 3.9 마이크로스트립 간격(gap) 구조의 등가회로

설계 예

중심 주파수 $f_0 = 6\,GHz$ 에서 분수 대역폭 $FBW = 0.028(2.8\%)$ 을 갖는 마이크로스트립 종단결합 대역통과 필터를 설계해 보자. 통과대역 리플 0.1dB 를 갖는 3단 체비셰브 저역통과 원형필터의 소자 값은 $g_0 = g_4 = 1.0$, $g_1 = g_3 = 1.0316$, $g_2 = 1.1474$ 이고, 식(3.12)로부터 계산하면

$$\frac{J_{01}}{Y_0} = \frac{J_{3,4}}{Y_0} = \sqrt{\frac{\pi}{2} \times \frac{0.028}{1.0 \times 1.0316}} = 0.2065$$

$$\frac{J_{1,2}}{Y_0} = \frac{J_{2,3}}{Y_0} = \frac{\pi \times 0.028}{2} \frac{1}{\sqrt{1.0316 \times 1.1474}} = 0.0404$$

J- 인버터를 갖는 서셉턴스 결합을 식(3.13)으로부터 계산하면

$$\frac{B_{01}}{Y_0} = \frac{B_{3,4}}{Y_0} = \frac{0.2065}{1-(0.2065)^2} = 0.2157$$

$$\frac{B_{1,2}}{Y_0} = \frac{B_{2,3}}{Y_0} = \frac{0.0404}{1-(0.0404)^2} = 0.0405$$

음의 전기적 길이를 흡수한 반파장 공진기의 전기적 길이는 식(3.14)로 계산하면

$$\theta_1 = \theta_3 = \pi - \frac{1}{2}\left[\tan^{-1}(2 \times 0.2157) + \tan^{-1}(2 \times 0.0405)\right] = 2.8976\,radians$$

$$\theta_2 = \pi - \frac{1}{2}\left[\tan^{-1}(2 \times 0.0405) + \tan^{-1}(2 \times 0.0405)\right] = 3.0608\,radians$$

식(3.15)를 이용하여 결합 캐패시턴스 값을 구하면

$$C_g^{0,1} = C_g^{3,4} = 0.11443\,pF$$

$$C_g^{1,2} = C_g^{2,3} = 0.021483\,pF$$

설계에 사용된 기판 정보는 상대 유전율 $\varepsilon_r = 10.8$ 이고, 두께는 $h = 1.1\,mm$ 이다. 반파장 공진기의 선로 폭을 $W = 1.1\,mm$ 로 결정하고, 기판의 특성 임피던스를 $Z_0 = 50\,ohms$ 으로 정한다. 마이크로스트립 필터의 물리적 치수를 정하기 위해 결합 캐패시턴스 값을 구하였다. 그림 3.9의 π 형 회로망 등가회로에서 캐패시턴스 C_g 와 C_p 는 협대역일 때

$$C_g = -\frac{Im(Y_{21})}{\omega_0} \tag{3.18}$$

$$C_p = \frac{Im(Y_{11} + Y_{21})}{\omega_0}$$

여기서 ω_0 는 필터의 각 중심대역 주파수이고, $Im(x)$ 는 x의 허수축이다. 만일 마이크로스트립 간격이 손실이 없다면 Y 변수의 실수축은 0이다. 표 3.4에 계산된 값들을 정리하였고 계산된 결합 캐패시턴스 값을 가지고 마이크로스트립 간격 $S_{j,\,j+1}$의 값을 계산할 수 있다.

$$S_{0,1} = S_{3,4} = 0.057\,mm$$

$$S_{1,2} = S_{2,3} = 0.801\,mm$$

보간법(interpolation)에 의해, 이런 간격으로 연결된 병렬 캐패시턴스를 계산하면

$$C_p^{0,1} = C_p^{3,4} = 0.0049\,pF$$

$$C_p^{1,2} = C_p^{2,3} = 0.0457\,pF$$

중심 주파수 $f_0 = 6\,GHz$ 에서 마이크로스트립 공진기의 관내파장은 $\lambda_{g0} = 18.27\,mm$ 이다. 병렬 캐패시턴스의 유효 길이는 식(3.17)로 계산하면

$$\Delta l_1^{e1} = \Delta l_3^{e2} = \frac{2\pi \times 6 \times 10^9 \times 0.0049 \times 10^{-12}}{(1/50)} \frac{18.27}{2\pi} = 0.0269\,mm$$

$$\Delta l_1^{e2} = \Delta l_3^{e1} = \frac{2\pi \times 6 \times 10^9 \times 0.0457 \times 10^{-12}}{(1/50)} \frac{18.27}{2\pi} = 0.2505\,mm$$

$$\Delta l_2^{e1} = \Delta l_2^{e2} = \Delta l_1^{e2}$$

최종적으로, 공진기의 물리적 길이는 기판의 유효길이와 전기적 길이 θ_j 로부터 구할 수 있다. 그 결과는

$$l_1 = l_3 = \frac{18.27}{2\pi} \times 2.8976 - 0.0269 - 0.2505 = 8.148\,mm$$

$$l_2 = \frac{18.27}{2\pi} \times 3.0608 - 0.2505 - 0.2505 = 8.399\,mm$$

설계된 필터의 치수는 그림 3.10(a)에 나타나 있고, 그림 3.10(b)는 EM 시뮬레이션 결과이다.

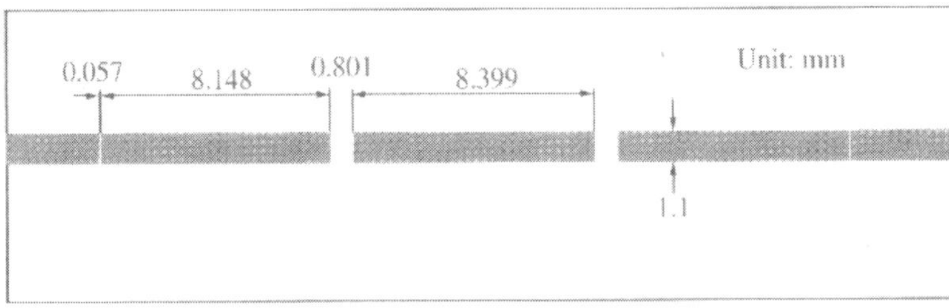

(a) 설계된 치수

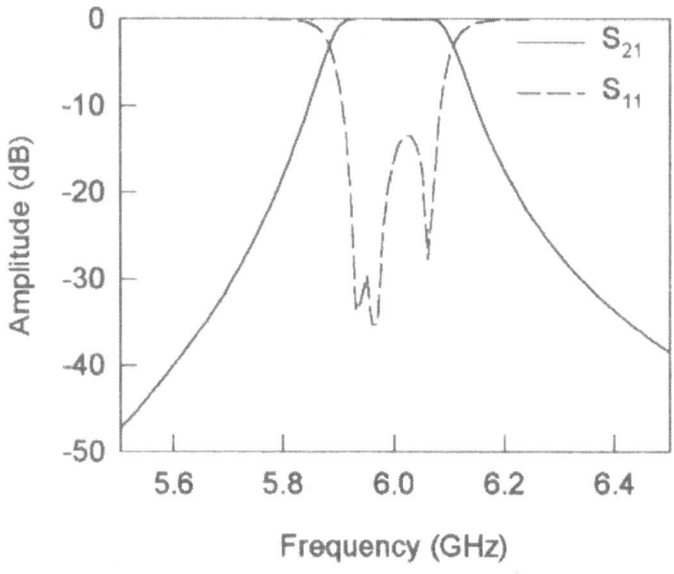

(b) EM 시뮬레이션 결과

그림 3.10 3단 종단결합 반파장 공진기 필터의 설계 예

표 3.4 선폭 $W=1.1\,mm$를 갖는 마이크로스트립 간격의 특성 ($\varepsilon_r=10.8$, $h=1.1\,mm$)

$s\,(mm)$	$Y_{11}=Y_{22}\,(mhos)$ at $6\,GHz$	$Y_{12}=Y_{21}\,(mhos)$ at $6\,GHz$	$C_g\,(pF)$	$C_p\,(pF)$
0.05	j0.0045977	-j0.004434	0.11762	0.00434
0.1	j0.0039240	-j0.003604	0.09560	0.00849
0.2	j0.0032933	-j0.0026908	0.07138	0.01598
0.5	j0.0026874	-j0.0014229	0.03774	0.03354
0.8	j0.0025310	-j0.00081105	0.02151	0.04562
1.0	j0.0024953	-j0.00055585	0.01474	0.05145
1.5	j0.0024808	-j0.0001876	0.00498	0.06083

3.2.2 평행결합(Parallel-Coupled), 반파장 공진기 필터

그림 3.11은 반파장 공진기를 이용한 평행결합 마이크로스트립 대역통과 필터의 일반적인 구조이다. 인접한 공진기는 길이의 반 지점에 평행하게 위치에 있다. 이런 평행한 구조는 공진기 사이의 간격이 넓어져서 큰 결합을 형성시킬 수 있다. 그러므로 이런 구조는 종단결합 마이크로스트립 필터보다 광대역의 필터를 설계할 수 있다. 이런 필터를 설계할 때의 방정식은

$$\frac{J_{01}}{Y_0}=\sqrt{\frac{\pi}{2}\frac{FBW}{g_0g_1}} \tag{3.19}$$

$$\frac{J_{j,\,j+1}}{Y_0}=\frac{\pi FBW}{2}\frac{1}{\sqrt{g_0g_1}} \qquad j=1\text{에서 }n-1$$

$$\frac{J_{n,\,n+1}}{Y_0}=\sqrt{\frac{\pi FBW}{2g_ng_{n+1}}}$$

여기서, $g_{0,}\,g_1 \cdots g_n$ 은 정규화된 차단 주파수 $\Omega_c=1$ 을 갖는 사다리형 저역통과 원형소자이고, FBW 는 대역통과 필터의 분수 대역폭이다. $J_{j,\,j+1}$ 은 J- 인버터의 특성 어드미턴스이고, Y_0 는 종단선로의 특성 어드미턴스이다. 식(3.19)는 식(3.12)와 동

일하다. 그 이유는 두 가지 형태의 필터가 동일한 저역통화 회로망으로 표현되기 때문이다. J- 인버터 값을 구하기 위해 결합된 마이크로스트립 공진기의 우모드(even-mode)와 기모드(odd-mode) 특성 임피던스 값을 결정해야 한다.

$$(Z_{0e})_{j,\,j+1} = \frac{1}{Y_0}\left[1+\frac{J_{j,\,j+1}}{Y_0}+\left(\frac{J_{j,\,j+1}}{Y_0}\right)^2\right] \qquad j=0\text{에서 } n \tag{3.20}$$

$$(Z_{0o})_{j,\,j+1} = \frac{1}{Y_0}\left[1-\frac{J_{j,\,j+1}}{Y_0}+\left(\frac{J_{j,\,j+1}}{Y_0}\right)^2\right] \qquad j=0\text{에서 } n$$

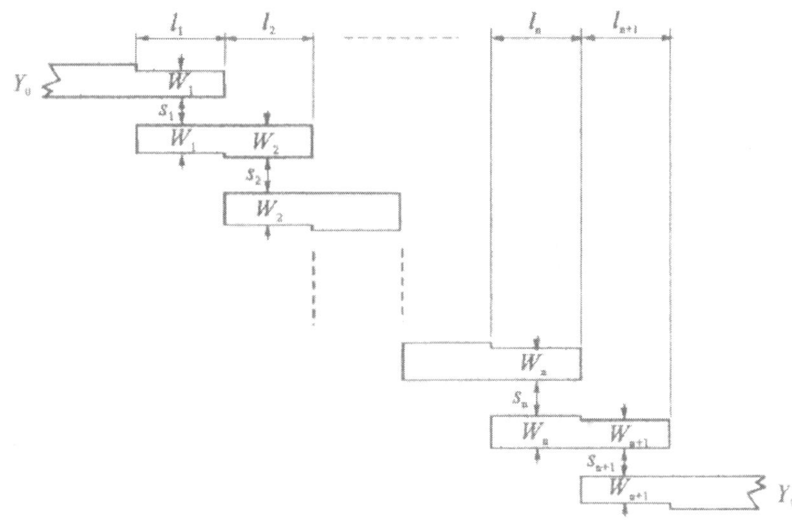

그림 3.11 평행결합 마이크로스트립 필터의 일반적인 형태

설계 예

중심 주파수 $f_0 = 10\,GHz$ 에서 분수 대역폭 $FBW = 0.15$ 를 갖는 마이크로스트립 평행결합 대역통과 필터를 설계해 보자. 통과대역 리플 0.1dB 를 갖는 5단 체비셰브 저역통과 원형필터의 소자 값은 $g_0 = g_6 = 1.0$, $g_1 = g_5 = 1.1468$, $g_2 = g_4 = 1.3712$, $g_3 = 1.9750$ 이다. 식(3.19)와 식(3.20)를 사용하여 계산한 결과는 표 3.5에 정리되어

있다. 여기서 필터는 대칭 구조이고, 우모드와 기모드 임피던스는 $Y_0 = 1/Z_0$ 와 $Z_0 = 50\,ohms$ 일 때 계산한 값이다.

표 3.5 5단 평행결합 반파장 공진기 필터의 설계 변수

j	$\frac{J_{j,\,j+1}}{Y_0}$	$(Z_{0e})_{j,\,j+1}$	$(Z_{0o})_{j,\,j+1}$
0	0.4533	82.9367	37.6092
1	0.1879	61.1600	42.3705
2	0.1432	58.1839	43.8661

필터 설계의 다음 단계는 우모드와 기모드로 표현되는 마이크로스트립의 결합 치수를 알아내는 것이다. 그림 3.11에서 보듯이 W_1 과 s_1 은 $(Z_{0e})_{0,\,1}$ 과 $(Z_{0o})_{0,\,1}$ 이라는 우모드와 기모드 임피던스로 결정한다. 설계에 사용된 기판 정보는 상대 유전율 $\varepsilon_r = 10.2$ 이고, 두께는 $h = 0.635\,mm$ 이다. 표 3.6에 우모드와 기모드의 유효 유전율을 정리하였다. 각각의 결합선로의 실제 길이는 다음 식으로 결정할 수 있다.

$$l_j = \frac{\lambda_0}{4\left(\sqrt{(\varepsilon_{re})_j \times (\varepsilon_{ro})_j}\right)^{1/2}} - \Delta l_j \tag{3.21}$$

여기서, Δl_j 는 마이크로스트립의 개방 종단의 등가 길이이다. 그림 3.12(a)는 설계된 필터의 최종 치수이며, 그림 3.12(b)는 EM 시뮬레이션 결과이다.

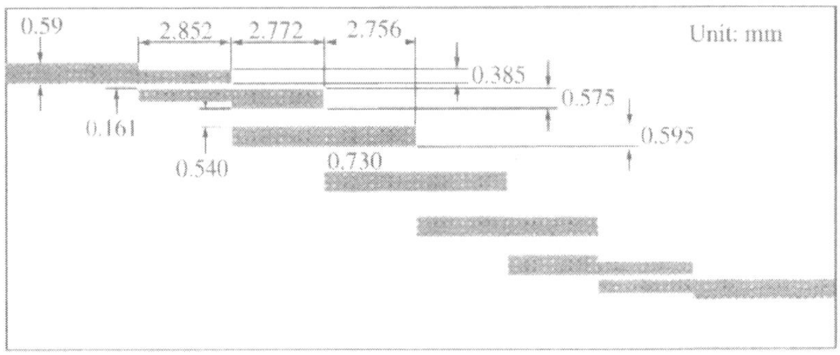

(a) 설계된 치수

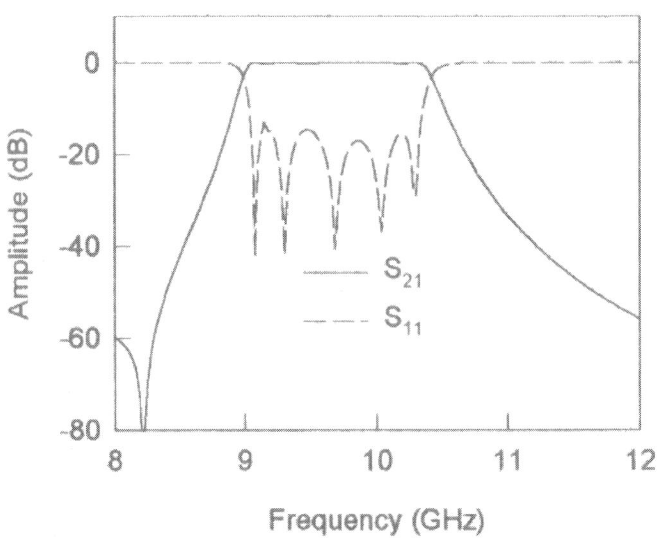

(b) EM 시뮬레이션 결과

그림 3.12 5단 평행결합 반파장 공진기 필터의 설계 예

표 3.6 5단 평행결합 반파장 공진기 필터의 마이크로스트립 설계 변수

j	$W_j\,(mm)$	$s_j\,(mm)$	$(\varepsilon_{re})_j$	$(\varepsilon_{ro})_j$
1, 6	0.385	0.161	6.5465	5.7422
2, 5	0.575	0.540	6.7605	6.0273
3, 4	0.595	0.730	6.7807	6.1260

3.2.3 인터디지탈(Interdigital) 대역통과 필터

그림 3.13은 일반적인 형태의 인터디지탈 대역통과 필터를 보여 주고 있다. 이 필터는 n차 TEM 모드나 준(quasi) TEM 모드의 공진기를 배열한 형태이다. 각각의 공진기는 중심 주파수에서 90° 의 전기적 길이를 가지며, 한쪽은 단선회로이고 반대쪽은 단락회로이며, 번갈아 가며 배열된 형태이다. 길이 l_1, l_2, ⋯ l_n과 폭 W_1, W_2, ⋯ W_n 으로 표시되는 공진기의 물리적 길이는 다를 수 있다. 결합은 간격 $s_{i,\,i+1}$ $(i = 1 \cdots n-1)$에 의해 분리되는 인접된 공진기 사이에서 파(field)의 프린징으로 발생한다. 이 필터의 입력과 출력단자는 원천/부하 어드미턴스 Y_0 와 동일한 특성 어드미턴스 Y_t 를 갖는 탭(tapped) 선로를 사용한다. 전기적 길이 θ_t 는 입력/출력 공진기의 종단에 있는 단락(short) 회로로 측정한다. 여기서, $Y_1 = Y_n$ 은 입력/출력 공진기의 단일 마이크로스트립 특성 임피던스로 표시한다.

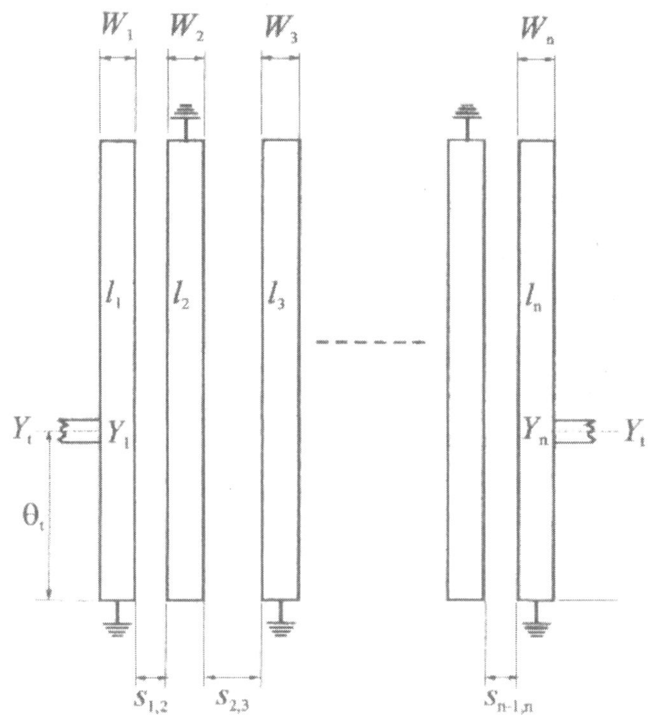

그림 3.13 인터디지탈 대역통과 필터의 일반적인 형태

이런 형태의 마이크로스트립 대역통과 필터는 소형이 가능하나, 마이크로스트립 공진기의 접지를 이용함으로 via hole 이 항상 필요하다. 어쨌든, 공진기가 1/4 파장의 길이에서 접지가 있으므로 필터의 2차 통과대역은 설계된 1차 통과대역의 중심 주파수의 3배 주파수에서 형성된다. 참고로, 앞에서 설계된 병렬결합 반파장 공진기를 이용한 마이크로스트립 필터는 정확히 2배 주파수에서 2차 통과대역이 형성된다. 이와 같은 형태의 필터를 설계할 때의 방정식은

$$\theta = \frac{\pi}{2}\left(1 - \frac{FBW}{2}\right),\ Y = \frac{Y_1}{\tan\theta} \tag{3.22}$$

$$J_{i,\,i+1} = \frac{Y}{\sqrt{g_i g_{i+1}}} \qquad i = 1\text{에서 } n-1\text{일 때}$$

$$Y_{i,\,i+1} = J_{i,\,i+1}\sin\theta \qquad i = 1\text{에서 } n-1\text{일 때}$$

$$C_1 = \frac{Y_1 - Y_{1,\,2}}{v},\ C_n = \frac{Y_1 - Y_{n-1,\,n}}{v}$$

$$C_i = \frac{Y_1 - Y_{i-1,\,i} - Y_{i,\,i+1}}{v} \qquad i = 2\text{에서 } n-1\text{일 때}$$

$$C_{i,\,i+1} = \frac{Y_{i,\,i+1}}{v} \qquad i = 1\text{에서 } n-1\text{일 때}$$

$$Y_t = Y_1 - \frac{Y_{1,\,2}^2}{Y_1}$$

$$\theta_t = \frac{\sin^{-1}\left(\sqrt{\dfrac{Y\sin^2\theta}{Y_0 g_0 g_1}}\right)}{1 - \dfrac{FBW}{2}}$$

$$C_t = \frac{\cos\theta_t \sin^3\theta_t}{\omega_0 Y_t\left(\dfrac{1}{Y_0^2} + \dfrac{\cos^2\theta_t \sin^2\theta_t}{Y_t^2}\right)}$$

여기서, FBW 는 대역폭이고, g_i 는 정규화된 차단주파수 $\Omega_c = 1$ 을 갖는 사다리형 저역통과 원형필터의 소자 값을 표시한다. $C_i(i = 1\text{에서 } n)$ 는 선로 소자의 단위 길이 당 자기 캐패시턴스이다. 반면, $C_{i,\,i+1}(i = 1\text{에서 } n-1)$ 는 인접된 선로 소자의 단위 길이당 상호 캐패시턴스이다. v 는 전파하는 매질(medium)에서 파의 위상속도를 표시한다. 선로 소자의 물리적 길이는 주어진 자기와 상호 캐패시턴스로부터 찾을 수 있다. C_t 는 입력과 출력 탭 때문에 변동되는 공진 주파수를 보정하기 위한 입력과 출력 공진기의 부하에 소비되는 캐패시턴스 값이다.

$$Y_{0e}^{a} = vC_a, \quad Y_{0o}^{a} = v(C_a + 2C_{ab}) \tag{3.23}$$

$$Y_{0e}^{b} = vC_b, \quad Y_{0o}^{b} = v(C_b + 2C_{ab})$$

$$Z_{0o}^{a} = \frac{C_b}{vF}, \quad Z_{0e}^{a} = \frac{C_b + 2C_{ab}}{vF}$$

$$Z_{0o}^{b} = \frac{C_a}{vF}, \quad Z_{0e}^{b} = \frac{C_a + 2C_{ab}}{vF}$$

$$F = C_a C_b + C_{ab}(C_a + C_b)$$

원하는 우모드와 기모드 임피던스를 구하기 위해서, 인접한 결합 공진기를 갖는 결합선로는 일반적으로 한 쌍의 비대칭 결합선로를 가지므로 선로 폭이 다르다. c 와 π 라는 두 개의 모드는 대칭 결합선로로써 우모드와 기모드가 존재하고, 서로 다른 특성 임피던스는 식(3.23)처럼 존재한다. 필터를 설계할 때 식(3.23)을 이용하는 것은 어려울지도 모른다. 만일 식(3.22)에서 $C_1 \neq C_2 \neq C_3$ 이고, $C_{1,2} \neq C_{2,3}$ 이면, 선로 소자 2는 우모드와 기모드 임피던스에서 두 개의 값을 갖고, 기모드 임피던스는 선로 소자 1, 3과 관계가 있다. 필터 설계를 더 정확히 하기 위해 다음 방정식을 이용해야 한다.

$$Z_{0e1,2} = \frac{1}{Y_1 - Y_{1,2}}, \qquad Z_{0o1,2} = \frac{1}{Y_1 + Y_{1,2}} \tag{3.24}$$

$$Z_{0ei,i+1} = \frac{1}{2Y_1 - \dfrac{1}{Z_{0ei-1,i}} - Y_{i,i+1} - Y_{i-1,i}} \qquad i = 2\text{에서 } n-2\text{일 때}$$

$$Z_{0oi,i+1} = \frac{1}{2Y_{i,i+1} + \dfrac{1}{Z_{0ei,i+1}}} \qquad i = 2\text{에서 } n-2\text{일 때}$$

$$Z_{0en-1,n} = \frac{1}{Y_1 - Y_{n-1,n}}, \quad Z_{0on-1,n} = \frac{1}{Y_1 + Y_{n-1,n}}$$

여기서, $Z_{0ei,i+1}$ 와 $Z_{0oi,i+1}$ 은 공진기 i 와 $i+1$ 로 연결된 결합선로의 우모드와

기모드 임피던스이고, 모든 어드미턴스 변수는 식(3.22)로 주어진다.

만일, 필터를 설계할 때 비대칭 결합선로를 사용한다면, 식(3.24)에서 각각의 우모드 임피던스는 인접된 결합선로에서 두 개의 c 모드 임피던스의 평균값이며, 기모드 임피던스는 인접된 결합선로에서 두 개의 π 모드 임피던스의 평균값이다. 필터를 설계할 때 우모드와 기모드 임피던스의 근을 구하는 것을 다음에 설명되어 있다.

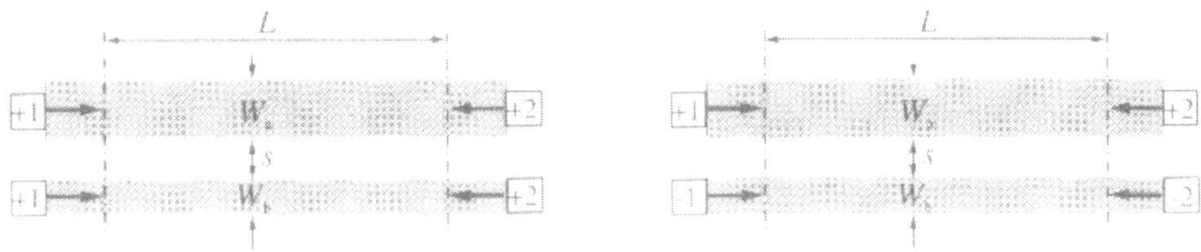

(a) 우모드 여기 (b) 기모드 여기

그림 3.14 우모드와 기모드 임피던스를 시뮬레이션하기 위한 구성도

한 쌍의 비대칭 결합선로의 우모드 특성 임피던스의 평균을 구하기 위해 그림 3.14(a)처럼 우모드 여기를 갖는 두 개의 비대칭 커플선로를 형성시킬 수 있는데, 여기서 두 개의 동일한 단자는 병렬선로에서 전기적으로 연결되어 있다. 유사하게, 기모드 특성 임피던스의 평균을 구하기 위해 그림 3.14(b)처럼 기모드 여기를 갖는 두 개의 비대칭 결합선로를 형성시킬 수 있는데, 여기서 동일하지만 반대의 부호를 갖는 두 단자는 직렬선로에서 전기적으로 연결되어 있다. 각각의 경우 EM 시뮬레이션 결과로 2-단자 S-파라미터는 다음 식으로 구할 수 있다.

$$S_{11} = S_{22} = |S_{11}| e^{j\phi_{11}} \tag{3.25}$$

$$S_{12} = S_{21} = |S_{21}| e^{j\phi_{21}}$$

다음 식으로 모드의 유효 유전상수 근을 구할 수 있다.

$$\varepsilon_{re} = \left(\frac{\phi_{21}}{2\pi} \frac{\lambda_0}{L} \right)^2 \tag{3.26}$$

여기서, ϕ_{21} 은 위상이고, λ_0 는 시뮬레이션시 사용된 주파수에서 자유공간의 파장이다. L은 두 기준면 사이의 선로 폭이다. 특성 임피던스의 근을 구하면

$$Z_c = Re\left[\frac{Z_{in} - Z_0 + \sqrt{(Z_{in} - Z_0)^2 - 4Z_0 Z_{in} \tan^2\phi_{21}}}{j\,2\tan\phi_{21}} \right] \tag{3.27}$$

$$Z_{in} = Z_0 \frac{1 + S_{11}}{1 - S_{11}}$$

Z_0 는 단자저항이다. EM 시뮬레이션은 자동적으로 ε_{re} 와 Z_c 를 구할 수 있다. 우모드 여기시 평균 우모드 임피던스는

$$Z_{0o} = 2Z_c \tag{3.28}$$

반면 기모드 여기의 경우 평균 기모드 임피던스는

$$Z_{0o} = \frac{Z_c}{2} \tag{3.29}$$

비대칭 결합선로를 갖는 설계 예

중심 주파수 $f_0 = 2.0\,GHz$ 에서 분수 대역폭 $FBW = 0.5$ 를 갖는 마이크로스트립 인터디지탈 대역통과 필터를 설계해 보자. 통과대역 리플 0.1dB 를 갖는 5차 체비셰브 저역통과 원형필터의 변수는

$$g_0 = g_6 = 1.0 \qquad g_1 = g_5 = 1.1468$$

$$g_2 = g_4 = 1.3712 \qquad g_3 = 1.9750$$

식(3.22)와 식(3.24)의 방정식을 사용하여 구한 대역통과 설계 변수를 표 3.7에 정리하였다.

표 3.7 비대칭 결합선로를 갖는 5단 인터디지탈 대역통과 필터 회로 설계 변수

i	$Z_{0ei,i+1}$	$Z_{0oi,i+1}$
1	65.34	34.78
2	59.16	36.83
3	59.16	36.83
4	65.34	34.78

$Y_1 = 1/45.5\,mhos$
$Y_t = 1/50\,mhos$
$\theta_t = 0.82929\,radian$
$C_t = 3.45731\times10^{-13}F$

특성 어드미턴스 Y_1 은 탭 선로 $Z_t = 1/Y_t$ 가 50 ohms 인 특성 임피던스를 선택하였다. 필터를 설계한 기판은 상대 유전율이 6.15이고, 두께는 1.27mm 이다. 비대칭 결합선로를 갖는 마이크로스트립 선로는 EM 시뮬레이션을 통하여 근을 구했다. 표 3.8에서 W_a 와 W_b는 두 개의 결합 마이크로스트립 선로의 폭이며, s 는 두 선로 사이의 간격이다. 표 3.7에서 $Z_{0e1,2} = Z_{0e4,5}$ 와 $Z_{0o1,2} = Z_{0o4,5}$ 일 때 $W_a = 2.2\,mm$, $W_b = 1.1\,mm$, $s = 0.2\,mm$ 인 우모드와 기모드 임피던스의 해를 찾을 수 있다. 또, $Z_{0e2,3} = Z_{0e3,4}$ 와 $Z_{0o2,3} = Z_{0o3,4}$일 때 $W_a = 2.6\,mm$, $W_b = 1.1\,mm$, $s = 0.3\,mm$ 인 우모드와 기모드 임피던스의 해를 찾을 수 있다. 그러므로, 예제 필터의 물리적 설계 변수는 $W_1 = W_5 = 2.2\,mm$, $W_2 = W_4 = 1.1\,mm$, $W_1 = 2.6\,mm$, $s_{1,2} = s_{4,5} = 0.2\,mm$, $s_{2,3} = s_{3,4} = 0.3\,mm$ 이다. 표 3.7과 같이 입력과 출력 공진기는 단일선로 특성 어드미턴스 $Y_1 = 1/45.4$ 를 가질 때로 제한된다. 다음으로 우리는 마이크로스트립 인터디지탈 공진기 길이를 결정해야 한다. 기본적으로 다음 식으로 구할 수 있다.

$$l_i = \frac{\lambda_{g0i}}{4} - \Delta l_i \tag{3.30}$$

여기서 λ_{g0i} 는 관내파장이고, Δl_i 는 공진기 i 와 결합된 개방 종단 마이크로스트립 등가선로의 길이이다. 마이크로스트립은 정확히 TEM 모드 전송선로는 아니므로 표 3.8에 주어진 두 개의 모드에서 유효 유전율이 같이 않으므로 기수와 우수 모드에서 관내파장은 등가가 아니다. 그러므로 λ_{g0i} 를 평균값으로 주면

$$\lambda_{g0i} = \lambda_0 \left(\sqrt{\varepsilon_{rei}^{e} \varepsilon_{rei}^{o}} \right)^{-1/2} \tag{3.31}$$

여기서 λ_0 는 필터의 중심대역 주파수에서 자유 공간에 있는 파장이다. Δl_i 는 마이크로스트립 개방 종단 설계 방정식을 이용해서 결정할 수 있다.

표 3.8 비대칭 결합선로를 갖는 5단 인터디지탈 필터의 마이크로스트립 설계 변수

$W_a(mm)$	$W_b(mm)$	$s(mm)$	$Z_{0e}(ohm)$	$Z_{0o}(ohm)$	ε_{re}^{e}	ε_{re}^{o}
2.2	1.2	0.2	63.6	34.15	4.68	3.76
2.2	1.1	0.2	64.92	34.83	4.66	3.75
2.0	1.1	0.5	74.7	41.82	4.70	3.80
2.4	1.1	0.5	59.8	40.44	4.73	3.82
2.6	1.1	0.5	57.6	39.86	4.75	3.83
2.8	1.1	0.5	55.6	39.33	4.76	3.84
2.8	1.1	0.4	56.4	37.85	4.76	3.82
2.8	1.1	0.3	57.2	36.01	4.75	3.80
2.7	1.1	0.3	58.26	36.22	4.75	3.79
2.6	1.1	0.3	59.36	36.43	4.74	3.79

캐패시터 C_t 는 입력과 출력 공진기에서 부하가 필요하다. 이 캐패시티브 부하는 개방선로 스터브에 의해 구동되며 공진기 길이의 연장선이다. Δl_C 를 연장길이라고 가정하면 다음 식으로 찾을 수 있다.

$$\Delta l_C = \frac{\lambda_{g01}}{2\pi} \tan^{-1}\left(\frac{2\pi f_0 C_t}{Y_1}\right) \tag{3.32}$$

그러므로, 입력과 출력 공진기의 길이는 다음 식으로 결정할 수 있다.

$$l_1 = l_n = \frac{\lambda_{g01}}{4} - \Delta l_1 + \Delta l_C \tag{3.33}$$

최종적으로, 탭에서 접지시켜 측정된 입력/출력 공진기의 물리적 길이 l_t 는 계산하면

$$l_t = \frac{\theta_t}{2\pi} \lambda_{g01} \tag{3.34}$$

급전(feed) 선로 폭 W_t 를 포함한 결정된 모든 물리적 설계 변수를 표 3.9에 정리하였다.

표 3.9 $\varepsilon_r = 6.15$, $h = 1.27\,mm$ 값을 갖는 기판의 필터 치수(mm)

$W_1 = W_5 = 2.2$	$W_2 = W_4 = 1.1$	$W_2 = 2.6$	$s_{1,2} = s_{4,5} = 0.2$	$W_t = 1.85$
$l_1 = l_5 = 20.14$	$l_2 = l_4 = 17.85$	$l_3 = 17.72$	$s_{2,3} = s_{3,4} = 0.3$	$l_t = 9.68$

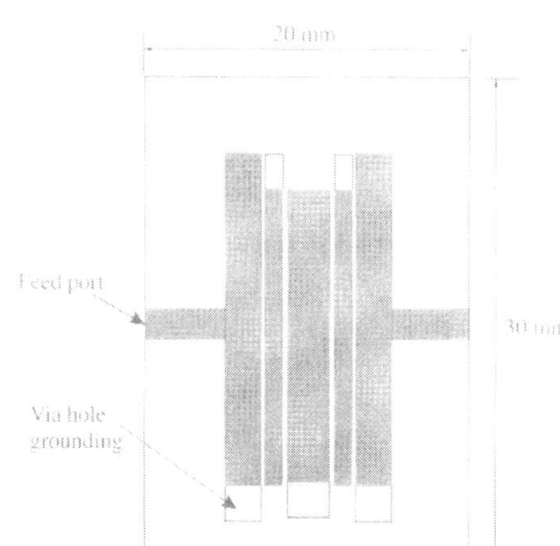

(a) 설계된 치수

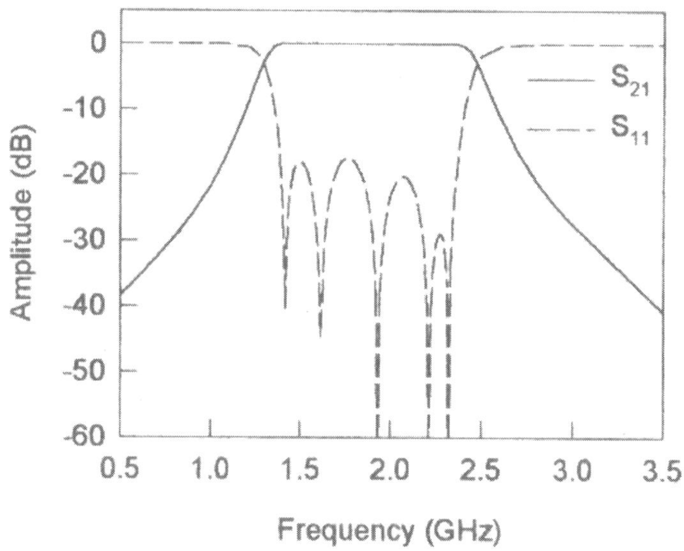

(b) EM 시뮬레이션 결과

그림 3.15 비대칭 결합선로를 이용한 5단 마이크로스트립 대역통과 필터의 설계 예

그림 3.15(a)는 설계된 마이크로스트립 인터디지탈 대역통과 필터의 구성도이다. EM 시뮬레이션을 사용한 필터의 주파수 응답이 그림 3.15(b)이다. 설계된 필터는 중심 주파수에서 약간 저주파로 이동된 것을 제외하고는 매우 훌륭하다. 주파수의 변이(shift)는 via hole의 효과 때문이고, 이는 공진기의 길이를 약간 짧게 함으로써 보정될 수 있다.

대칭 결합선로를 갖는 설계 예

대칭 결합선로를 갖는 필터란 그림 3.13에서 모든 인터디지탈 공진기의 선로 폭이 동일하다는 의미이다. 이 구조는 두 가지 장점이 있다. 첫 번째 장점은 대칭 결합선로의 방정식과 데이터가 필터 설계 시 더 적합하고, 두 번째는 각 공진기의 무부하 품질 계수를 동일하게 설계할 수 있다는 점이다. 어쨌든, 고정된 선로 폭을 갖는 임의의 우모드와 기모드 임피던스를 결정하는 것은 매우 어렵다. 다음에서 이와 같은 필터가 설계되도록 증명할 것이다. 이 증명을 위해, 위의 예제와 똑같은 사양의 필터를 설계할 것이다. 이 설계는 원하는 통과대역 대역폭보다 큰 FBW가 요구된다. 즉, 식(3.22)와 식(3.24)를 이용하여 $FBW = 0.6$ 으로 설계를 할 것이다. 그 결과를 표 3.10에 정리하였다.

표 3.10 대칭 결합선로를 갖는 5단 인터디지탈 대역통과 필터회로 설계 변수

i	$Z_{0ei,i+1}$	$Z_{0oi,i+1}$
1	68.18	31.94
2	60.07	34.09
3	60.07	34.09
4	68.18	31.94

$Y_1 = 1/43.5\,mhos$
$Y_t = 1/50\,mhos$
$\theta_t = 0.98609\ radian$
$C_t = 4.20655 \times 10^{-13}\,F$

설계에 사용된 기판은 동일하다($\varepsilon_r = 6.15$, 두께=1.27mm). 기판에서 특성 임피던스 $Z_1 = 1/Y_1 = 43.5\,ohms$ 을 갖기 위한 선로 폭은 마이크로스트립 방정식을 이용하면 2.39mm 이다. 모든 결합선로의 폭은 $W_1 = W_2 = \cdots W_5 = 2.39\,mm$ 로 동일하다. 위의 결과로 결정된 동일한 선로 폭을 가질 때, 동일 간격 $s_{i,i+1}$ 으로는 원하는 $Z_{0ei,i+1}$ 과 $Z_{0oi,i+1}$ 값을 얻는 것은 불가능하다. 그러므로, 원하는 $Z_{0ei,i+1}$ 과 $Z_{0oi,i+1}$ 값을 정합(matching)하기 위해 간격 $s_{i,i+1}$ 은 다음 식으로 정합해야 한다.

$$k_{i,i+1} = \frac{Z_{0oei,i+1} - Z_{0oi,i+1}}{Z_{0oei,i+1} + Z_{0oi,i+1}} \tag{3.35}$$

이 방법으로 모든 간격을 결정할 수 있다. 대칭 결합 마이크로스트립 선로를 이용한 필터를 설계하기 위해 간격 $s_{i,i+1}$ 을 찾는 설계 방정식을 이용해야 한다. 다른 물리적인 설계 변수인 인터디지탈 공진기 길이는 식(3.30)과 식(3.33)으로 결정할 수 있다. 이 필터의 결정된 모든 물리적인 설계 변수를 표 3.11에 정리하였다.

표 3.11 대칭결합 마이크로스트립 선로를 갖는 기판의 필터 치수(mm)

$W_1 = W_2 = W_3 = W_4 = W_5 = 2.39$			$s_{1,2} = s_{4,5} = 0.13$	$W_t = 1.85$
$l_1 = l_5 = 20.45$	$l_2 = l_4 = 17.91$	$l_3 = 17.83$	$s_{2,3} = s_{3,4} = 0.36$	$l_t = 11.5$

그림 3.16은 모든 공진기가 동일한 선로 폭을 갖도록 설계된 마이크로스트립 인터디지탈 대역통과 필터의 구성도이다. EM 시뮬레이션 결과는 그림 3.15(b)와 매우 유사하다. 대역폭이 제작 시에는 작아짐으로 이와 같은 기법으로 설계된 필터의 대역폭을 결정하는 것은 어렵다.

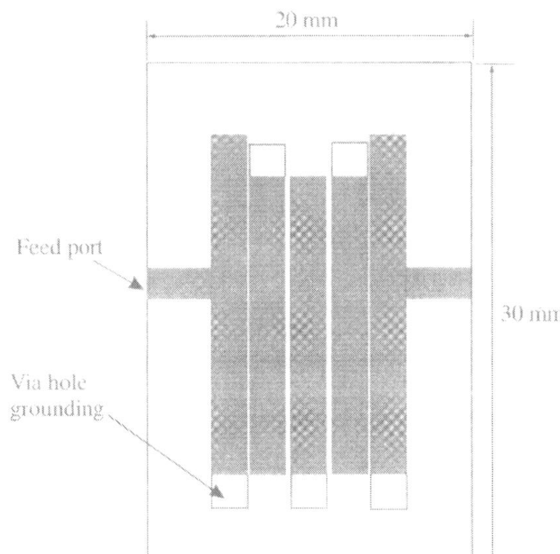

그림 3.16 대칭 결합선로를 이용한 5단 마이크로스트립 대역통과 필터의 설계 예

3.2.4 컴라인(Combline) 필터

그림 3.17은 결합 공진기를 일렬로 배열하여 구성된 컴라인 대역통과 필터이다. 공진기는 $1 \sim n$ 개의 선로 소자로 구성되며 회로의 한쪽 종단은 집중 캐패시턴스 C_{Li} 로 단락되어 있고, 반대쪽 종단은 접지되어 있다. 필터의 입력과 출력은 0 과 n+1 번째

결합선로에 연결되어 있으며, 이는 공진기가 아니다. 집중 캐패시턴스 때문에 공진 주파수는 $\lambda_{g0}/4$ 보다 짧아진다. 여기서 λ_{g0} 는 필터의 중심대역 주파수에서 전파되는 매질에서의 관내파장이다. 만일 캐패시터가 없으면, 전송소자는 스트립라인(stripline)처럼 TEM 모드 전송선로로 구성되며, 공진기의 길이는 정확히 $\lambda_{g0}/4$ 에서 공진을 발생하며 통과대역을 가지지 않는다. 이는 자기와 전기결합이 서로 상쇄되기 때문이다.

캐패시턴스 C_{Li} 가 더 클수록 공진기의 선로길이는 더 짧아지고, 첫 번째 통과대역(desired)과 두 번째 통과대역(undesired) 사이가 더 넓은 저지대역을 갖는 필터를 설계할 수 있다. 만일 공진기 선로가 첫 번째 통과대역에서 $\lambda_{g0}/8$ 길이를 가지면, 두 번째 통과대역은 첫 번째 통과대역의 중심대역 주파수의 4배 정도에 위치하게 된다. 실제적으로 공진기 선로의 길이를 최소화하는 공진기의 무부하 품질계수의 감소로 한계가 있고, 더 큰 캐패시티브가 요구될 것이다.

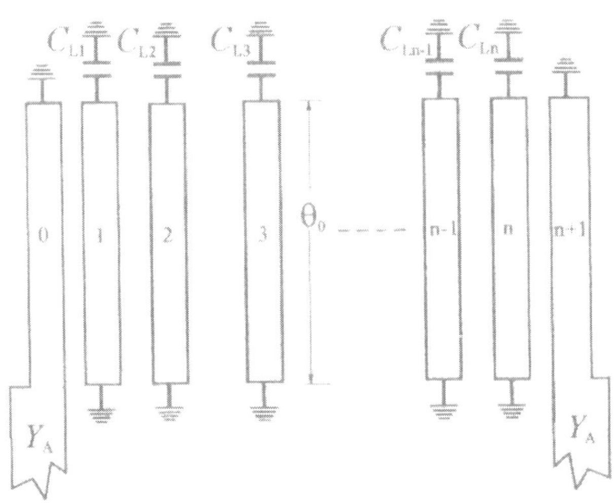

그림 3.17 컴라인 대역통과 필터의 구조

그림 3.17과 같은 형태의 필터는 저역통과 변수 $(i=0 \sim n+1)$ 를 갖는 사다리형 저역통과 원형필터로부터 설계된다. 선택되는 공진기의 서셉턴스 기울기변수 b_i 는

$$\frac{b_i}{Y_A} = \frac{Y_{ai}}{Y_A}\left(\frac{\cot\theta_0 + \theta_0 \csc^2\theta_0}{2}\right) \qquad i = 1 \sim n\text{일 때} \tag{3.36a}$$

여기서 Y_A 는 종결선로 어드미턴스이고, θ_0 는 공진기의 중심대역 전기적 길이이다. Y_{ai} 는 접지된 인접 선로 $i-1$ 과 $i+1$ 선로를 갖는 어드미턴스로써 물리적으로 해석할 수 있다. Y_{ai} 선택은 필터의 범위 안에서 정할 수 있고, 공진기의 무부하 품질계수로부터 유도할 수 있다. FBW를 계산하려면

$$\frac{J_{0,1}}{Y_A} = \sqrt{\frac{FBW\dfrac{b_1}{Y_A}}{g_0 g_1}}, \qquad \frac{J_{n,n+1}}{Y_A} = \sqrt{\frac{FBW\dfrac{b_n}{Y_A}}{g_n g_{n+1}}} \tag{3.36b}$$

$$\frac{J_{i,i+1}}{Y_A} = FBW\sqrt{\frac{(b_i/Y_A)(b_{i+1}/Y_A)}{g_i g_{i+1}}} \qquad i = 1 \sim n-1\text{일 때}$$

여기서 저역통과 소자 값 g_i 는 정규화된 차단 주파수 $\Omega_c = 1$ 일 때이다. 필터 설계는 분포 선로 소자의 단위 길이 당 집중 캐패시턴스 값뿐만 아니라 자기와 상호 캐패시턴스 값을 결정하는 식으로 진행된다. 집중 캐패시턴스 C_{Li} 는

$$C_{Li} = Y_A\left(\frac{Y_{ai}}{Y_A}\right)\frac{\cot\theta_0}{\omega_0} \qquad i = 1 \sim n\text{일 때} \tag{3.37}$$

여기서 ω_0 는 중심대역에서 각 주파수이다.

자기 캐패시턴스 C_i 는

$$\frac{C_0}{\varepsilon_0\sqrt{\varepsilon_{re}}}=\eta_0 Y_A\left(1-\frac{J_{0,1}}{Y_A}\right),\qquad \frac{C_{n+1}}{\varepsilon_0\sqrt{\varepsilon_{re}}}=\eta_0 Y_A\left(1-\frac{J_{n,n+1}}{Y_A}\right) \tag{3.38a}$$

$$\frac{C_1}{\varepsilon_0\sqrt{\varepsilon_{re}}}=\eta_0 Y_A\left(\frac{Y_{a1}}{Y_A}-1+\left(\frac{J_{0,1}}{Y_A}\right)^2-\frac{J_{1,2}}{Y_A}tan\theta_0\right)+\frac{C_0}{\varepsilon_0\sqrt{\varepsilon_{re}}}$$

$$\frac{C_n}{\varepsilon_0\sqrt{\varepsilon_{re}}}=\eta_0 Y_A\left(\frac{Y_{an}}{Y_A}-1+\left(\frac{J_{n,n+1}}{Y_A}\right)^2-\frac{J_{n-1,n}}{Y_A}tan\theta_0\right)+\frac{C_{n+1}}{\varepsilon_0\sqrt{\varepsilon_{re}}}$$

$$\frac{C_i}{\varepsilon_0\sqrt{\varepsilon_{re}}}=\eta_0 Y_A\left(\frac{Y_{ai}}{Y_A}-\frac{J_{i-1,i}}{Y_A}tan\theta_0-\frac{J_{i,i+1}}{Y_A}tan\theta_0\right)\qquad i=2\sim n-2\text{일 때}$$

상호 캐패시턴스 $C_{i,i+1}$ 는

$$\frac{C_{0,1}}{\varepsilon_0\sqrt{\varepsilon_{re}}}=\eta_0 Y_A-\frac{C_0}{\varepsilon_0\sqrt{\varepsilon_{re}}},\qquad \frac{C_{n,n+1}}{\varepsilon_0\sqrt{\varepsilon_{re}}}=\eta_0 Y_A-\frac{C_{n+1}}{\varepsilon_0\sqrt{\varepsilon_{re}}} \tag{3.38b}$$

$$\frac{C_{i,i+1}}{\varepsilon_0\sqrt{\varepsilon_{re}}}=\eta_0 Y_A\frac{J_{i,i+1}}{Y_A}tan\theta_0$$

식 (3.38a)와 식 (3.38b)의 자기와 상호 캐패시턴스는 자유공간 유전율 ε_0 와 선로 소자의 상대 유전율 ε_{re} 와 자유공간의 파동 임피던스 $\eta_0=120\pi$ 로 정규화되어 있다. 또한, 스트립라인처럼 TEM 전송선로이고, ε_{re} 은 간단하게 전파하는 매질에서 상대 유전율 ε_r 이다. 그러나, 이 같은 마이크로스트립은 준 TEM 전송선로이므로 ε_{re} 는 전송선로의 구조에 영향을 받는다.

자기와 상호 캐패시턴스를 구하여 설계하는 방법을 대신하여 외부 품질 인자나 캐피시턴스 계수로 구성되는 설계 변수를 이용하여 치수를 결정할 수 있다. 여기서 컴라인 필터 설계에 국한시키면 다음의 설계 변수를 구할 수 있다.

$$Q_{e1} = \frac{b_1}{\frac{J_{0,1}^2}{Y_A}} = \frac{g_0 g_1}{FBW}, \qquad Q_{en} = \frac{b_n}{\frac{J_{n,n+1}^2}{Y_A}} = \frac{g_n g_{n+1}}{FBW} \tag{3.39}$$

$$M_{i,\,i+1} = \frac{J_{i,i+1}}{\sqrt{b_i b_{i+1}}} = \frac{FBW}{\sqrt{g_i g_{i+1}}} \qquad i = 1 \sim n-1 \text{ 일 때}$$

여기서, Q_{e1} 와 Q_{en} 은 입력과 출력 공진기의 외부 품질인자이고, $M_{i,\,i+1}$ 는 인접되어 있는 공진기의 결합계수이다. 원하는 치수는 EM 시뮬레이션을 통하여 쉽게 구할 수 있다.

설계 예

통과대역 리플 0.1dB 를 갖는 5단 체비셰브 원형필터 형태의 대역통과 필터를 설계해 보자. 저역통과 변수는 $g_0 = g_6 = 1.0$, $g_1 = g_5 = 1.1468$, $g_2 = g_4 = 1.3712$, $g_3 = 1.9750$이다. 이 대역통과 필터의 중심대역 주파수 $f_0 = 2\,GHz$ 이고 $FBW = 0.1$ 일 때, 식(3.39)에 의해

$$\begin{aligned} Q_{e1} &= Q_{e5} = 11.468 \\ M_{1,2} &= M_{4,5} = 0.07975 \\ M_{2,3} &= M_{3,4} = 0.06077 \end{aligned} \tag{3.40}$$

이 마이크로스트립 필터의 기판은 상대 유전율 10.8을 갖고 두께는 1.27mm를 갖는 기판(RT/D 6010)을 사용하였다. EM 시뮬레이션을 사용하여 직접 필터의 치수를 결정할 수 있다. 그러므로, 종단선로를 제외한 모든 선로 폭을 $W = 0.8\,mm$ 를 고정시킬 수 있다. 종단 선로는 50 ohms의 종단 임피던스를 갖기 위해 1.1mm로 정한다.

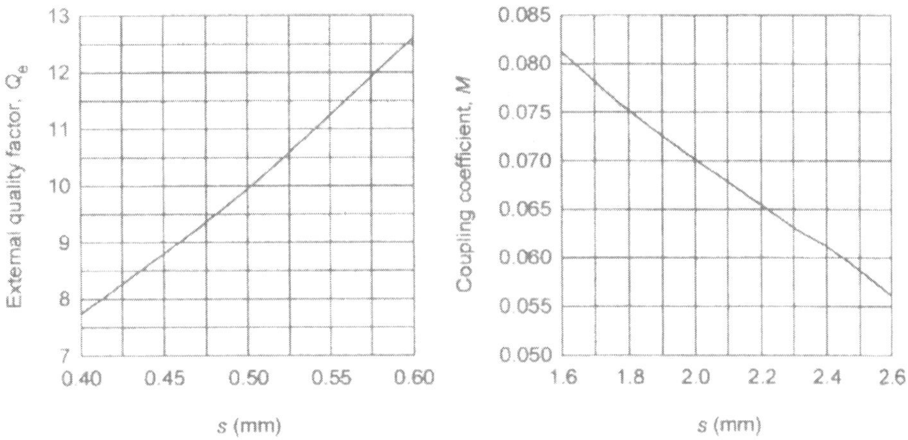

(a) 외부 품질 인자 (b) 결합계수

그림 3.18 마이크로스트립 컴라인 필터 설계를 위한 설계 그래프

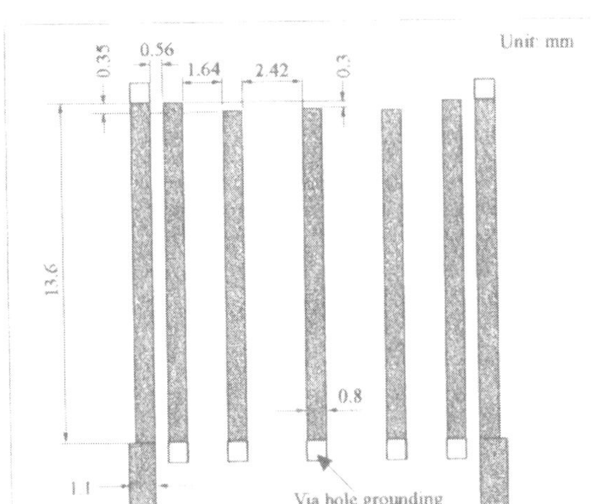

(a) 설계된 치수

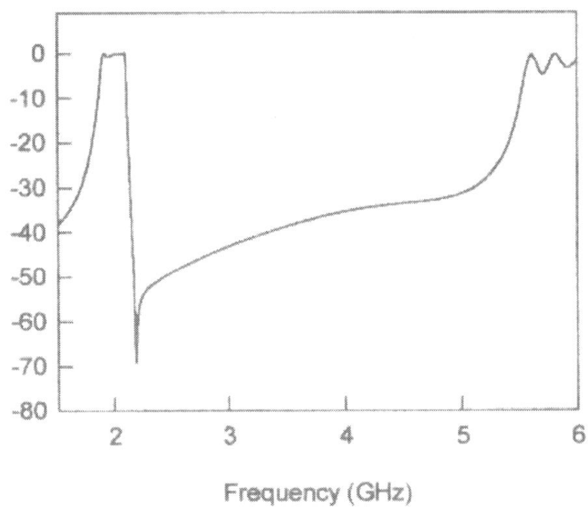

(b) EM 시뮬레이션 결과

그림 3.19 마이크로스트립 컴라인 대역통과 필터의 설계 예

그림 3.18은 외부 품질인자와 간격 s 와 결합계수의 상관관계를 보여 주고 있다. 식 (3.40)의 설계 변수에서 요구된 간격 s 의 치수는 두 개의 그래프를 보고 알 수 있다. 예를 들어, 간격 $s = 0.56\,mm$이면, 그림 3.18(a)에서 보듯이 외부 품질인자는 11.468이 된다. 그림 3.19(a)에서 보듯이 최종적으로 모든 물리적인 치수를 결정할 수 있다. 인접된 공진기의 길이는 위상속도가 다르기 때문에 약간 다르다는 것을 알아야 한다. 이것은 TEM 선로 공진기가 아니기 때문이다. 그림 3.19(b)는 EM 시뮬레이션을 한 결과이다. 이 필터의 2차 통과대역은 약 6GHz에서 형성되며, 중심주파수의 3배수에서 정확히 형성된다. 이는 $\lambda_{g0}/4$ 공진기가 다른 집중 캐패시턴스를 사용하지 않은 이유이다.

3.2.5 U자형 대역통과 필터

U자형 대역통과 필터는 조밀한 구조이다. 개념적으로는 반파장 공진기를 사용하는 평행결합 공진기를 접은 형태이다. 이 같은 "U"자 공진기를 헤어핀(hairpin) 공진기라고

부른다. 결론적으로 평행결합 반파장 공진기 필터와 동일한 설계 방정식이 적용된다. 어쨌든, 공진기를 접으면 결합선로 길이가 줄어들고, 공진기 사이의 결합량도 줄어든다. 이와 같은 필터를 정확하게 설계하기 위해, EM 시뮬레이션을 사용해야 한다.

설계 예

중심 주파수 $f_0 = 2\,GHz$ 일 때 $FBW = 0.2$ 를 갖는 U자 선로 대역통과 필터를 설계해 보자. 통과 대역 리플 0.1dB 를 갖는 5단 체비셰브 저역통과 원형필터를 설계한다. 저역통과 원형필터의 변수는 정규화된 저역통과 차단 주파수 $\Omega_c = 1$ 에서 $g_0 = g_6 = 1.0$, $g_1 = g_5 = 1.1468$, $g_2 = g_4 = 1.3712$, $g_3 = 1.9750$ 이다. 저역통과 변수를 가지고, 대역통과 설계 변수를 계산하기 위해

$$Q_{e1} = \frac{g_0 g_1}{FBW}, \qquad Q_{en} = \frac{g_n g_{n+1}}{FBW} \tag{3.41}$$

$$M_{i,i+1} = \frac{FBW}{\sqrt{g_i g_{i+1}}} \qquad i = 1 \sim n-1 \text{ 일 때}$$

여기서, Q_{e1} 과 Q_{en} 은 입력과 출력에서 공진기의 외부 품질계수이다. $M_{i,i+1}$ 은 인접된 공진기 사이의 결합계수이다.

$$Q_{e1} = Q_{e5} = 5.734$$

$$M_{1,2} = M_{4,5} = 0.160$$

$$M_{2,3} = M_{3,4} = 0.122$$

사용된 기판은 상대 유전율이 6.15이고, 두께는 1.27mm이다. EM 시뮬레이션으로 외부 Q 값과 결합계수 M 를 필터의 물리적 치수로 정확히 얻어낼 수 있다. 그림

3.20(a)에서 보듯이 U자형 공진기는 1mm 의 선폭을 가지며, 두 팔(arms) 사이의 간격은 2mm이다. L 로 명명되는 공진기의 또 다른 치수는 중심 주파수에서 관내파장(λ_{g0}) 이일 때 대략 $\lambda_{g0}/4$ 이다. 이 필터의 설계하기 위해 입력과 출력 선로에 탭을 가져야 한다. 이 탭 선로는 종단 임피던스 $Z_0 = 50\,ohm$ 과 일치하기 위해 동일한 특성 임피던스를 가져야 한다. 즉, 탭 선로를 1.85mm 로 설계한다. 또한 그림 3.20(a)에서 보듯이 탭 선로의 위치를 t 라고 표시하고, 외부 품질계수 Q_e 값으로 주어진다. 그림 3.20(b)에서, 결합계수 M 의 값은 인접한 U자형 공진기의 간격과 반비례 관계가 있다.

최종 필터의 치수가 그림 3.21(a)에 나타나 있다. 입력과 출력 공진기는 탭 선로와 인접된 공진기 결합에 의해 보정된다. 그림 3.21(b)에 EM 시뮬레이션 결과가 나타나 있다. 실험적으로 얻어진 U자형 필터의 설계 방정식에서 탭의 위치를 결정할 때는

$$t = \frac{2L}{\pi} sin^{-1}\left(\sqrt{\frac{\pi}{2}\frac{Z_0/Z_r}{Q_e}}\right) \tag{3.42}$$

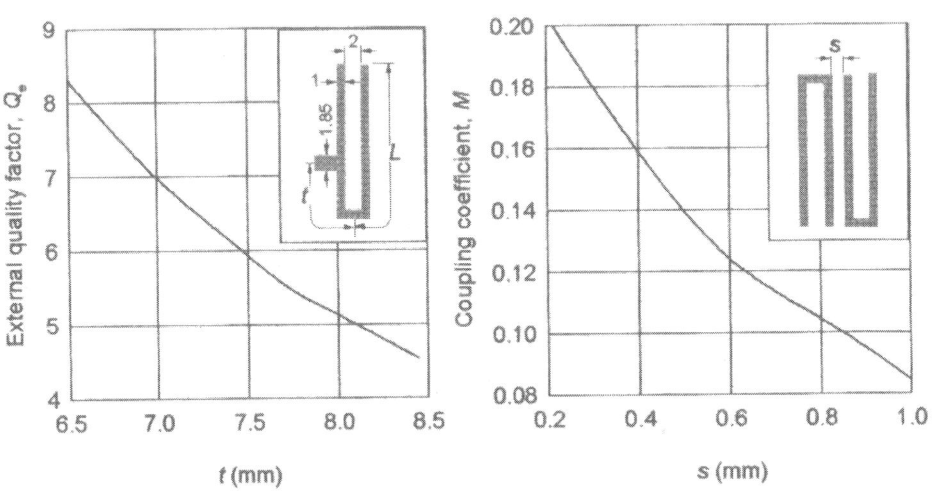

(a) 외부 품질계수 (b) 결합계수

그림 3.20 U자형 마이크로스트립 대역통과 필터 설계를 위한 EM 시뮬레이션 결과

여기서 Z_r 은 U자 선로의 특성 임피던스이고, Z_0 는 종단 임피던스이고, L 은 대략 $\lambda_{g_0}/4$ 이다. 이 설계 방정식은 탭의 위치와 두 접힌 부분의 결합 효과는 무시한다. U자 선로는 1.0mm로 되어 있고, 그 결과 $Z_r = 68.3\,mm$ 이다. 즉, $L = 20.4mm$, $Z_0 = 50\,ohm$, $Q_e = 5.734$ 일 때 식(3.42)에 의해 $t = 7.625\,mm$ 가 된다.

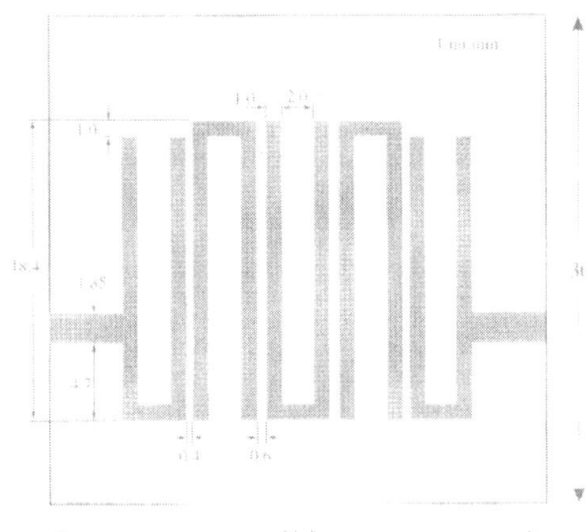

(a) 필터의 치수

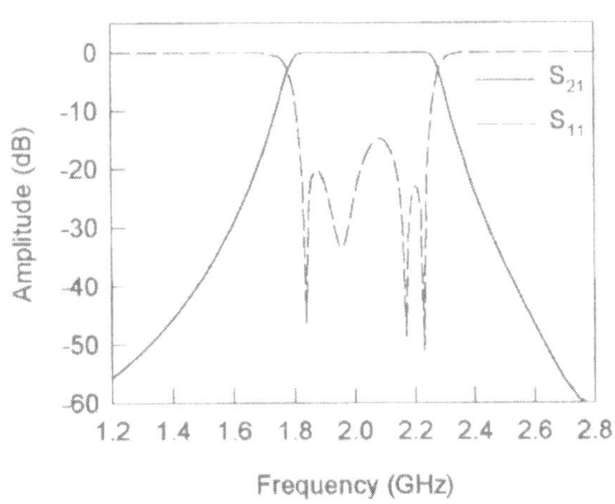

(b) EM 시뮬레이션 결과

그림 3.21 U자형 마이크로스트립 대역통과 필터의 예

3.2.6 스터브(Stub) 대역통과 필터

$\lambda_{g0}/4$ 단락 회로 스터브를 갖는 필터

그림 3.22에서 필터를 설계할 때 $\lambda_{g0}/4$ 길이의 연결선로를 갖는 $\lambda_{g0}/4$ 의 병렬 단락회로 스터브가 포함된다. 여기서, $\lambda_{g0}/4$ 는 중심 주파수 f_0 에서의 관내파장이다. n 차 필터가 주어졌을 때 스터브 대역통과 필터의 특성은 스터브의 특성 어드미턴스 $Y_i(i=1\sim n)$와 $Y_{i,\,i+1}(i=1\sim n-1)$라는 연결선로의 특성 어드미턴스에 영향을 받는다. 이 같은 특성 어드미턴스를 결정하기 위한 설계 방정식은

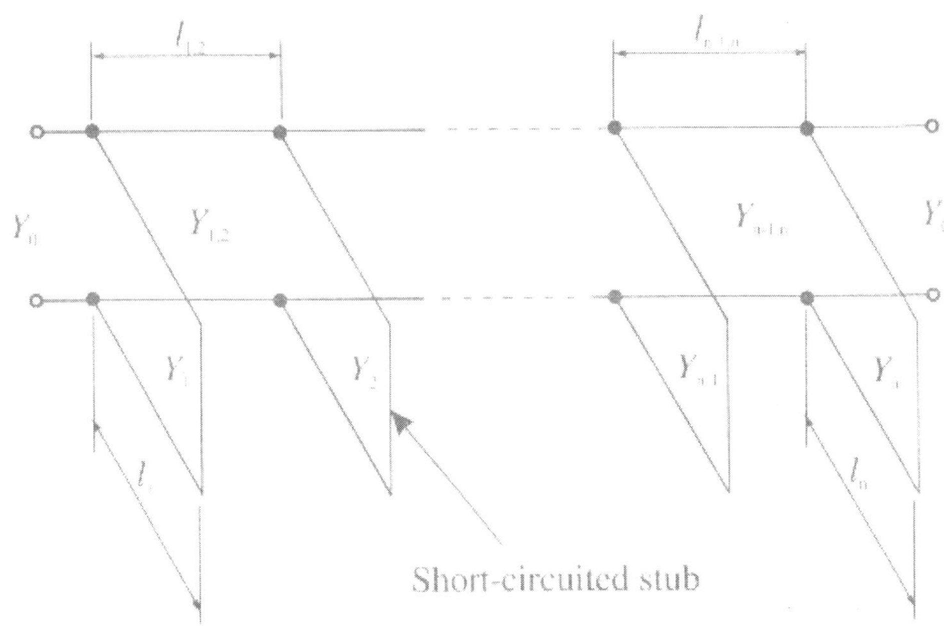

그림 3.22 1/4 파장 단락회로 스터브를 갖는 전송선로 대역통과 필터

$$\theta = \frac{\pi}{2}\left(1 - \frac{FBW}{2}\right) \tag{3.43}$$

$$h = 2$$

$$\frac{J_{1,2}}{Y_0} = g_0\sqrt{\frac{hg_1}{g_2}}, \qquad \frac{J_{n-1,n}}{Y_0} = g_0\sqrt{\frac{hg_1 g_{n+1}}{g_0 g_{n-1}}}$$

$$\frac{J_{i,i+1}}{Y_0} = \frac{hg_0 g_1}{\sqrt{g_i g_{i+1}}} \qquad i = 2 \sim n-2 \text{ 일 때}$$

$$N_{i,i+1} = \sqrt{\left(\frac{J_{i,i+1}}{Y_0}\right)^2 + \left(\frac{hg_0 g_1 \tan\theta}{2}\right)^2} \qquad i = 1 \sim n-1 \text{ 일 때}$$

$$Y_1 = g_0 Y_0\left(1 - \frac{h}{2}\right)g_1 \tan\theta + Y_0\left(N_{1,2} - \frac{J_{1,2}}{Y_0}\right)$$

$$Y_n = Y_0\left(g_n g_{n+1} - g_0 g_1 \frac{h}{2}\right)\tan\theta + Y_0\left(N_{n-1,n} - \frac{J_{n-1,n}}{Y_0}\right)$$

$$Y_i = Y_0\left(N_{i-1,i} + N_{i,i+1} - \frac{J_{i-1,i}}{Y_0} - \frac{J_{i,i+1}}{Y_0}\right) \qquad i = 2 \sim n-1 \text{ 일 때}$$

$$Y_{i,i+1} = Y_0\left(\frac{J_{i,i+1}}{Y_0}\right) \qquad i = 1 \sim n-1 \text{ 일 때}$$

여기서, g_i 는 정규화된 차단 주파수 $\Omega_c = 1.0$ 을 갖는 체비셰브 격자형 저역통과 원형필터의 소자 값이다.

설계 예

0.1dB의 통과대역 리플을 갖는 5단 체비셰브 마이크로스트립 필터를 설계하기 위한 저역통과 원형필터의 변수는 $g_0 = g_6 = 1.0$, $g_1 = g_5 = 1.1468$, $g_2 = g_4 = 1.3712$, $g_3 = 1.9750$ 이다. $f_0 = 2.0\,GHz$ 에서 $FBW = 0.5$ 를 갖는 대역통과 필터를 설계해 보자. 종단선로는 50 ohms 을 갖는다고 하면, $Y_0 = 1/50\,mhos$ 이다.

식(3.43)의 계산 값을 표 3.12에 정리했다.

표 3.12 등가회로 설계 변수

i	$Y_i(mhos)$	$Y_{i,i+1}(mhos)$
1	0.03525	0.02587
2	0.06937	0.02787
3	0.06824	0.02787
4	0.06937	0.02587
5	0.03525	

여기에 사용된 기판은 상대 유전율이 10.2 이고 두께는 0.635mm 이다. 마이크로스트립 설계 방정식을 사용하여, 선폭과 표 3.12와 같은 특성 어드미턴스를 갖는 관내파장을 찾을 수 있다. 그림 3.23(a)는 설계된 마이크로스트립 필터를 보여 주고 있고, 그림 3.23(b)는 EM 시뮬레이션 결과이다. 그림에서 보듯이 $3f_0$ 에서 2차 대역이 형성되나, 정확히 $2f_0$ 에서 감쇄극이 존재하지는 않는다. 만일 협대역 필터를 설계되면, 스터브가 low 임피던스가 되기 때문에 이런 필터는 광대역 필터로 사용된다.

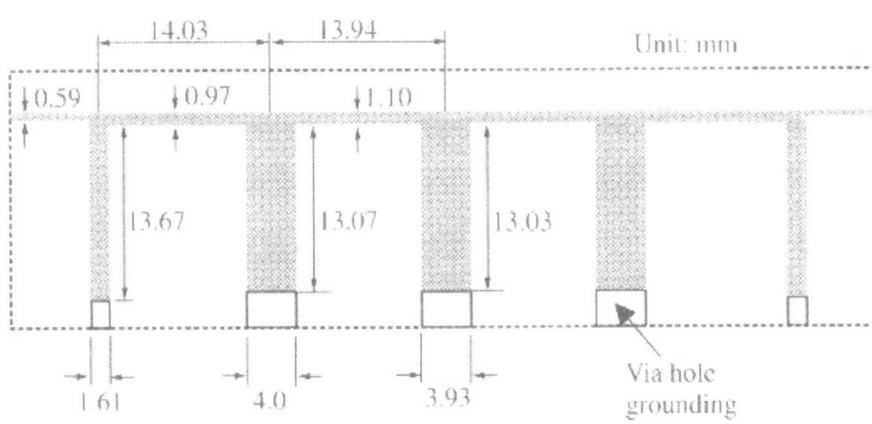

(a) 치수

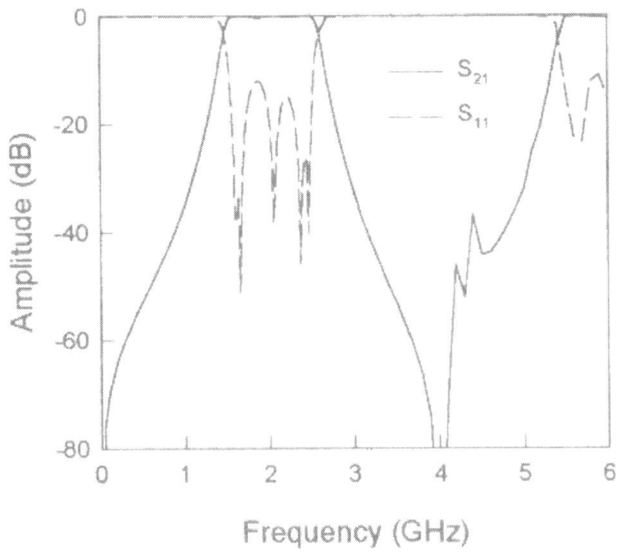

(b) EM 시뮬레이션 결과

그림 3.23 마이크로스트립 필터의 예

표 3.13 마이크로스트립 설계 변수

i	$W_i(mm)$	$\lambda_{g0i}/4\,(mm)$	$W_{i,\,i+1}\,(mm)$	$\lambda_{g0i,\,i+1}/4\,(mm)$
1	1.61	13.67	0.97	14.03
2	4.00	13.07	1.10	13.97
3	3.93	13.03	1.10	13.97
4	4.00	13.07	0.97	14.03
5	1.61	13.67		

$\lambda_{g0}/2$ 단선회로 스터브를 갖는 필터

그림 3.22에 있는 $\lambda_{g0}/4$ 단락회로 스터브가 그림 3.24처럼 $\lambda_{g0}/2$ 단선회로 스터브로 바뀐다면, $\lambda_{g0}/4$ 를 갖는 l_{ia}, l_{ib} 와 Y_{ia}, Y_{ib} 를 갖는 종단선로 임피던스는 동일하나, 저지대역의 특성은 다르게 된다. 만일 $\lambda_{g0}/2$ 에서 $Y_{ia} = Y_{ib}$ 이면, 저지대역은

$f_0/2$ 와 $3f_0/2$ 에서 감쇄극을 갖는다. 만일 $Y_{ib} = \alpha Y_{ia}$ (α:상수) 이면, 감쇄극은 $f_0/2$ 와 $3f_0/2$ 에서 존재한다. 이와 같은 필터는 주기적으로 $f_0 = 0$ 과 $f = 3f_0$ 근처에서 통과대역을 갖는다.

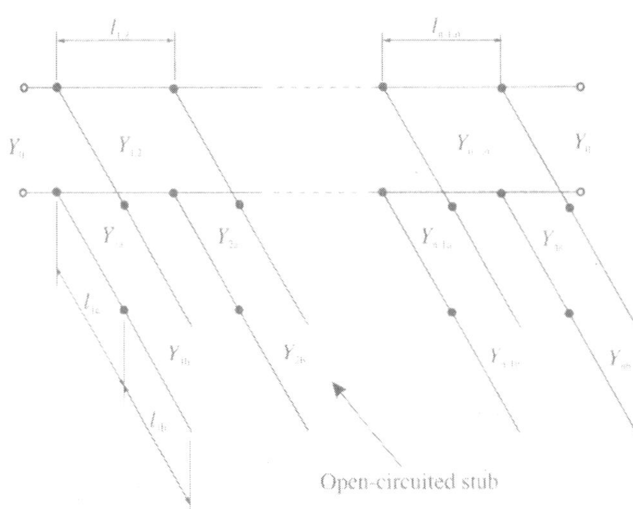

그림 3.24 1/2 파장 단선회로 스터브를 갖는 전송선로 대역통과 필터

이와 같은 필터는 식(3.43)의 설계 방정식을 사용하여 설계한다. 이 설계는 그림 3.22와 같은 통과대역 특성과 대역폭을 갖는다. 그런 다음 그림 3.24처럼 병렬 스터브인 Y_i 로 대치하고, 반파장 공진기와 단선회로 스터브를 갖는 특성 어드미턴스는

$$Y_{ia} = \frac{Y_i(\alpha_i \tan^2\theta - 1)}{(\alpha_i + 1)\tan^2\theta} \tag{3.44}$$

1/4 파장을 갖는 바깥쪽의 특성 어드미턴스는

$$Y_{ib} = \alpha_i Y_{ia} \tag{3.45}$$

θ 는 식(3.43)에 의해 정의되고, 변수 α_i 는

$$\alpha_i = \cot^2\left(\frac{\pi f_{zi}}{2f_0}\right) \qquad f_{zi} < f_1 \text{ 일 때} \tag{3.46}$$

여기서, f_1 은 통과대역의 낮은 쪽 가장자리 주파수이고, f_{zi} 는 중심선로의 단락회로에서 병렬 단선회로 스터브이다. 이는 감쇄극을 형성시킨다. 비록 모든 스터브에서 f_{zi} 를 사용하여 가장 좋은 통과대역 응답을 발생시키지만, 감쇄 특성을 떨어뜨린다. 식(3.44), 식(3.45)는 반파장 길이로 구성되어 있고, f_1 에서 동일한 서셉턴스를 갖는 단선회로 스터브는 1/4 파장 단락회로 스터브로 대치할 수 있다. 둘 다 중간 주파수 f_0 에서 0 의 어드미턴스를 갖는다.

설계 예

0.1dB 의 통과대역 리플을 갖는 5단 체비셰브 마이크로스트립 필터를 설계하기 위한 저역통과 원형필터를 갖고, $f_0 = 2.0GHz$ 에서 $FBW = 0.5$ 를 갖는 대역통과 필터를 설계해 보자. 종단선로는 50 ohms 을 갖는다고 하면 초기에 식(3.43)을 사용하여 계산한 값은 표 3.12와 같다. 모든 스터브를 $f_{zi} = 1.0\,GHz$ 로 결정하고, $\alpha_i = 1$ 로 주어지면 식(3.45), 식(3.46)에 의해 단선회로 스터브의 특성 어드미턴스를 계산할 수 있다. 표 3.14에 계산된 마크로스트립의 선로 폭과 f_0 에서 1/4 관내파장을 정리하였다. 사용된 기판은 상대 유전율이 10.2 이고, 두께는 0.635mm 이다.

표 3.14 마이크로스트립 설계 변수

i	$Y_{ai}=Y_{bi}$ $(mhos)$	W_i (mm)	$\lambda_{g0i}/4$ (mm)	$Y_{i,i+1}$ $(mhos)$	$W_{i,i+1}$ (mm)	$\lambda_{g0i,i+1}/4$ (mm)
1	0.01460	0.28	14.73	0.02587	0.97	14.03
2	0.02873	1.16	13.91	0.02787	1.10	13.97
3	0.02826	1.13	13.92	0.02787	1.10	13.97
4	0.02873	1.16	13.91	0.02587	0.97	14.03
5	0.01460	0.28	14.73			

그림 3.25(a)는 설계된 마이크로스트립 필터를 보여 주고 있고, 그림 3.25(b)는 EM 시뮬레이션 결과이다. 여기서, 종단의 마이크로스트립 단선 스터브의 효과는 각각의 스터브 길이를 $\lambda_{g0}/2$ 보다 짧게 하였다. 앞선 예제와 동일한 통과대역 응답과 감쇄극이 존재한다. 스퓨리어스 특성은 $f=0$ 과 $f=2f_0$ 에서 정확히 발생한다.

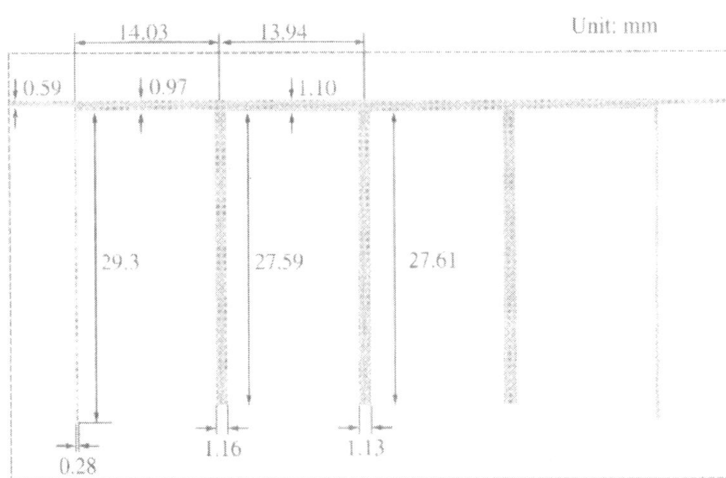

(a) 치수

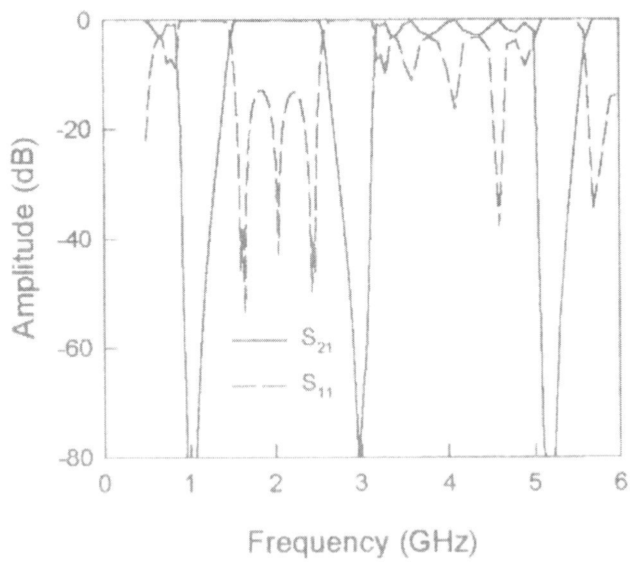

(b) EM 시뮬레이션 결과

그림 3.25 마이크로스트립 필터의 예

3.3 고역통과 필터

3.3.1 준집중(Quasilumped) 고역통과 필터

준집중 소자로 구성된 고역통과 필터는 주파수 대역 전체를 통과시키는 집중소자로 구성할 수 있어서 많은 응용 분야에 적용된다. 이런 형태의 필터를 설계할 때 준집중 소자의 크기가 설계하고자 하는 주파수의 파장에 관계가 있으므로 주의해야 한다. 즉, 집중소자의 크기가 제한이 있다. 고역통과 필터의 간단한 형태는 직렬 캐패시터로 구성되는 것이다. 그리고, 고역통과 필터의 선택도를 높이기 위해 많은 소자가 필요하다. 이런 고역통과 필터는 그림 3.26(a)에서처럼 집중소자 저역통과 원형필터로부터 설계된다.

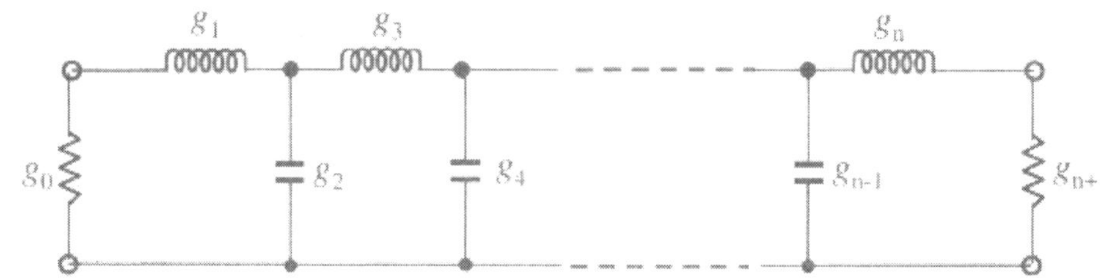

(a) 저역통과 원형필터

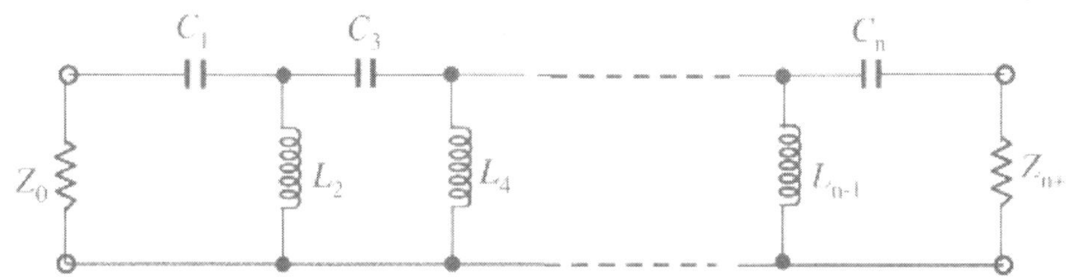

(b) 저역통과 원형필터로부터 고역통과 필터로의 변환

그림 3.26 고역통과 필터 등가회로도

여기서, g_i 는 저역통과 차단 주파수 Ω_c 일 때 종단 임피던스 Z_0 로 정규화된 소자값이다. 주파수 변환을 적용하면

$$\Omega = -\frac{\omega_c \Omega_c}{\omega} \tag{3.47}$$

여기서, Ω 와 ω 는 저역통과 필터의 각 주파수 변수이고, ω_c 는 고역통과 필터의 차단 주파수이다. 저역통과 원형필터에서 직렬 인덕티브 소자는 고역통과 필터에서 직렬 캐패시티브 소자로 변환된다. 이때 캐패시턴스 값은

$$C_i = \frac{1}{Z_0 \omega_c \Omega_c g_i} \tag{3.48}$$

반면, 저역통과 원형필터에서 병렬 캐패시티브 소자는 고역통과 필터에서 병렬 인덕티브 소자로 변환된다. 이때 인덕턴스 값은

$$L_i = \frac{Z_0}{\omega_c \Omega_c g_i} \tag{3.49}$$

마이크로스트립으로 준집중 소자 고역통과 필터 설계의 예를 들어보고자 한다. 통과대역 리플 0.1dB 를 갖고 차단 주파수 $f_c = 1.5\,GHz\,(\omega_c = 2\pi f_c)$ 를 갖는 3단 고역통과 마이크로스트립 필터를 설계해 보자. 체비셰브 저역통과 원형필터의 정규화된 소자값은 $\Omega_c = 1$ 일 때, $g_0 = g_4 = 1.0$, $g_1 = g_3 = 1.0316$, $g_2 = 1.1474$ 이다. 고역통과 필터는 $Z_0 = 50\,ohm$ 이 되기 위해 종단도 $50\,ohm$ 으로 설계한다. 식(3.48)과 식(3.49)를 이용하여

$$C_1 = C_3 = \frac{1}{Z_0 \omega_c \Omega_c g_1} = \frac{1}{50 \times 2\pi \times 1.5 \times 10^9 \times 1.0316} = 2.0571 \times 10^{-12} F$$

$$L_2 = \frac{Z_0}{\omega_c \Omega_c g_2} = \frac{50}{2\pi \times 1.5 \times 10^9 \times 1.1474} = 4.6236 \times 10^{-9} H$$

그림 3.26(b)는 준집중 소자를 이용한 고역통과 필터의 구조를 보여 준다. 여기서, 직렬 캐패시터 C_1 과 C_3 은 두 개의 이상적인 인터디지탈 캐패시터로 표현되어 있고, 병렬 인덕터 L_2 는 단락회로의 스터브로 표현되어 있다.

마이크로스트립 고역통과 필터에 사용된 기판(RT/D 5880)은 상대 유전율이 2.2 이고, 두께가 1.57mm 이다. 다음으로 핑거의 폭, 길이, 간격과 개수 같은 인터디지탈의 치수를 결정해야 한다. EM 시뮬레이션은 인터디지탈 캐패시터의 2-포트 어드미턴스 변수를 구할 수 있다. 원하는 치수는 차단 주파수 f_c 에서 어드미턴스 변수 $Y_{12} = Y_{21}$ 를 $-j\omega_c C_1$ 으로 등가화시켜서 찾을 수 있다. 이런 접근 방법으로 결정된 인터디지탈

캐패시터는 10개의 핑거를 갖고, 10mm의 길이와 0.3mm의 폭, 0.2mm의 간격을 갖는다. 단락회로 스터브의 치수는 폭이 W, 길이 l 일 때 다음 식으로 구할 수 있다.

$$jZ_c \tan\left(\frac{2\pi}{\lambda_{gc}} l\right) = j\omega_c L_2 \tag{3.50}$$

여기서, 기판의 선로 폭이 W 일 때, Z_c 는 스터브 선로의 특성 임피던스이고, λ_{gc} 는 차단 주파수 f_c 일 때의 관내 파장이다. 식(3.50)의 왼쪽 항은 단락회로 전송선로의 입력 임피던스이다. 선로 폭이 $W = 2.0\,mm$ 로 주어지면 $Z_c = 84.619\,ohm$, $\lambda_{gc} = 149.66\,mm$ 로 계산된다. 그러므로 식(3.50)에서 $l = 11.327\,mm$ 이므로 $1.5\,GHz$ 에서 전기적 길이 27.25° 가 등가화된다. 비록 단락회로 스터브의 길이가 차단 주파수에서 이상적인 인덕터를 갖는 리액턴스로 정합(matching)되어도 $3\,GHz$ 에서 설계된 이상적인 집중 소자보다 약 36% 큰 리액턴스 값을 가져야 한다. 일반적으로 말해서, 광대역 주파수를 갖는 집중소자 인덕터가 적용이 유리하고, 가능한 짧은 단락회로 스터브를 갖도록 설계하는 것이 필수적이다. 그리고 좁은 선폭은 high 임피던스를 발생시킨다.

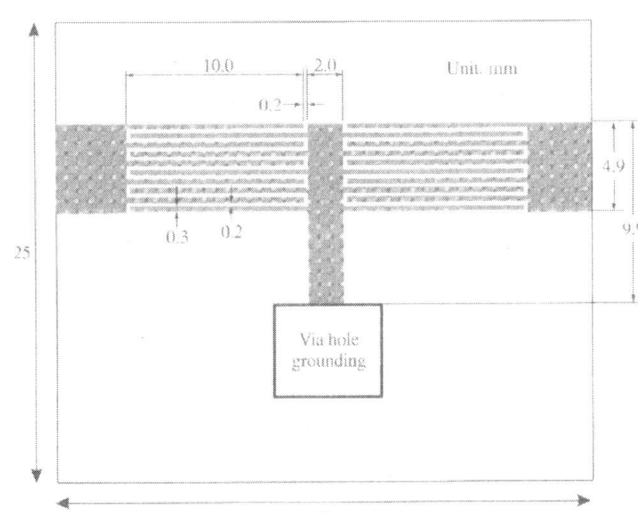

(a) 필터의 치수

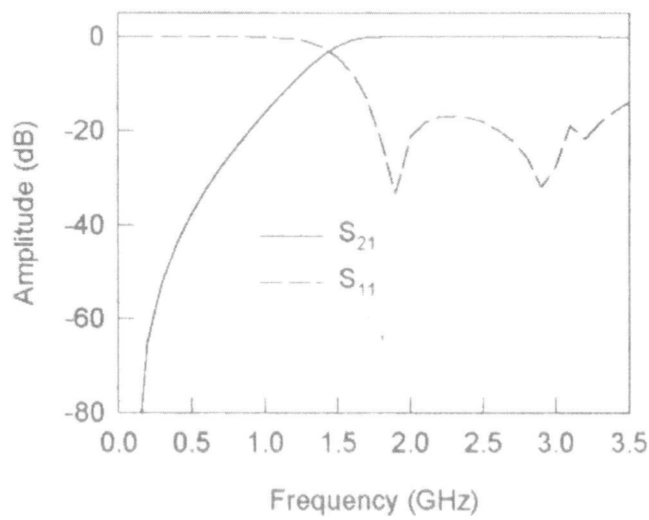

(b) EM 시뮬레이션 결과

그림 3.27 준집중 소자를 이용한 고역통과 필터의 예

3.3.2 최적(Optimum) 분포(Distributed) 고역통과 필터

고역통과 필터는 동일한 전기적 길이의 전송선로 소자를 갖는 분포소자로 구성할 수 있다. 주기적인 주파수 응답을 갖는 이런 구조는 광대역 대역통과 스터브 필터가 모조(pseudo) 고역통과 필터로 이용된다. 이것은 필터의 단위소자(connection line)가 중복(redundant)되므로 필터 고유의 특성이 완전히 이용되는 것은 아니다. 이런 이유로, 다른 형태의 분포소자를 이용한 고역통과 필터를 논의할 것이다. 이런 형태의 필터가 그림 3.28(a)에 나타나 있다. 이런 필터는 어떤 특정 주파수 f_c (고역통과 필터의 차단 주파수)에서 전기적 길이 θ_c 를 갖는 병렬 단락회로가 다단으로 구성된다. 그리고 전기적 길이 $2\theta_c$ 인 연결선로(단위 소자)로 분리가 된다. 비록 필터가 n개의 스터브로 구성되지만, 고역통과 응답이 $2n-1$을 갖는 $2n-1$차 삽입 함수를 갖는다. 그러므로 그림 3.28(a)의 스터브 필터는 급속한 차단 주파수를 갖고, 최적의 분별도를 갖는다.

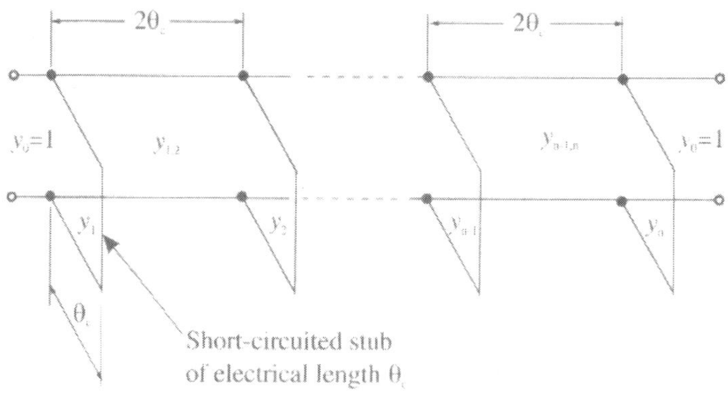

(a) 스터브 필터

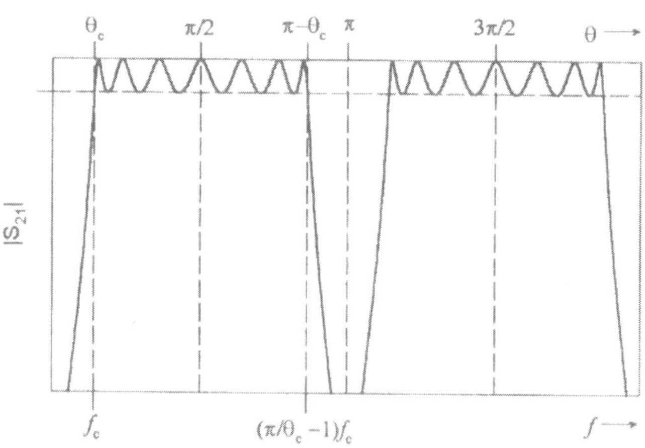

(b) 전형적인 필터 특성

그림 3.28 최적 분포 고역통과 필터

그림 3.28(b)는 이런 필터의 전형적인 전송선로 특성을 나타내고 있다. 여기서, f 는 주파수 변수이고, θ 는 전기적 길이다.

$$\theta = \theta_c \frac{f}{f_c} \tag{3.51}$$

고역통과에서 필터는 θ_c 에서 차단을 갖고, $\theta_c \sim \pi - \theta_c$ 에서 최초의 통과대역을 갖는다. 고조파(harmonic) 통과대역은 주기적으로 발생하며, 그 중심 주파수는 $\theta = 3\pi/2,\ 5\pi/2,\ \cdots$, 이다. 감쇄극의 위치는 $\theta = \pi,\ 2\pi,\ \cdots$, 이다. 그림 3.28(a)에서 필터의 특성은 다음의 변환 함수로 표현할 수 있다.

$$|S_{21}(\theta)|^2 = \frac{1}{1+\varepsilon^2 F_N^2(\theta)} \tag{3.52}$$

여기서, ε 은 통과대역 리플 상수이고, θ 는 식(3.51)에 의해 정의된 전기적 길이이며, F_N은 다음과 같은 필터 함수이다.

$$F_N(\theta) = \frac{\left(1+\sqrt{1-x_c^2}\right) T_{2n-1}\left(\dfrac{x}{x_c}\right) - \left(1-\sqrt{1-x_c^2}\right) T_{2n-3}\left(\dfrac{x}{x_c}\right)}{2\cos\left(\dfrac{\pi}{2}-\theta\right)} \tag{3.53}$$

여기서, n 은 단락회로 스터브의 개수이다.

$$x = \sin\left(\frac{\pi}{2}-\theta\right), \qquad x_c = \sin\left(\frac{\pi}{2}-\theta_c\right) \tag{3.54}$$

그리고 $T_n(x) = \cos(n\cos^{-1}x)$ 는 n 차를 첫 번째 항으로 갖는 체비셰브 함수이다.

이론적으로 이런 고역통과 필터는 θ_c 가 저주파일 때 첫 번째 넓은 통과대역을 갖는다. 어쨌든, 단락회로 스터브 때문에 높은 임피던스를 가져야 한다. 게다가, 특정 스터브 필터 설계는 광대역 부분에 많이 응용된다. 표 3.15는 2~6개의 스터브를 갖고 $\theta_c = 25^\circ$, 30°, 35° 에서 통과 대역 리플 $0.1\,dB$ 를 갖는 특정한 고역통과 필터를 설계하기 위한 전형적인 소자 값이다. 표 3.15의 소자 값은 전송선로에서 특성 어드미턴스로 정규화되어 있고, 특성 선로 임피던스의 결합인 종단 임피던스 Z_0 는 다음 식으로 결정할 수 있다.

$$Z_i = \frac{Z_0}{y_i} \tag{3.55}$$

$$Z_{i,i+1} = \frac{Z_0}{y_{i,i+1}}$$

표 3.15 리플 0.1dB를 갖는 최적분포 고역통과 필터의 소자 값

n	θ_c	y_1 y_n	$y_{1,2}$ $y_{n-1,n}$	y_2 y_{n-1}	$y_{2,3}$ $y_{n-2,n-1}$	y_3 y_{n-2}	$y_{3,4}$
2	25°	0.15436	1.13482				
	30°	0.22070	1.11597				
	35°	0.30755	1.08967				
3	25°	0.19690	1.12075	0.18176			
	30°	0.28620	1.09220	0.30726			
	35°	0.40104	1.05378	0.48294			
4	25°	0.22441	1.11113	0.23732	1.10361		
	30°	0.32300	1.07842	0.39443	1.06488		
	35°	0.44670	1.03622	0.60527	1.01536		
5	25°	0.24068	1.10540	0.27110	1.09317	0.29659	
	30°	0.34252	1.07119	0.43985	1.05095	0.48284	
	35°	0.46895	1.02790	0.66089	0.99884	0.72424	
6	25°	0.25038	1.10199	0.29073	1.08725	0.33031	1.08302
	30°	0.35346	1.06720	0.46383	1.04395	0.52615	1.03794
	35°	0.48096	1.02354	0.68833	0.99126	0.77546	0.98381

설계 예

최적분포 고역통과 필터 설계의 예를 들어 보고자 한다. $6.5\,GHz$ 에서 통과대역 리플 0.1dB 를 갖고 차단 주파수 $f_c = 1.5\,GHz\,(\omega_c = 2\pi f_c)$ 를 갖는 필터를 설계해 보자. 그림 3.28(b)에서처럼 전기적 길이 θ_c 는

$$\left(\frac{\pi}{\theta_c} - 1\right) f_c = 6.5$$

$\theta_c = 0.589$ 라디안 또는 $\theta_c = 33.75^\circ$ 로 주어진다. 필터가 6개의 단락 회로 스터브를 갖는다고 가정하면, 표 3.15에서 $n = 6$과 $\theta_c = 30^\circ$ 의 소자 값을 선택할 수 있고, 통과대역이 넓을 때 전기적 길이가 짧아짐으로 $7.5\,GHz$ 에서 넓은 통과대역을 갖는다. 다른 방법으로는, 표에 있는 소자 값으로부터 보간법으로 $\theta_c = 33.75^\circ$ 일 때 소자 값을 구할 수 있다. $n = 6$ 과 $\theta_c = 33.75^\circ$ 일 때 소자 값 y_i 를 계산하면

$$y_1 = 0.35346 + \frac{(0.48096 - 0.35346)}{5} \times 3.75 = 0.44909$$

유사한 방법으로 소자 값을 구하면

$$y_{1,2} = 1.03446,\ y_2 = 0.63221,\ y_{2,3} = 1.00443,\ y_3 = 0.71313,\ y_{3,4} = 0.99734$$

이 필터의 종단은 $Z_0 = 50\,ohms$ 으로 되어 있다. 식(3.55)를 이용하여, 선로 소자의 특성 임피던스를 구하면

$$Z_1 = Z_6 = 111.3\,ohms,\ Z_2 = Z_5 = 79.1\,ohms,\ Z_3 = Z_4 = 70.1\,ohms$$

$$Z_{1,2} = Z_{5,6} = 48.3\,ohms,\ Z_{2,3} = Z_{4,5} = 49.8\,ohms,\ Z_{3,4} = 50.1\,ohms$$

이 필터에 사용된 기판은 상대 유전율이 2.2 이고, 두께가 1.57mm 이다. 필터의 초기 치수는 차단 주파수에서 요구되는 전기적 길이와 특성 임피던스를 알면 마이크로스트립 설계 방정식을 이용하여 쉽게 결정할 수 있다. 여기서 모든 스터브는 $\theta_c = 33.75^\circ$ 를 갖고, 모든 연결 선로에서 $2\theta_c = 67.5^\circ$ 를 갖는다. 모든 결정된 치수를 가지고 구현한 최종 치수가 그림 3.29(a)에 나타나 있다. 여기서 최종 치수는 모든 불연속 효과를 감안하였고, 모든 연결선로는 $50\,ohm$ 의 특성 임피던스를 갖도록 하였다. 그림 3.29(b)가 필터를 시뮬레이션 한 결과이다. 우리는 설계된 통과대역에서 11차 또는 $2n-1$개

의 리플을 갖는 필터 주파수 응답을 알 수 있다.

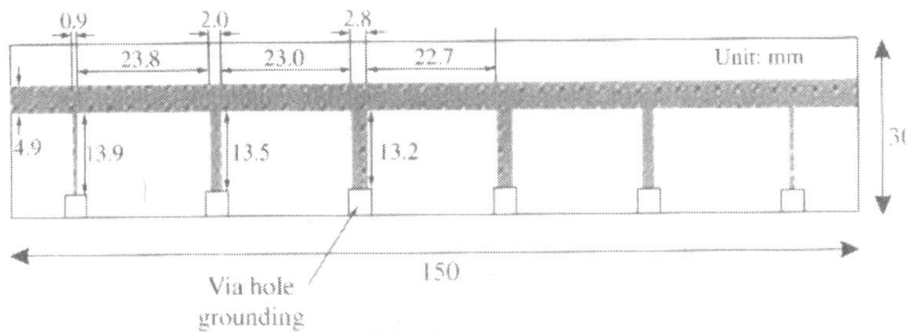

(a) 필터의 치수

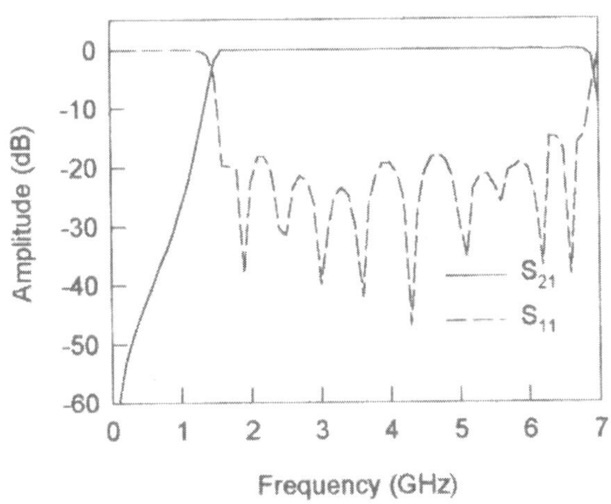

(b) EM 시뮬레이션 결과

그림 3.29 마이크로스트립 최적 고역통과 필터의 예

3.4 대역저지 필터

3.4.1 협대역(Narrow-Band) 대역저지 필터

그림 3.30은 TEM 또는 준TEM 협대역 대역저지 필터의 두 가지 형태이다. 그림 3.30(a)에서 주된 전송선로는 반파장 공진기에서 전기적으로 결합되어 있고, 반면 그림

3.30(b)에서는 반파장 공진기가 자기적으로 결합되어 있다. 다른 경우에는 공진기가 1/4 관내파장만큼 떨어진 구조로 되어 있다. 만일, 반파장 또는 단선회로 공진기로 설계되어야 한다면 하나의 종단 단락회로를 갖는 단락회로나 1/4 파장 공진기로 바꿔야 한다. 협대역 대역저지 필터를 설계하는 간단하고 일반적인 방법은 공진기에서 리액턴스/서셉턴스 기울기 변수를 이용하는 것이다. 저역통과 원형필터는 대역저지 필터로 변환이 가능하고, 저역통과로부터 대역저지로의 특성 변환은 주파수 사상으로 가능하다.

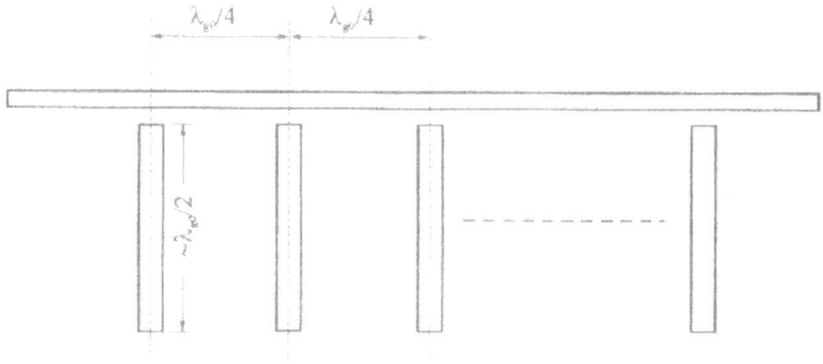

(a) 전기적(electric) 결합

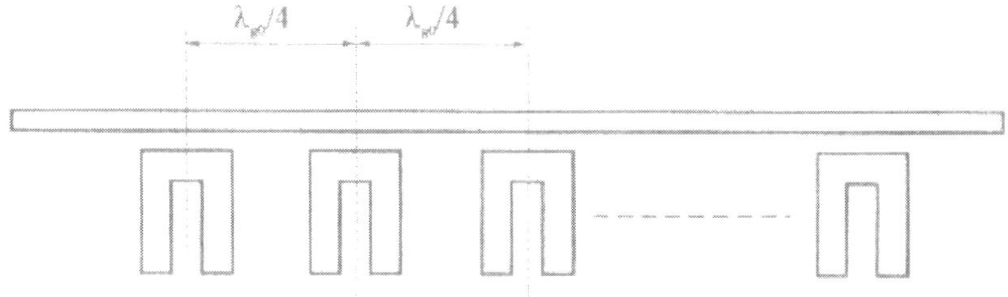

(b) 자기적(magnetic) 결합

그림 3.30 TEM 또는 준TEM 협대역 대역저지 필터

$$\Omega = \frac{\Omega_c FBW}{\left(\dfrac{\omega}{\omega_0} - \dfrac{\omega_0}{\omega}\right)} \tag{3.56}$$

$$\omega_0 = \sqrt{\omega_1 \omega_2}$$

$$FBW = \frac{\omega_2 - \omega_1}{\omega_0}$$

여기서, ω 는 저역통과 원형필터의 정규화된 주파수 변수이고, Ω_c 는 차단 주파수이며, FBW는 대역저지 필터의 대역폭으로 중심 주파수이다. 대역 가장자리 주파수 ω_1 과 ω_2 는 그림 3.31에 표시되어 있다. 그림 3.30의 두 가지 형태의 대역저지 필터의 등가회로는 그림 3.32에 나타나 있다. 여기서, Z_0 는 종단 임피던스이고, Y_0 는 어드미턴스이다. Z_U 와 Y_U 는 이미턴스 인버터의 특성 임피던스와 어드미턴스이다. 인던턴스 L_i 와 캐패시턴스 C_i 를 포함한 모든 회로변수는 저역통과 원형소자로부터 정의할 수 있다. 그림 3.32(a)는

$$\left(\frac{Z_U}{Z_0}\right)^2 = \frac{1}{g_0 g_{n+1}} \tag{3.57a}$$

$$x_i = \omega_0 L_i = \frac{1}{\omega_0 C_i} = Z_0 \left(\frac{Z_U}{Z_0}\right)^2 \frac{g_0}{g_i \Omega_c FBW} \qquad i = 1 \sim n \text{ 일 때}$$

여기서, g_i 는 저역통과 원형필터의 소자 값이고, x_i 는 병렬로 연결된 직렬 공진기의 리액턴스 기울기 변수이다. 그림 3.32(b)에서

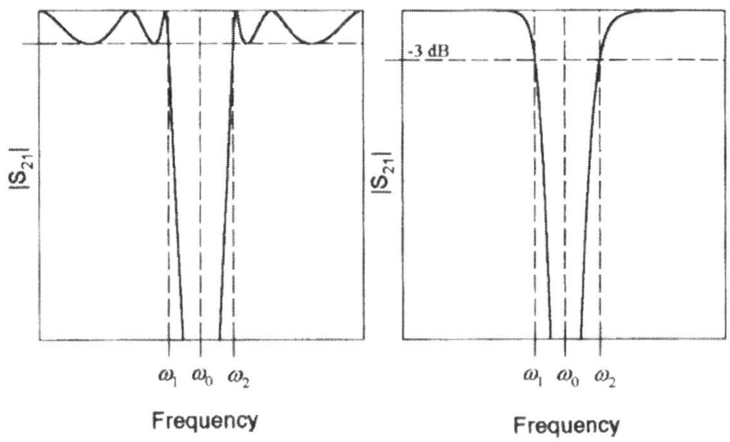

(a) 체비셰브 특성 (b) 버터워드 특성

그림 3.31 대역저지 필터 특성

$$\left(\frac{Y_U}{Y_0}\right)^2 = \frac{1}{g_0 g_{n+1}} \tag{3.57b}$$

$$b_i = \omega_0 C_i = \frac{1}{\omega_0 L_i} = Z_0 \left(\frac{Y_U}{Y_0}\right)^2 \frac{g_0}{g_i \Omega_c FBW} \qquad i = 1 \sim n \text{ 일 때}$$

여기서, b_i 는 직렬로 연결된 병렬 공진기의 서셉턴스 기울기 변수이다.

원하는 리액턴스/서셉턴스 기울기 변수는 식(3.57)을 이용하여 쉽게 결정할 수 있다. 다음으로 그림 3.30과 같이 요구되는 기울기 변수를 갖는 마이크로파 대역저지 공진기를 설계해야 한다. 실제적이고 일반적인 설계방법은 EM 시뮬레이션을 사용하거나 경험적으로 제시된 마이크로파 대역저지 공진기의 기울기 변수를 활용하는 것이다.

2-포트 회로망에서 그림 3.32(a)처럼 $Z = j\omega L + 1/(j\omega C)$ 을 갖는 단일 병렬지로(branch)를 고려해 보자. 이 병렬지로는 $\omega_0 = 1/\sqrt{LC}$ 에서 공진하고, 리액턴스 기울기 변수 $x = \omega_0 L$ 을 갖는다. 2-포트 회로망에서 Z_0 를 갖는 종단 전송선로 변수는 다음과 같다.

$$S_{21} = \frac{1}{1 + \frac{Z_0}{2Z}} \tag{3.58}$$

$\omega = \omega_0 + \Delta\omega$ 이다. 협대역의 경우는 $\Delta\omega \ll \omega_0$ 이다. 그러므로 병렬 임피던스는 대략

$$Z \approx j\omega_0 L\left(\frac{2\Delta\omega}{\omega_0}\right) \tag{3.59}$$

$(\omega/\omega_0 - \omega_0/\omega) \approx 2\Delta\omega/\omega_0$ 로 치환하면, 식(3.58)는

$$|S_{21}| = \frac{1}{\sqrt{1 + \left[\frac{1}{4\left(\frac{x}{Z_0}\right)}\frac{\omega_0}{\Delta\omega}\right]^2}} \tag{3.60}$$

$\omega = \omega_0$ 또는 $\Delta\omega = 0$ 일 때 공진이 발생하고, 이때 공진 병렬지로가 전송선로에서 연결되면서 감쇄극을 형성시켜 $|S_{21}| = 0$ 이 된다. 주파수 변이는

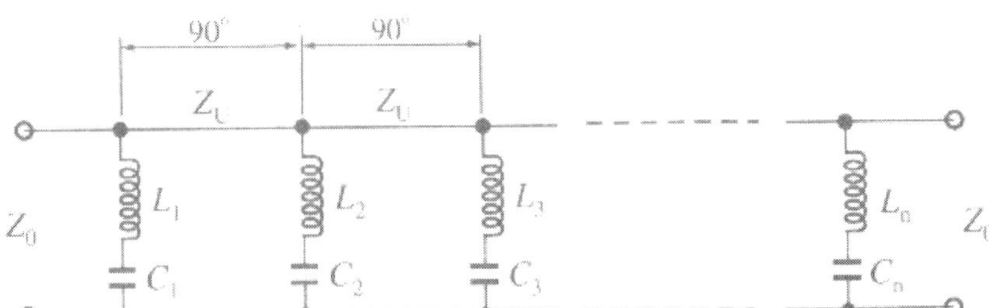

(a) 병렬로 연결된 직렬 공진기

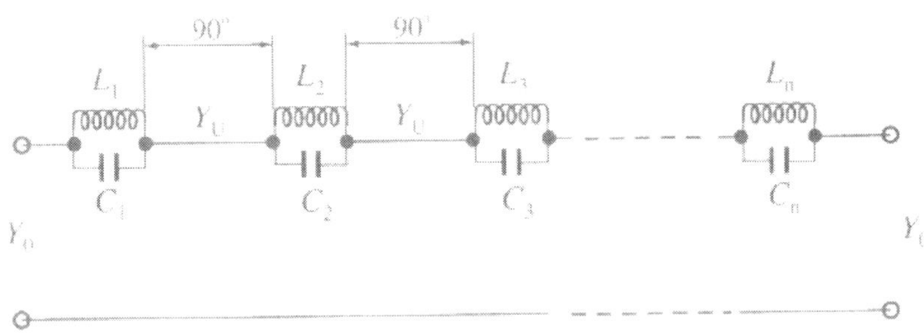

(b) 직렬로 연결된 병렬 공진기

그림 3.32 저역통과 필터의 등가회로

$$\frac{1}{4\left(\frac{x}{Z_0}\right)}\frac{\omega_0}{\Delta\omega_{\pm}}=\pm 1 \tag{3.61}$$

$|S_{21}|$의 값은 0.707 또는 -3dB 를 갖는다. 식(3.61)에서 3dB 대역폭을 정의할 수 있다.

$$\Delta\omega_{3dB}=\Delta\omega_{+}-\Delta\omega_{-}=\frac{\omega_0}{2\left(\frac{x}{Z_0}\right)} \tag{3.62}$$

따라서,

$$\left(\frac{x}{Z_0}\right)=\frac{\omega_0}{2\Delta\omega_{3dB}}=\frac{f_0}{2\Delta f_{3dB}} \tag{3.63}$$

이 방정식은 마이크로파 대역저지 공진기의 주파수 응답에서 정규화된 리액턴스 기울기 변수와 관계가 있어서 많이 사용된다. EM 시뮬레이션이나 측정으로도 쉽게 구할 수 있다. 만일 3dB 대역폭이 아닌 다른 감쇄 대역폭은 리액턴스 기울기 변수를 정규화하여 구현할 수 있다. 즉, 원하는 감쇄 대역폭과 식(3.61)~식(3.63)과 유사한 단계로 계산하여 정규화된 리액턴스 기울기 변수의 상관관계를 고려한다면 가능하다.

유사하게, 서셉턴스 기울기 변수를 얻기 위해 2-포트 회로망에서 그림 3.32(b)처럼 $Y=j\omega C+1/(j\omega L)$을 갖는 단일 병렬지로를 고려해 보자. 이 직렬 지로는 $\omega_0 = 1/\sqrt{LC}$ 에서 공진하고, 리액턴스 기울기 변수 $b=\omega_0 C$ 을 갖는다. 2-포트 회로망에서 Y_0 를 갖는 종단 전송선로 변수는 다음과 같다.

$$S_{21} = \frac{1}{1+\dfrac{Y_0}{2Y}} \tag{3.64}$$

협대역에서 적용하기 위해 식(3.64)의 진폭은

$$S_{21} = \frac{1}{\sqrt{1+\left[\dfrac{1}{4\left(\dfrac{b}{Y_0}\right)}\dfrac{\omega_0}{\Delta\omega}\right]^2}} \tag{3.65}$$

여기서, $\omega = \omega_0 + \Delta\omega$ 를 이용하여 $(\omega/\omega_0 - \omega_0/\omega) \approx 2\Delta\omega/\omega_0$ 이 된다. $\omega=\omega_0$ 또는 $\Delta\omega = 0$일 때 공진이 발생하고, 이때 공진 직렬지로가 전송선로에서 막히면서 감쇄극을 형성시켜 $|S_{21}|=0$ 이 된다. 주파수 변이는

$$\frac{1}{4\left(\dfrac{b}{Y_0}\right)}\frac{\omega_0}{\Delta\omega_{\pm}} = \pm 1 \tag{3.66}$$

$|S_{21}|$ 의 값은 0.707 또는 -3dB 를 갖는다. 식(3.66)에서 3dB 대역폭을 정의할 수 있다.

$$\Delta\omega_{3dB} = \Delta\omega_{+} - \Delta\omega_{-} = \frac{\omega_0}{2\left(\dfrac{b}{Y_0}\right)} \tag{3.67}$$

$$\left(\frac{b}{Y_0}\right)= \frac{\omega_0}{2\Delta\omega_{3dB}}= \frac{f_0}{2\Delta f_{3dB}} \tag{3.68}$$

식(3.63)과 유사하게 식(3.68)은 마이크로파 대역저지 공진기의 정규화된 서셉턴스 기울기 변수를 얻는 데 유용하다.

설계 예

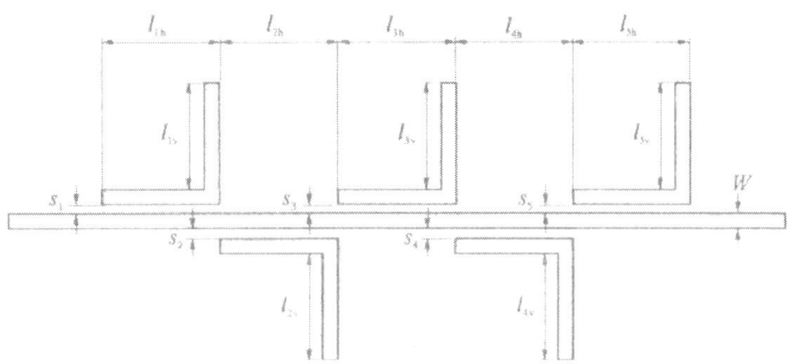

그림 3.33 L 모양을 갖는 마이크로스트립 협대역 대역저지 필터

그림 3.33에 설계된 마이크로스트립 대역저지 필터는 통과대역 리플 0.1dB 를 갖는 5단 체비셰브 저역통과 원형필터로부터 설계되었다. 마이크로스트립 대역저지 필터는 전기적으로나 자기적으로 중심선로에 결합되는 L 모양의 공진기를 사용하였다. 등리플(0.1dB)을 갖는 대역의 가장자리 주파수는 $f_1 = 3.3\,GHz$ 와 $f_2 = 3.5\,GHz$ 이다. 그러므로 식(3.56)에 의해 저지대역의 중심 주파수는 $f_0 = 3.3985\,GHz$ 이고, $FBW = 0.0588$ 이다. 저역통과 원형필터의 정규화된 소자 값은 $\Omega_c = 1$ 일 때, $g_0 = g_6 = 1.0$, $g_1 = g_5 = 1.1468$, $g_2 = g_4 = 1.3712$, $g_3 = 1.9750$ 이다. 식(3.57a)를 이용하여 계산된 설계 값은

$$Z_U = Z_0 \qquad \frac{x_1}{Z_0} = \frac{x_5}{Z_0} = 14.8170$$

$$\frac{x_3}{Z_0} = 8.6038 \qquad \frac{x_2}{Z_0} = \frac{x_4}{Z_0} = 12.3924$$

여기서, $Z_0 = 50\,ohms$ 이다. 이 마이크로스트립 설계에 사용된 기판은 상대 유전율이 10.8이고, 두께가 1.27mm 이다. 50 ohm이 되는 중심선로의 폭은 $W = 1.1\,mm$ 이다. 또한, L 공진기의 폭을 1.1mm 로 고정시켰다. f_0 에서 관내파장이 반 파장을 갖는 공진기의 길이는 $l_h = 8.9\,mm$ 와 $l_v = 7.9\,mm$ 이다. 단일 L 공진기와 중심선로 사이의 간격 s 에서 발생되는 서로 다른 결합 값은 EM 시뮬레이터로 시뮬레이션 하였다. 정규화된 리액턴스 기울기 변수는 식(3.63)에 의해 결정하였다. 시뮬레이션 된 주파수 응답과 정규화된 리액턴스 기울기 변수 추출값을 그림 3.34에 나타냈다. 여기서 결정된 결합간격은 $s_1 = s_5 = 0.292\,mm$, $s_2 = s_4 = 0.221\,mm$, $s_3 = 0.102\,mm$ 이다.

그림 3.35(a)는 제작된 마이크로스트립 대역저지 필터의 사진이다. 그림 3.35(b)는 측정값과 시뮬레이션을 한 그래프이다. 두 그래프가 일치하는 결과를 보이고 있다. 측정 시 방사를 줄이기 위해 구리로 함체를 만들어 측정하였고, 반면에 중심대역 근처의 저지대역 감쇄 특성은 저하되어 있다. 또한, 주파수 보정(tuning)은 제작상의 오차를 보정하기 위해 대역저지 필터의 협대역 부분을 하였다. 즉, 각 공진기의 길이 l_v 를 약간 깎아 다듬었다.

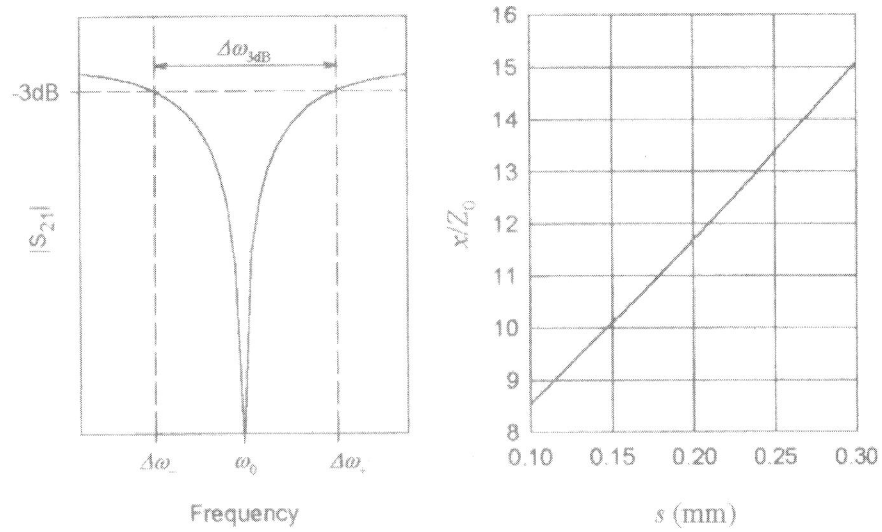

그림 3.34; (a) 중심선로에서 커플링 되는 단일 마이크로스트립 L 공진기 시뮬레이션 주파수 응답
(b) 커플링 간격과 정규화된 리액턴스 기울기 변수와의 관계

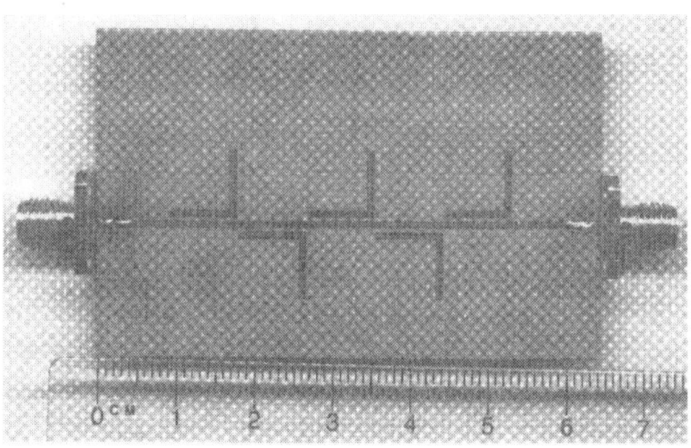

(a) 제작된 사진

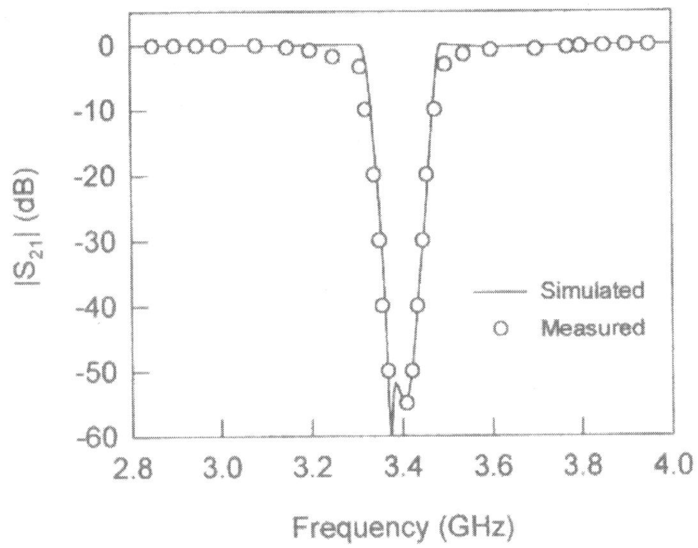

(b) 측정 및 시뮬레이션 그래프

그림 3.35 제작된 마이크로스트립 대역저지 필터

3.4.2 단선회로 스터브를 갖는 대역저지 필터

그림 3.36(a)는 단선회로(open-circuited) 스터브를 갖는 대역저지 필터의 전송선로망이다. 여기서 병렬 1/4 파장을 갖는 단선회로 스터브는 저지대역의 중심 주파수보다 긴 1/4 파장을 갖는 단위소자(연결선로)로 분리가 된다. 필터의 특성은 단선회로 스터브인 특성 임피던스 Z_i 와 단위소자인 특성 임피던스 $Z_{i,\,i+1}$, 또한 두 개의 종단 임피던스 Z_A와 Z_B에 의해 설계된다. 이론적으로 이런 필터는 특정한 저지대역의 폭을 가지고 설계할 수 있다. 어쨌든, 단선회로 스터브의 특정 임피던스는 저지대역의 폭이 좁을 때 높아진다. 그러므로, 이런 저지대역 필터는 저지대역의 폭이 넓을 때 안정적으로 설계된다. 이런 필터의 설계는 사다리형 저역통과 원형필터(체비셰브 응답을 갖는)로부터 시작된다. 그러므로 주파수 사상을 이용하여

$$\Omega = \Omega_c \alpha \tan\left(\frac{\pi}{2}\frac{f}{f_0}\right) \tag{3.69}$$

$$\alpha = \cot\left[\frac{\pi}{2}\left(1 - \frac{FBW}{2}\right)\right]$$

여기서, Ω 와 Ω_c 는 정규화된 주파수 변수와 저역통과 원형필터의 차단 주파수이다. f 와 f_0 는 주파수 변수와 대역저지 필터의 중심 주파수이다. FBW를 구하면

$$FBW = \frac{f_2 - f_1}{f_0} \qquad f_0 = \frac{f_1 + f_2}{2} \tag{3.70}$$

f_1 과 f_2 는 대역의 가장자리 주파수이다. 이 대역저지 필터는 f_0 의 기수(odd) 배만큼 주기적으로 스프리어스를 갖는다. 즉, $\lambda_{g0}/4$ 보다 긴 병렬 단선회로 스터브가 기수 배만큼 중심 선로에 단락되어 있기 때문에 저지대역에서 스프리어스를 발생시킨다. 여기서, λ_{g0} 는 주파수 f_0 에서의 관내파장이다. 식(3.69)의 주파수 사상은 Richards' 변환이다. 식(3.69)에서 저역통과 원형필터의 병렬(캐패시티브) 소자는 대역저지 필터로 사상될 때 병렬(단선회로) 스터브가 되고, 직렬(인덕티브) 소자는 직렬(단락회로) 스터브가 된다. 직렬 단락회로 스터브는 Kuroda's 동일성에 의해 대역저지 필터의 전송선로로 바뀌게 된다. 설계를 하기위해 그림 3.37(a)와 같은 6단의 사다리형 저역통과 원형필터를 생각해 보자. 여기서, $g_i(i = 0 \sim n+1)$ 는 정규화된 저역통과 소자이다. 식(3.69)를 이용하면 원형필터의 병렬 캐패시터와 직렬 인덕터는 그림 3.37(b)와 같은 전송선로로 바뀌게 된다. 여기서, y'_i 는 병렬 단선회로 스터브의 정규화된 특성 어드미턴스이다.

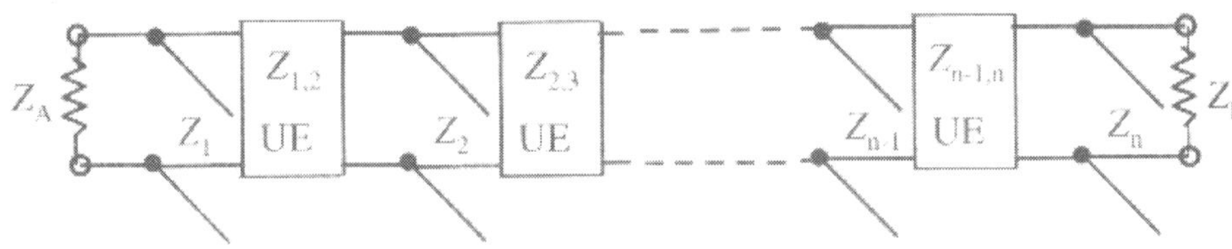

(a) 전송선로망 표현

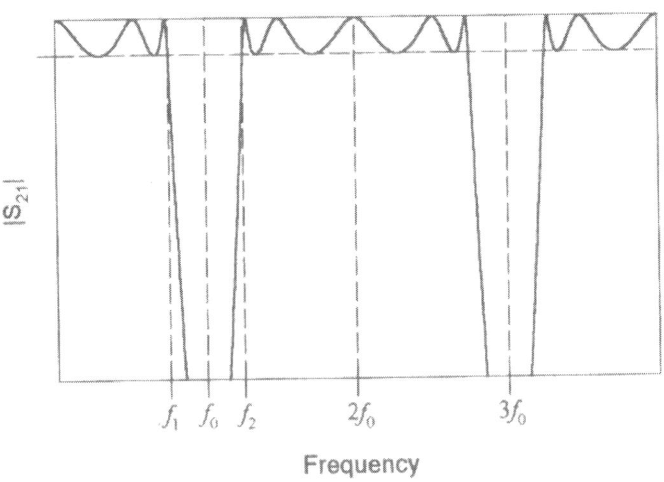

(b) 중심 주파수 f_0 와 대역의 가장자리 주파수 f_1 과 f_2 에서의 주파수 특성($f_1 < f_0 < f_2$)

그림 3.36 단선회로 스터브를 갖는 대역저지 필터

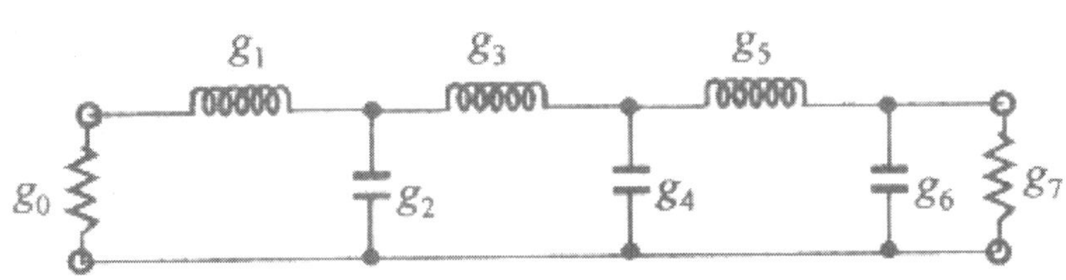

(a) 6차 저역통과 원형필터

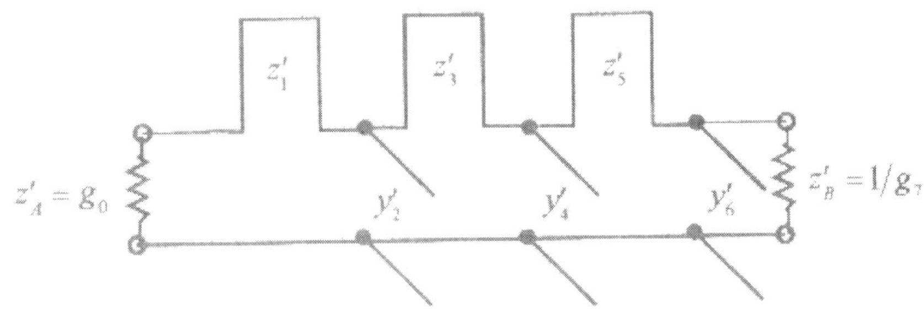

(b) 주파수 사상 적용 후

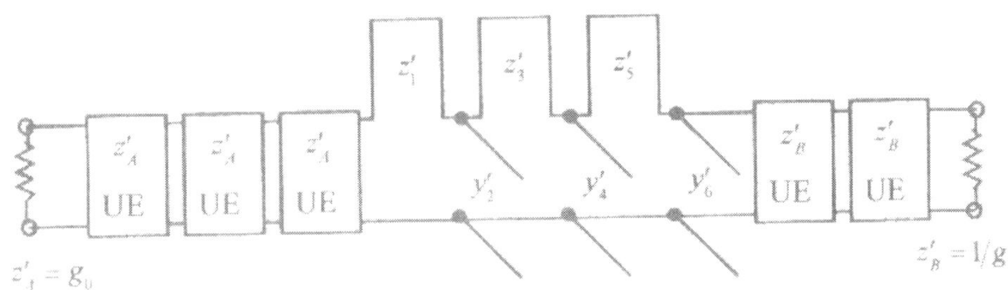

(c) 두 개의 종단선로로 단위소자를 이동시킨 후

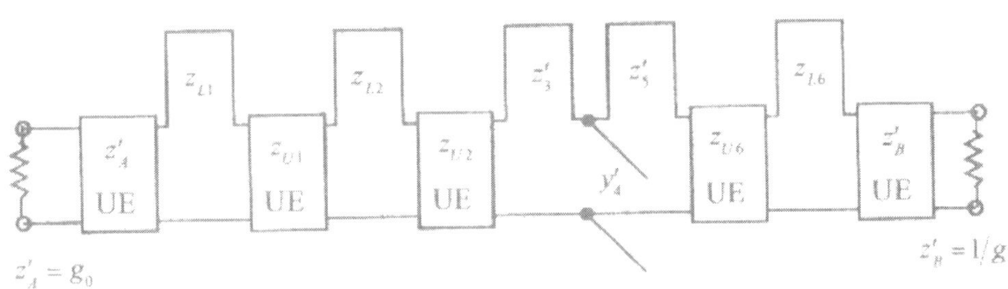

(d) Kuroda's 동일성 적용 후

그림 3.37 저역통과 원형필터에서 대역저지 전송선로 필터로 변환하는 과정

$$y'_i = \Omega_c \alpha g_i \qquad i = 2, 4, 6 \text{ 일 때} \tag{3.71a}$$

z'_i 는 직렬 단락회로의 정규화된 특성 임피던스이다.

$$z'_i = \Omega_c \alpha g_i \qquad i = 1, 3, 5 \text{ 일 때} \tag{3.71b}$$

모든 스터브는 $\lambda_{g0}/4$ 보다 길고, $\lambda_{g0}/4$ 는 주파수 f_0 에서의 관내 파장이다.

세 개의 직렬 단선회로 스터브를 이동시키기 위해, 세 개의 정규화된 단위소자인 z'_A 를 정규화된 종단 임피던스 z'_A 의 왼쪽에 위치시킨다. 유사하게, 정규화된 특성 임피던스 z'_B를 갖는 두 개의 단위소자는 정규화된 종단 임피던스 z'_A 의 오른쪽에 위치시킨다. 그림 3.37(c)가 최종 회로도이다. 어쨌든, Kuroda's 동일성을 적용하기 위한 변환 방정식은

$$y_{C0} = \frac{z'_1}{z'_A(z'_A + Z'_1)}, \qquad z_{U0} = z'_A + z'_1 \tag{3.72}$$

$$z_{L6} = \frac{z'^2_B y'_6}{1 + z'_B y'_6}, \qquad z_{U6} = \frac{1 + z'_B}{1 + z'_B y'_6}$$

$$z_{L2} = \frac{z^2_{U0} y'_2}{1 + z_{U0} y'_2}, \qquad z_{U2} = \frac{z_{U0}}{1 + z_{U0} y'_2}$$

$$z_{L1} = \frac{z'^2_A y_{C0}}{1 + z'_A y_{C0}}, \qquad z_{U1} = \frac{z_A}{1 + z'_A y_{C0}}$$

이 등가회로가 그림 3.37(d)에 나타나 있다.

스터브 z'_3 과 단위소자 z_{U2}, 스터브 z_{L2} 과 단위소자 z_{U1}, 스터브 z_{L1} 과 단위소자 z'_A, 스터브 z'_5 과 단위소자 z_{U6}, 스터브 z_{L6} 과 단위소자 z'_B 에서 동시에 Kuroda's 동일성의 적용하기 위해 다음의 설계 변수를 가져야 한다.

$$Z_A = Z_0 z'_A, \qquad Z_B = Z_0 z'_B \tag{3.73}$$

$$Z_1 = Z_0 z'_A \frac{z'_A + z_{L1}}{z_{L1}}, \qquad Z_{1,2} = Z_0 (z'_A + z_{L1})$$

$$Z_2 = Z_0 z_{U1} \frac{z_{U1} + z_{L1}}{z_{L1}}, \qquad Z_{2,3} = Z_0 (z_{U1} + z_{L2})$$

$$Z_3 = Z_0 z_{U2} \frac{z_{U2} + z'_3}{z'_3}, \qquad Z_{3,4} = Z_0 (z_{U2} + z'_3)$$

$$Z_4 = \frac{Z_0}{y'_4}$$

$$Z_5 = Z_0 z_{U6} \frac{z_{U6} + z'_5}{z'_5}, \qquad Z_{4,5} = Z_0 (z_{U6} + z'_5)$$

$$Z_1 = Z_0 z'_B \frac{z'_B + z_{L6}}{z_{L6}}, \qquad Z_{5,6} = Z_0 (z'_B + z_{L6})$$

여기서, $Z_0 = 50\,ohms$ 이다.

다른 차수의 필터를 설계하기 위해 유사한 방법을 사용한다. $\Omega_c = 1$, $Z_A = Z_0 g_0$ 이고, 대역폭 변수 α 를 갖는 이와 같은 형태의 1~5차 대역저지 필터의 설계 방정식이 정리할 수 있다.

n=1일 때

$$Z_1 = \frac{Z_A}{\alpha g_0 g_1}; \qquad Z_B = \frac{Z_A g_2}{g_0} \tag{3.74}$$

n=2일 때

$$Z_1 = Z_A \left(1 + \frac{1}{\alpha g_0 g_1}\right); \qquad Z_{1,2} = Z_A (1 + \alpha g_0 g_1) \tag{3.75}$$

$$Z_2 = \frac{Z_A g_0}{\alpha g_2}; \qquad Z_B = Z_A g_0 g_3$$

n=3일 때 (Z_1, $Z_{1,2}$, Z_2 는 n=2일 때와 동일)

$$Z_3 = \frac{Z_A g_0}{g_4}\left(1+\frac{1}{\alpha g_3 g_4}\right); \qquad Z_{2,3} = \frac{Z_A g_0}{g_4}(1+\alpha g_3 g_4) \tag{3.76}$$

$$Z_B = \frac{Z_A g_0}{g_4}$$

n=4일 때

$$Z_1 = Z_A\left(2+\frac{1}{\alpha g_0 g_1}\right); \qquad Z_{1,2} = Z_A\left(\frac{1+2\alpha g_0 g_1}{1+\alpha g_0 g_1}\right) \tag{3.77}$$

$$Z_2 = Z_A\left(\frac{1}{1+\alpha g_0 g_1}+\frac{g_0}{\alpha g_2(1+\alpha g_0 g_1)^2}\right); \quad Z_{2,3} = \frac{Z_A}{g_0}\left(\alpha g_2+\frac{g_0}{\alpha g_0 g_1}\right)$$

$$Z_3 = \frac{Z_A}{\alpha g_0 g_3}; \qquad Z_{3,4} = \frac{Z_A}{g_0 g_5}(1+\alpha g_4 g_5)$$

$$Z_4 = \frac{Z_A}{g_0 g_5}\left(1+\frac{1}{\alpha g_4 g_5}\right); \qquad Z_B = \frac{Z_A}{g_0 g_5}$$

n=5일 때 (Z_1, $Z_{1,2}$, Z_2, $Z_{2,3}$, Z_3 은 n=4일 때와 동일)

$$Z_4 = \frac{Z_A}{g_0}\left(\frac{1}{1+\alpha g_5 g_6}+\frac{g_6}{\alpha g_4(1+g_5 g_6)^2}\right); \quad Z_{3,4} = \frac{Z_A}{g_0}\left(\alpha g_4+\frac{g_6}{1+\alpha g_5 g_6}\right) \tag{3.78}$$

$$Z_5 = \frac{Z_A g_6}{g_0}\left(2+\frac{1}{\alpha g_5 g_6}\right); \qquad Z_{4,5} = \frac{Z_A g_6}{g_0}\left(\frac{1+2\alpha g_5 g_6}{1+\alpha g_5 g_6}\right)$$

$$Z_B = \frac{Z_A g_6}{g_0}$$

설계 예

이번 예제에서는 0.05dB 의 통과대역 리플을 갖는 3단 체비셰브 저역통과 원형필터로부터 이런 형태의 마이크로스트립 대역저지 필터를 설계해 보자. 저역통과 원형소자 값은 $g_0 = g_4 = 1.0$, $g_1 = g_3 = 0.8794$, $g_2 = 1.1132$이다. 대역저지 필터에서 중심 주파수 $f_0 = 3.75\,GHz$ 일 때, $FBW = 1.0$ 이라 하면, 대역의 가장자리 주파수는 $f_1 = 1.25\,GHz$ 와 $f_2 = 3.75\,GHz$ 가 된다. 그러므로, 식(3.69)로부터 $\alpha = 1$ 이 된다. 위의 n=3 일 때의 설계 방정식을 이용하면 $(Z_0 = 50\,ohms)$

$$Z_A = Z_B = 50\,ohms$$

$$Z_1 = Z_3 = 106.8544\,ohms$$

$$Z_{1,2} = Z_{2,3} = 93.9712\,ohms$$

$$Z_2 = 44.9169\,ohms$$

여기서 사용된 기판은 상대 유전율이 6.15, 두께가 1.27mm 이다. 종단개방(open-end)과 T-접합(junction) 효과로 최종 필터의 치수를 결정할 수 있다. 그림 3.38(a)는 최종적으로 설계된 필터의 치수이고, 그림 3.38(b)는 EM 시뮬레이션 결과이다.

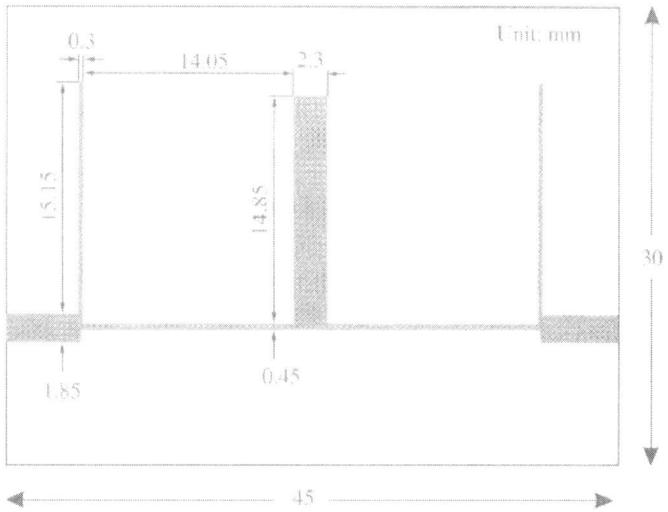

(a) 설계된 필터의 치수

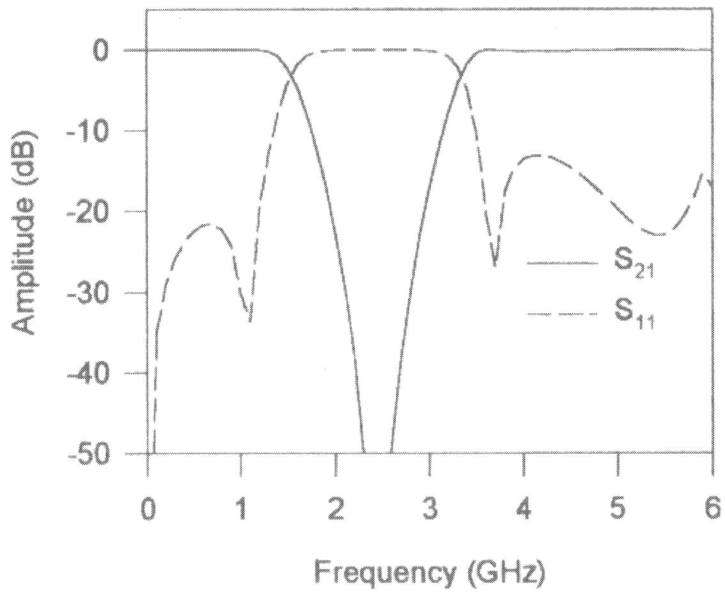

(b) EM 시뮬레이션 결과

그림 3.38 광대역 마이크로스트립 대역저지 필터

3.4.3 최적(Optimum) 대역저지 필터

이제까지 설계에서 대역저지 필터의 단위소자는 충분히 논의하였다. 단위소자는 단선회로 스터브에서 매우 효과적이다. 그러므로 동일한 스터브의 수를 사용하는 설계에서 단위소자를 혼합 사용하여 감쇄 특성을 향상시킬 수 있다. 또한, 필터 특성은 만일 최적 방법으로 필터를 설계한다면 좀 더 적은 수의 스터브를 사용하여도 가능하다. 그림 3.36(a)에서 n 개의 스터브를 갖는 최적 대역통과 필터를 설계하기 위한 최적 변환 함수는 다음과 같다.

$$|S_{21}(f)|^2 = \frac{1}{1+\varepsilon^2 F_N^2(f)} \tag{3.79}$$

여기서, ε 은 통과대역 리플 상수이고, F_N 은 다음과 같은 필터 방정식이다.

$$F_N(f) = T_n\left(\frac{t}{t_c}\right)T_{n-1}\left(\frac{t\sqrt{1-t_c^2}}{t_c\sqrt{1-t^2}}\right) - U_n\left(\frac{t}{t_c}\right)U_{n-1}\left(\frac{t\sqrt{1-t_c^2}}{t_c\sqrt{1-t^2}}\right) \tag{3.80}$$

t 는 Richards' 변환 변수로써

$$t = j\tan\left(\frac{\pi}{2}\frac{f}{f_0}\right) \tag{3.81}$$

그리고,

$$t_c = j\tan\left(\frac{\pi}{4}(2 - FBW)\right) \tag{3.82}$$

여기서, f_0 는 저지대역 필터의 중심 주파수이다. $T_n(x)$ 와 $U_n(x)$ 는 n 차의 첫 번째와 두 번째 체비셰브 함수이다.

$$T_n(x) = \cos(n\cos^{-1}x) \tag{3.83}$$

$$U_n(x) = \sin(n\cos^{-1}x)$$

표 3.16 최적 저지대역 필터의 소자 값($n = 2,\ \varepsilon = 0.1005$)

FBW	$g_1 = g_2$	$J_{1,2}$
0.3	0.16989	0.98190
0.4	0.23418	0.93880
0.5	0.30386	0.89442
0.6	0.38017	0.84857
0.7	0.46470	0.80106
0.8	0.55955	0.75173
0.9	0.66750	0.70042
1.0	0.79244	0.64700
1.1	0.93992	0.59137
1.2	1.11821	0.53346
1.3	1.34030	0.47324
1.4	1.62774	0.41077
1.5	2.01930	0.34615

표 3.17 최적 저지대역 필터의 소자 값($n = 3,\ \varepsilon = 0.1005$)

FBW	$g_1 = g_3$	g_2	$J_{1,2} = J_{2,3}$
0.3	0.16318	0.26768	0.97734
0.4	0.23016	0.38061	0.92975
0.5	0.37754	0.63292	0.83956
0.6	0.46895	0.79494	0.78565
0.7	0.56896	0.97488	0.73139
0.8	0.67986	1.17702	0.67677
0.9	0.80477	1.40708	0.62180
1.0	0.94806	1.67311	0.56648
1.1	1.11601	1.98667	0.51082
1.2	1.15215	2.06604	0.49407
1.3	1.37952	2.49473	0.43430
1.4	1.67476	3.05136	0.37349
1.5	2.07059	3.79862	0.31262

표 3.18 최적 저지대역 필터의 소자 값($n = 4;\ \varepsilon = 0.1005$)

FBW	$g_1 = g_4$	$g_2 = g_3$	$J_{1,2} = J_{3,4}$	$J_{2,3}$
0.3	0.23069	0.40393	0.93372	0.91337
0.4	0.31457	0.55651	0.87752	0.85157
0.5	0.40366	0.72118	0.82172	0.79093
0.6	0.49941	0.90054	0.76623	0.73145
0.7	0.60366	1.09802	0.71101	0.67313
0.8	0.71884	1.31815	0.65598	0.61597
0.9	0.79436	1.46655	0.62025	0.57951
1.0	0.99642	1.85355	0.54634	0.50503
1.1	1.10390	2.06672	0.50871	0.46793
1.2	1.37861	2.59505	0.43702	0.39831
1.3	1.55326	2.94111	0.39654	0.35972
1.4	1.97310	3.74861	0.32781	0.29526
1.5	2.43047	4.63442	0.27321	0.24488

표 3.19 최적 저지대역 필터의 소자 값($n=5$, $\varepsilon=0.1005$)

FBW	$g_1=g_5$	$g_2=g_4$	g_3	$J_{1,2}=J_{4,5}$	$J_{2,3}=J_{3,4}$
0.3	0.23850	0.42437	0.45444	0.92798	0.90213
0.4	0.32455	0.58273	0.62307	0.87068	0.83818
0.5	0.41542	0.75293	0.80324	0.81413	0.77611
0.6	0.51385	0.93717	0.99711	0.75705	0.71472
0.7	0.62178	1.14215	1.21166	0.70221	0.65683
0.8	0.74624	1.38212	1.46326	0.64418	0.59700
0.9	0.87071	1.62166	1.71464	0.59299	0.54475
1.0	1.01167	1.89960	2.00417	0.54092	0.49299
1.1	1.20308	2.26455	2.38104	0.48338	0.43663
1.2	1.40157	2.66645	2.79799	0.42804	0.38305
1.3	1.68069	3.19873	3.36796	0.37569	0.33651
1.4	2.00690	3.84473	4.02293	0.32252	0.28580
1.5	2.47075	4.74882	4.96115	0.26871	0.23694

표 3.20 최적 저지대역 필터의 소자 값($n=6$, $\varepsilon=0.1005$)

FBW	$g_1=g_6$	$g_2=g_5$	$g_3=g_4$	$J_{1,2}=J_{5,6}$	$J_{2,3}=J_{4,5}$	$J_{3,4}$
0.3	0.24270	0.43420	0.47301	0.92496	0.89714	0.89192
0.4	0.32964	0.59521	0.64657	0.86715	0083242	0.82616
0.5	0.42153	0.76772	0.83149	0.81025	0.76986	0.76287
0.6	0.51988	0.95454	1.03066	0.75411	0.70933	0.70191
0.7	0.62664	1.15929	1.24785	0.69860	0.65071	0.64311
0.8	0.74437	1.38676	1.48806	0.64361	0.59385	0.58629
0.9	0.87646	1.64341	1.75810	0.58904	0.53863	0.53128
1.0	1.02761	1.93826	2.06742	0.53481	0.48491	0.47793
1.1	1.20459	2.28427	2.42968	0.48084	0.43255	0.42606
1.2	1.41745	2.70085	2.86529	0042707	0.38145	0.37550
1.3	1.68193	3.21846	3.40624	0.37346	0.33137	0.32610
1.4	2.02423	3.88780	4.10584	0.31997	0.28228	0.27769
1.5	2.49141	4.80007	5.05987	0.26655	0.23399	0.23014

2~6개의 스터브를 갖고 통과대역의 반사손실이 −20dB를 갖고 대역폭이 30%~150%인 최적 대역저지 필터의 소자 값을 표 3.16~표 3.20까지 정리하였다. 표의 소자 값은

정규화된 어드미턴스이고, 임피던스 Z_0 는 다음 식으로 결정할 수 있다.

$$Z_A = Z_B = Z_0 \tag{3.84}$$

$$Z_i = \frac{Z_0}{g_i}$$

$$Z_{i,\,i+1} = \frac{Z_0}{J_{i,\,i+1}}$$

설계 예

3개의 단선회로 스터브를 갖고, 중심주파수 $f_0 = 2.5\,GHz$ 에서 $FBW = 1.0$ 를 갖는 최적 마이크로스트립 대역저지 필터를 설계해 보자. 통과대역 반사손실이 $-20\,dB$ 이고 리플상수 $\varepsilon = 0.1005$라 하면 정규화된 소자 값은 $g_1 = g_3 = 0.94806$, $g_2 = 1.67311$, $J_{1,2} = J_{2,3} = 0.56648$ 이다. 종단은 $50\,ohm$ 으로 설계한다.

식(3.84)로 설계 변수를 계산할 수 있다.

$$Z_A = Z_B = 50\,ohms$$

$$Z_1 = Z_3 = 52.74\,ohms$$

$$Z_2 = 29.88\,ohms$$

$$Z_{1,2} = Z_{2,3} = 88.26\,ohms$$

설계에 사용된 기판은 상대 유전율 6.15이고, 두께는 1.27mm 이다. 마이크로스트립 설계 방정식을 이용하여 마이크로스트립 선폭 W 와 2.5GHz 에서 관내파장 $\lambda_{g0}/4$ 를 구하여 표 3.21에 정리하였다.

표 3.21 3단 최적 대역저지 필터를 위한 마이크로스트립 설계 변수

선로 임피던스	$W(mm)$	$\lambda_{g0}/4\ (mm)$
$Z_1,\ Z_3$	1.7	14.32
Z_2	4.25	13.73
$Z_{1,2},\ Z_{3,3}$	0.528	14.89
$Z_A,\ Z_B$	1.85	

최종적으로 설계된 필터의 치수가 그림 3.39(a)에 있고, EM 시뮬레이션 결과 그래프는 그림 3.39(b)에 나타나 있다.

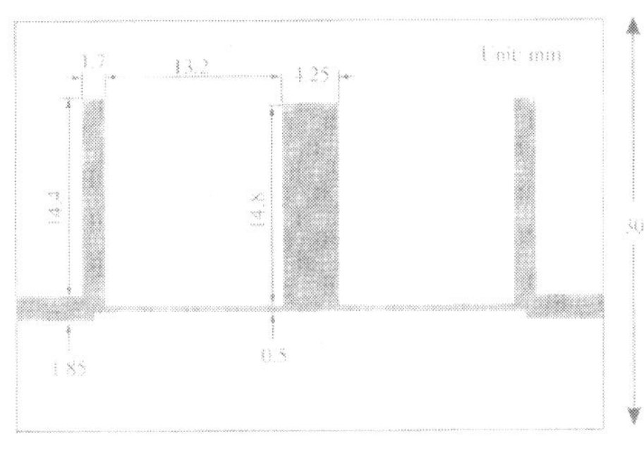

(a) 설계된 필터의 치수

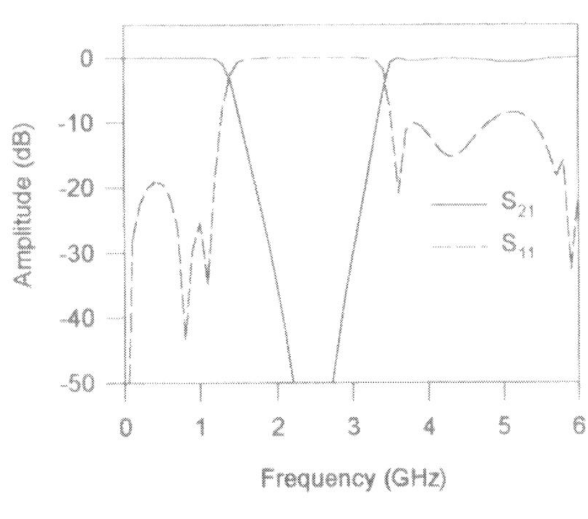

(b) EM 시뮬레이션 결과

그림 3.39 3단의 단선회로 스터브를 이용한 마이크로스트립 최적 대역저지 필터의 예

참고문헌

[1] Jia-Sheng Hong, and M. J. Lancaster, "Microstrip Filters for RF/Microwave Applications", John Wiley & Sons, Inc., ch. 5, ch. 6, 2001.

[2] G. Mattaei, L, Young, and E. M. T. Jones, Microwave Filters, Impedance-Matching Networks, and Coupling Structures, Artech House, Norwood, MA, 1980.

[3] R. Saal and E. Ulbrich, "On the design of filters by synthesis," IRE Trans., CT-5, Dec., 1958, 284-327.

[4] R. Saal, Der Entwurf von Filtern mit Hilfe des Kataloges normierter Tiefpasse, Telefunken GmbH, Backnang (Germany), 1961.

[5] E. G. Cristal and S. Frankel, "Design of hairpin-line and hybrid haripin-parallel-coupled-line filer," IEEE MTT-S, Digest, 1971, 12-13.

[6] J. S. Wong, "Microstrip tapped-line filter design," IEEE Trans., MTT-27, 1, 1979, 44-50.

[7] G. L. Matthaei, "Interdigital band-pass filters," IEEE Trans., MTT-10, 1962, 479-492.

[8] S. Caspi and J. Adelman, "Design of combline and interdigital filter with tapped-lone input," IEEE Trans., MTT-36, April 1988, 759-763.

[9] V. K. Tripathi, "Asymmetric coupled transmission lines in an inhomogeneous medium," IEEE Trans., MTT-23, 1975, 734-739.

[10] C. Dening, "Using microwave CAD programs to analyze microstrip interdigital filters," Microwave Journal, March 1989, 147-152.

[11] D. G. Swanson, "Grounding microstrip lines with via holes," IEEE Trans., MTT-40, August 1992, 1719-1721.

[12] A. B. Dalby, "interdigital microstrip circuit parameters using empirical formulas and simplified model," IEEE Trans., MTT-27, Aug., 1979, 744-752.

[13] T. A. Millgan, “Dimensions of microstrip coupled lines and interdigital structures,” IEEE Trans., MTT, May 1977, 405-410.

[14] C. K. C. Tzuang and W. T. Lo, “Printed-circuit realization of tapped combline bandpass filter,” 1990 IEEE MTT-S Digest, 131-134.

[15] D. Zhang, G. C. Liang, C. F. Shih, R. S. Withers, M. E. Johansson, and A Dela Cruz, “Compact forward-coupled superconducting microstrip filters for cellular communication,” 1994 Applied Superconductivity Conference, Oct. 16-21, 1994, Boston.

[16] G. L. Mattaei and G. L. Hey-Shipton, “Novel staggered resonator array superconducting 2.3-GHz bandpass filter,” IEEE Trans., MTT-41, Dec. 1993, 2345-2352.

[17] em User's Manual, Sonnet Software Ind., New York, 1993.

[18] R. Levy, “A new class of distributed prototype filters with applications to mixed lumped/distributed component design,” IEEE Trans., MTT-18, December 1970, 1064-1071.

[19] B. M. Schiffman and G. L. Matthaei, “Exact design of band-stop microwave filters,” IEEE Trans., MTT-12, 1964, 6-15.

[20] M. C. Horton and R. J. Menzel, “General theory and design of potimum quarter wave TEM filter,” IEEE Trans., MTT-13, May 1965, 316-327.

[21] M. C. Horton and R. J. Menzel, “The effectiveness of component elements in commensurate linelength filters,” IEEE Trans., Mtt-16, August 1968, 555-557.

[22] O. P. Gupta and R. J. Menzel, “Design tables for a class of optimum microwave bandstop filter,” IEEE Trans., MTT-18, July 1970, 402-404.

[23] B. A. Syrett, “A broad-band element for microstrip bias or tuning,” IEEE Trans., MTT-28, August 1980, 925-927.

[24] H. A. Atwater, “Microstrip reactive circuit elements,” IEEE Trans., MTT-31, June 1983, 488-491.

[25] R. Sorrentino and L. Roselli, “A new simple and accurate formula for microstrip

radial stub," IEEE Microwave and Guided-Wave Letters, 2, 12, Dec., 1992, 480-482.

4 어레이(Array)형 필터

이 장에서는 어레이형 필터 설계에 대해 설명한다.

어레이형 필터란 종단이 단락된 $\lambda/4$ TEM 모드 공진기를 횡 배열하여 결합한 형태의 필터를 말한다.

세부 주제로는 유전체 필터의 구현에 사용될 유전체 공진기에 대한 이론과 유전체 듀플렉서의 시뮬레이션 및 설계, 그리고 제작에 대한 내용을 포함한다.

4.1 TEM 모드 유전체 공진기 이론

4.1.1 TEM 모드 유전체 공진기의 구조

TEM 모드 유전체 공진기는 종단이 개방된 $\lambda/2$ TEM 모드 공진기와 종단이 단락된 $\lambda/4$ TEM 모드 공진기가 있으며 구현하는 방법에 있어서 다양한 종류가 있다. 일반적으로 분류상 크게 두 가지 기준으로 분류된다. 임피던스 구조상의 분류와 형태상의 분류이다. 임피던스 구조상의 분류에는 SIR(Step Impedance Resonator)과 UIR(Uniform Impedance Resonator)이 있다. SIR 구조는 소형화하는 경우에 좋은 것에 비해, UIR 구조는 구현 및 실험 등을 쉽게 할 수 있다는 장점을 가지고 있다. 형태상의 분류는 외형과 내형의 모양에 따라 나눈다. 외형-내형이 정방형-정방형(Square-square), 원형-원형(Circular-circular), 정방형-원형(Square-circular) 구조 등이 있다. 그림 4.1에서 나타난 바와 같이 정방형-원형 구조인 공진기가 다른 구조인 공진기들의 손실보다 작다.

식(4.1)과 식(4.2)는 유전체 공진기의 단면적에 대한 도체손실을 나타낸다. 그리고, 내부 직경과 외부 직경의 비가 0.2~0.4인 경우 Q 값이 크다.

$$F = (b/2)\frac{\int_C H^2\,ds}{\iint_A H^2\,ds} \tag{4.1}$$

$$Q_C = (l/\delta)\frac{1}{1+(l/b)F} \tag{4.2}$$

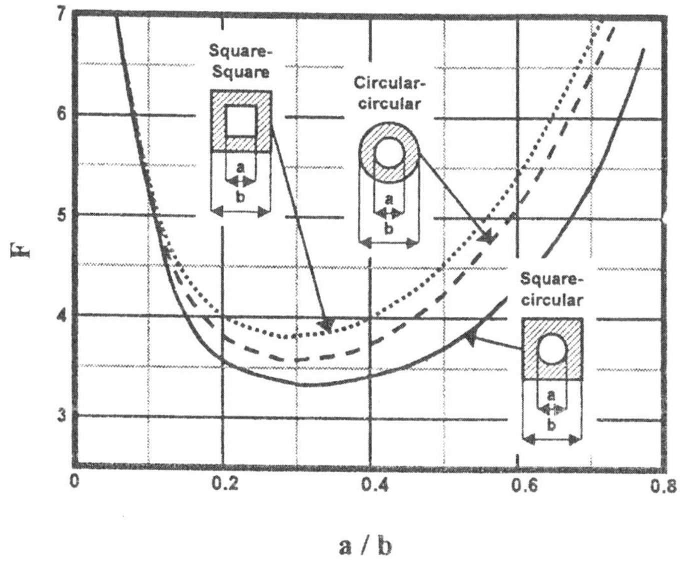

그림 4.1 TEM 모드 유전체 공진기의 도체 손실

4.1.2 SIR 구조 및 해석

SIR의 구조는 그림 4.2와 같이 특성 임피던스 $Z_1(=1/Y_1)$, 길이 l_1 인 전송선로와 특성 임피던스 $Z_2(=1/Y_2)$, 길이 l_2 인 전송선로로 구성된다. 길이 l_1, l_2 전송선로의 임피던스 비를 나타내는 파라미터 K는 $Z_2/Z_1(=Y_1/Y_2)$ 로 정의되며 K=1 이면 UIR을 나타낸다. 그림 4.3은 임피던스 비 K 와 공진기의 정규화 된 공진기 길이의 관계를 나타낸다.

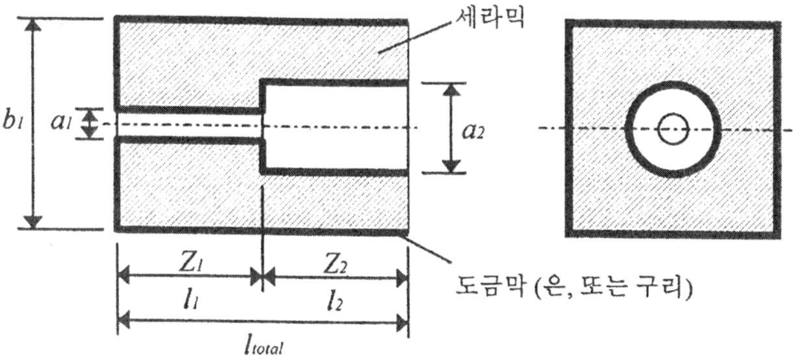

그림 4.2 SIR의 기본 구조

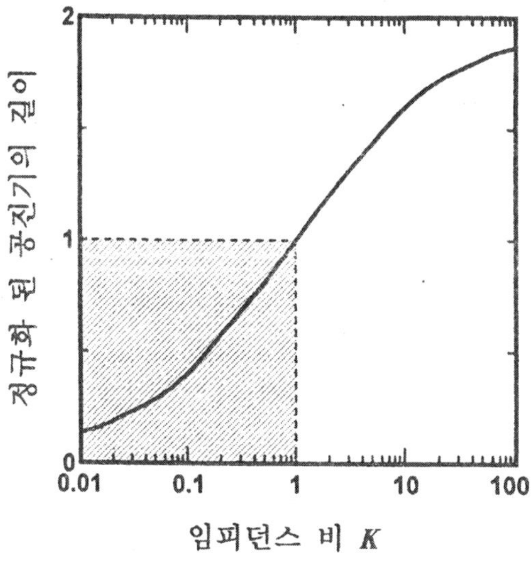

그림 4.3 SIR의 정규화 길이

개방 면에서 본 입력 어드미턴스(Y_i) 는 식(4.3)으로 표현된다.

$$Y_i = jY_2 \frac{Y_2 \tan\beta l_1 - Y_1}{Y_2 \tan\beta l_1 + Y_1 \tan\beta l_2} \tag{4.3}$$

입력 어드미턴스(Y_i) 의 공진조건 $Y_i = 0$ 으로부터 식(4.4)의 관계를 얻는다.

$$Y_2 \tan\beta l_1 \tan\beta l_2 - Y_1 = 0 \tag{4.4}$$

$$\tan\beta l_1 \tan\beta l_2 = \frac{Y_1}{Y_2} = \frac{Z_2}{Z_1} = K$$

여기서, $\beta = \sqrt{\varepsilon_r}\, 2\pi/\lambda_0$ 이며, 공진기의 특성 임피던스는 식(4.5)와 같다.

$$Z_1 \sqrt{\varepsilon_r} = 138 \log_{10}(\frac{b_1}{a_1}) + 6.48 - 2.34A - 0.48B - 0.12C \tag{4.5}$$

여기서,

$$Z_2 \sqrt{\varepsilon_r} = 138 \log_{10}(\frac{v_2}{a_2}) + 6.48 - 2.34A - 0.48B - 0.12C$$

여기서,

ε_r : 유전체의 상대 유전 상수

λ : 자유 공간상의 파장 길이

$\rho = 1.63 \times 10^{-8} (\Omega/m)$: 은의 저항율

$$A = \frac{1 + 0.405\rho^{-4}}{1 - 0.405\rho^{-4}}, \quad B = \frac{1 + 0.136\rho^{-8}}{1 - 0.136\rho^{-8}}, \quad C = \frac{1 + 0.067\rho^{-12}}{1 - 0.067\rho^{-12}}$$

따라서, 공진기의 길이는 식(4.6)과 같이 되며,

$$l_2 = \frac{1}{\beta}\tan^{-1}\left(\frac{K}{\tan\beta l_1}\right) \tag{4.6}$$

$$l_{total} = l_1 + l_2 = l_1 + \frac{1}{\beta}tan^{-1}\left(\frac{K}{\tan\beta l_1}\right)$$

이때, 공진기는 0<K<1인 영역에서 $l_1 = l_2 = \tan^{-1}\sqrt{K}/\beta$ 이므로 최소 길이를 갖게 되며, 공진기의 최소 길이는 식(4.7)과 같다.

$$l_{total\ \min} = 2\tan^{-1}\left(\frac{\sqrt{K}}{\beta}\right) \tag{4.7}$$

공진기의 무부하 Q_0, Q_c 는 공진기의 직경을 결정하는 데 중요한 파라미터이다. SIR의 무부하 Q_0 는 식(4.8)과 같다.

$$Q_0 = \frac{Q_c}{1 + Q_c\tan\delta} \tag{4.8}$$

$\tan\delta$: 유전체 물성중 유전 손실

$$Q_c = 2\frac{b_1}{\delta\mu} \times \frac{A_1 C_1 Z_1^2 + A_2 B_2 C_2 Z_2^2}{\frac{A_1}{8}(1+\frac{4b_1}{\pi a_1}) + \frac{A_2 B_2}{8}(1+\frac{b_1}{b_2}) + \frac{4b_1\sqrt{\varepsilon_r}}{\lambda_0}(\ln(4b_1/\pi a_1) + B_1\ln(4a_2/\pi a_1))}$$

여기서,

δ : *Skin Depth*

$A_1 = 2\beta l_1 + \sin 2\beta l_1,\ A_2 = 2\beta l_2 + \sin 2\beta l_2$

$B_1 = \cos^2\beta l_1,\ B_2 = \frac{\cos^2\beta l_1}{\sin^2\beta l_2}$

$C_i(i = 1,\ 2)$: 선로 i의 단위 길이당 용량

$Z_i(i = 1,\ 2)$: 선로 i의 임피던스

(4.9)

4.1.3 UIR 구조 및 해석

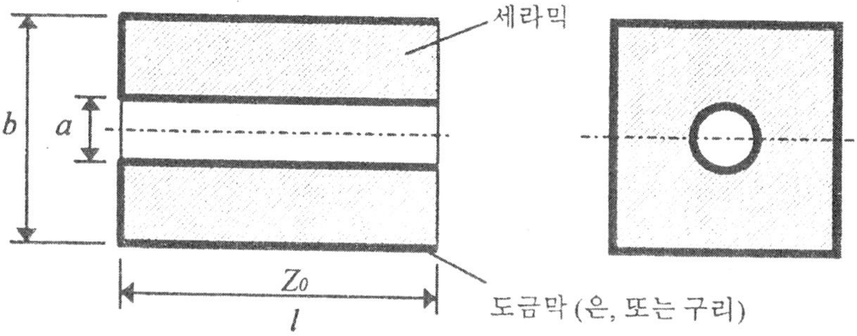

그림 4.4 UIR의 기본 구조

UIR은 임피던스 비 K=1이므로 공진기의 길이는 식(4.10)과 같다.

$$l = \frac{\lambda_0}{4\sqrt{\varepsilon_r}} = \frac{c}{4f_0\sqrt{\varepsilon_r}} \tag{4.10}$$

$c = 3 \times 10^8\ m/s$, 빛의 속도

$$Z_0 = \frac{138}{\sqrt{\varepsilon_r}} log_{10}\left(1.787\frac{b}{a}\right)$$

a : 내경, b : 외경, ε_r : 상대 유전율

UIR의 무부하 Q_0 값은 $l_1 = l_2$, K=1을 적용하여 식(4.9)로부터 구할 수 있다.

4.1.4 TEM 모드 유전체 공진기의 등가회로

TEM 모드 유전체 공진기의 등가회로는 LC 병렬 공진회로와 전송선로로 각각 나타낼 수 있다. 일반적으로 회로를 설계할 경우 공진기를 LC 병렬 공진회로의 등가 모델로 대치하여 값을 산출한다. 그리고 시뮬레이션을 이용하여 앞에서 산출된 초기값들로

부터 최적화된 소자 값을 얻는다. 이때 공진기는 전송선로로 대치하는 것이 편리하다. 그림 4.5는 LC 병렬 공진회로로 나타내었으며, 서셉턴스(B_r)와 공진주파수(ω_0) 는 식 (4.11)과 같다.

$$B_r = \frac{\omega^2 L_r C_r - 1}{\omega L_r} \tag{4.11}$$

$$\omega_0 = \frac{1}{\sqrt{L_r C_r}}$$

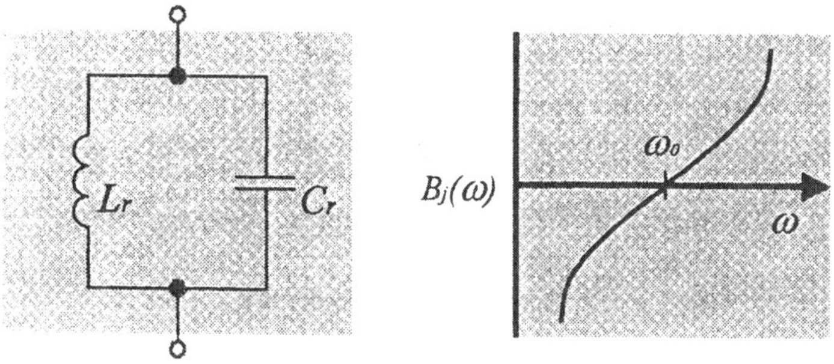

그림 4.5 LC 병렬 공진회로

TEM 모드 유전체 공진기를 종단이 단락된 전송선로로 등가 모델링을 할 수 있으며 다음과 같은 4가지 파라미터를 유전체 공진기로부터 계산할 수 있다.

① 특성 임피던스 (Z_0)

$$Z_0 = \frac{138}{\sqrt{\varepsilon_r}} \log_{10}(1.787\frac{b}{a})$$

a : 내경, b : 외경, ε_r : 상대 유전율

② 공진기 길이 (l)

$$l = \frac{c}{4f_0\sqrt{\varepsilon_r}}$$

$$c = 3 \times 10^8 m/s, \text{ 빛의 속도}$$

③ 감쇄 상수 (α)

$$\alpha = \frac{\beta}{2Q_c}$$

④ 상대 유전율 (ε_r)

4.2 어레이형 듀플렉서 설계 및 제작

4.2.1 설계 및 시뮬레이션

본 장에서 설계하고자 하는 WLL 중계기용 유전체 듀플렉서의 설계 특성은 표 4.1과 같다. 또한, 회로도는 그림 4.6과 같으며, 계산된 소자 값들은 시뮬레이션을 사용하여 최적화하였으며 표 4.2에 정리하였다. 시뮬레이션 결과는 그림 4.7과 같다.

표 4.1 유전체 듀플렉서 설계 특성

	수신단 (Rx)	송신단 (Tx)
중심 주파수 (f_0)	2,315 MHz	2,385 MHz
대역폭 (BW)	30 MHz	30 MHz
삽입 손실 (I/L)	3.0 dB Max.	3.0 dB Max.
리플 (Ripple)	1.0 dB Max.	1.0 dB Max.
반사 손실 (R/L)	15.0 dB Min.	15.0 dB Min.
감쇄 특성(Attenuation)	50 dB Min. @ Tx band	50 dB Min. @ Rx band

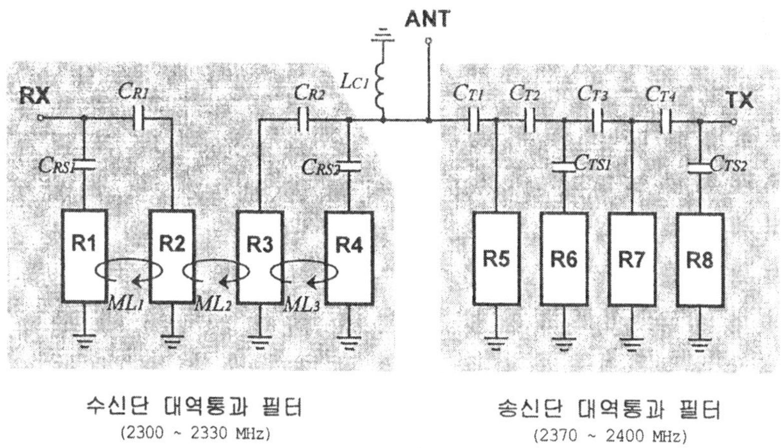

그림 4.6 유전체 듀플렉서의 등가회로

그림 4.6의 회로도를 보면 크게 3부분으로, 송신단 대역통과 필터와 수신단 대역통과 필터, 그리고 임피던스 매칭 및 상호 간섭을 방지하기 위한 부분으로 나눌 수 있다. R1~R8은 외경 6×6mm, 내경 2mm, 상대 유전율(ε_r)이 21인 $\lambda/4$ TEM 모드 공진기를 각 대역통과 필터에서 4단씩 모두 8개를 사용하였다. 수신단 대역통과 필터는 공진기 간에 상호 인덕턴스로 결합되어 있으며, M_{L1}, M_{L2}, M_{L3} 등은 상호 인덕턴스 결합용으로, C_{R1}, C_{R2} 등은 캐패시턴스 결합용으로 사용되었고, 감쇄극용으로 C_{RS1}, C_{RS2} 등이 사용되었다. 송신단 대역통과 필터는 캐패시턴스로 결합되어 있으며, C_{T1}, C_{T2}, C_{T3}, C_{T4} 은 캐패시턴스 결합용으로 사용되었다. 그리고 C_{TS1}, C_{TS2} 를 사용하여 감쇄극을 주었다. L_{C1} 은 일반적으로 두 대역통과 필터의 임피던스 매칭 및 서로의 신호가 넘어가는 것을 막아 주는 역할을 하고 있다.

표 4.2 시뮬레이션을 통한 소자들의 최적화 값

유전체 공진기 (mm)		캐패시턴스 (pF)		인덕턴스 (nH)	
R1	6.88	C_{R1}	0.059	ML_1	129.1
R2	7.09	C_{R2}	0.047	ML_2	142.0
R3	7.10	C_{RS1}	0.210	ML_3	139.1
R4	6.81	C_{RS2}	0.230	L_{C1}	4.9
R5	6.57	C_{T1}	0.233		
R6	6.79	C_{T2}	0.055		
R7	6.57	C_{T3}	0.053		
R8	6.65	C_{T4}	0.229		
		C_{TS1}	0.247		
		C_{TS1}	0.353		

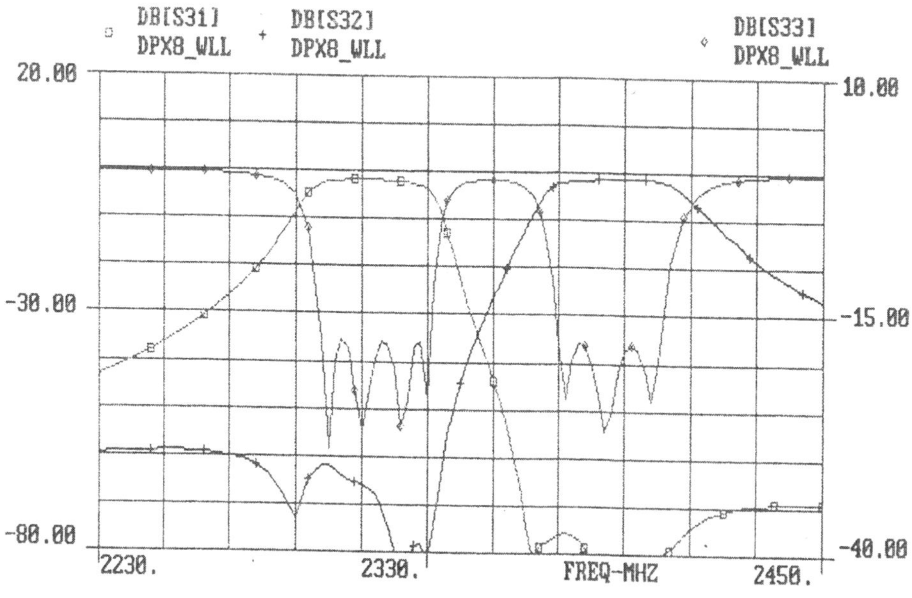

그림 4.7 유전체 듀플렉서의 시뮬레이션 결과

4.2.2 제작

설계된 유전체 듀플렉서를 구현하기 위해서 부품에 대한 외부 특성 및 자재를 설계하였다. 제작 시 공진기 간을 캐패시턴스로 결합시키기 위해 상대 유전율 3.2, 두께가 0.8mm인 테프론(Teflon)을 사용하여 캐패시턴스를 구현하였으며, 그림 4.8과 같다. 또한 유전체 공진기, 인덕터, 테프론 기판을 조립하기 위해 그림 4.9와 같이 FR-4 PCB 기판을 제작하였다. 그림 4.10은 유전체 듀플렉서의 조립도를 도시적으로 나타내었다.

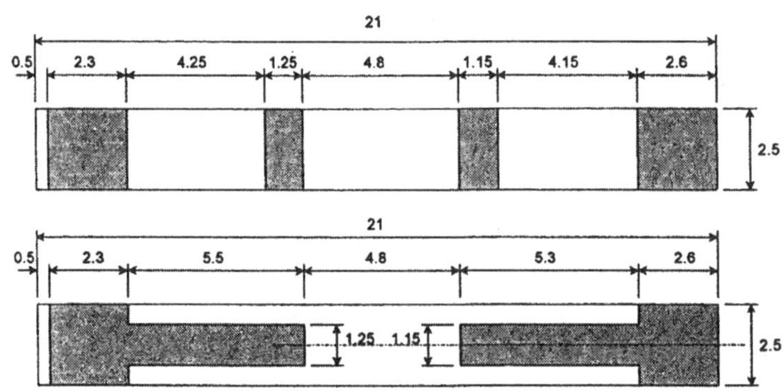

(a) 수신단 (Rx)

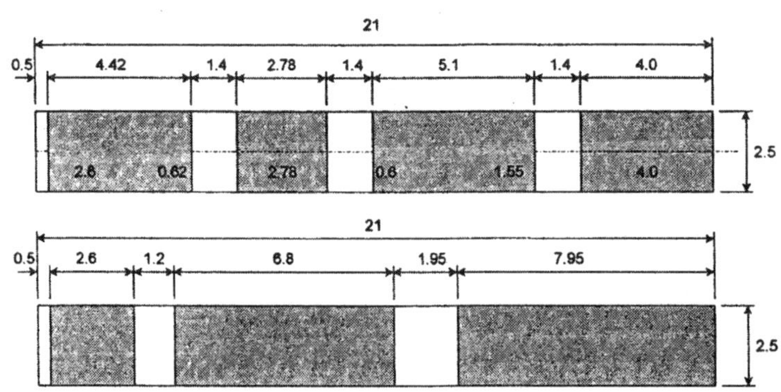

(b) 송신단 (Tx)

그림 4.8 결합 캐패시턴스 구현용 테프론 (ε_r=3.2, t=0.8mm)

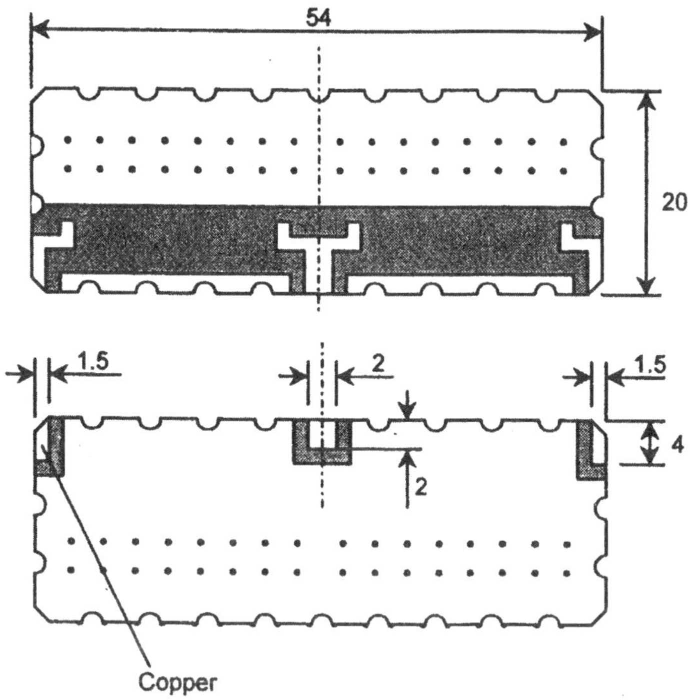

그림 4.9 FR-4 PCB

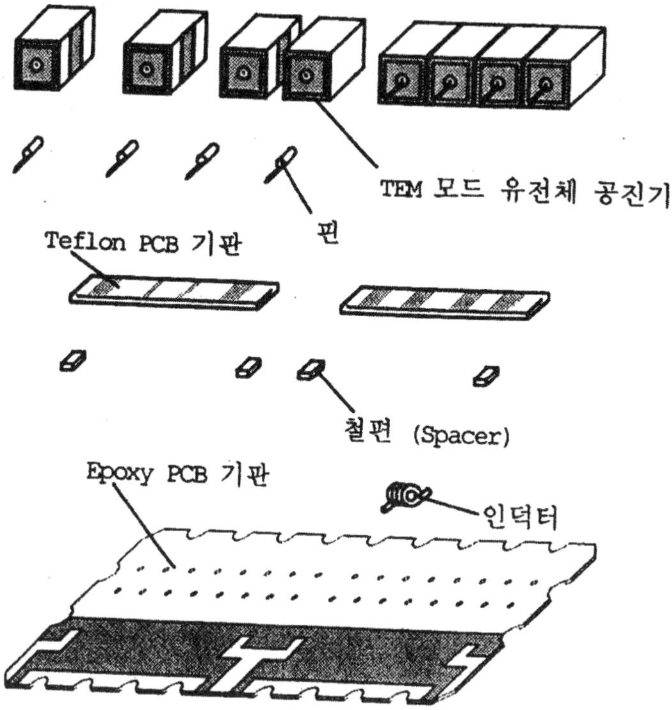

(a) 조립 전

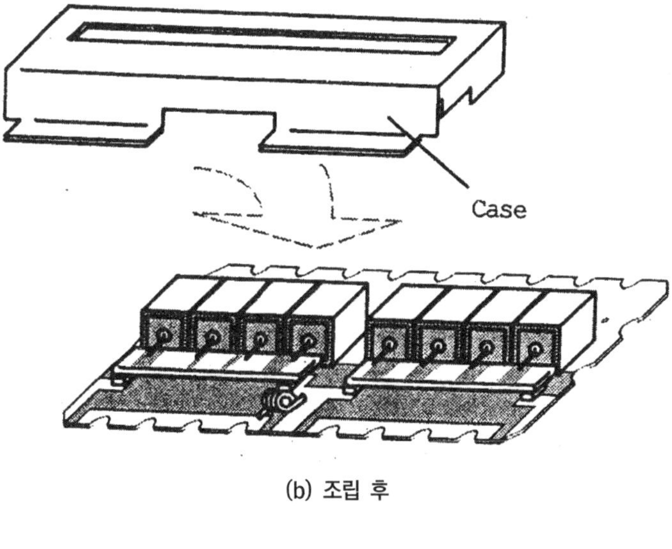

(b) 조립 후

그림 4.10 유전체 듀플렉서의 조립

4.2.3 측정 및 결론

유전체 듀플렉서를 구현하는 과정에 있어서, 먼저 송신단 대역통과 필터와 수신단 대역통과 필터를 각각 별도로 구현한 후, 필터를 따로 조정을 하여 기준을 구한 후 합치는 방법을 사용한다. 실제 유전체 공진기의 파형이 서로 얽혀 있으면 그만큼 특성 구현을 위한 조정 시간이 길어지므로, 이런 방법을 사용하는 것이 편리하다. 그림 4.11은 수신단 대역통과 필터의 측정 파형이고, 그림 4.12는 송신단 대역통과 필터의 측정 파형이다. 이런 두 대역통과 필터를 하나로 제작을 하여 측정을 하여 원하는 결과를 얻었다. 그림 4.13은 유전체 듀플렉서에서의 측정 파형이다. 표 4.3은 듀플렉서의 특성과 제작된 듀플렉서의 특성을 비교해 놓았다.

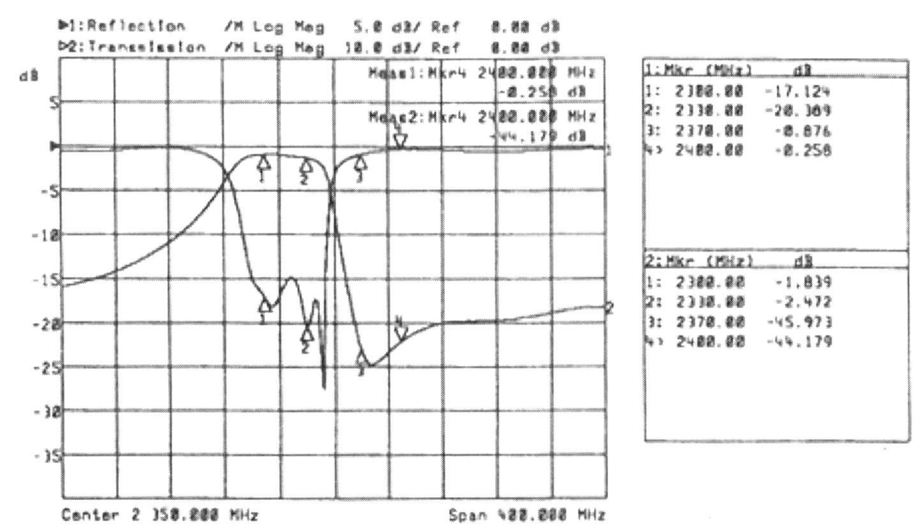

그림 4.11 수신단 대역통과 필터의 파형

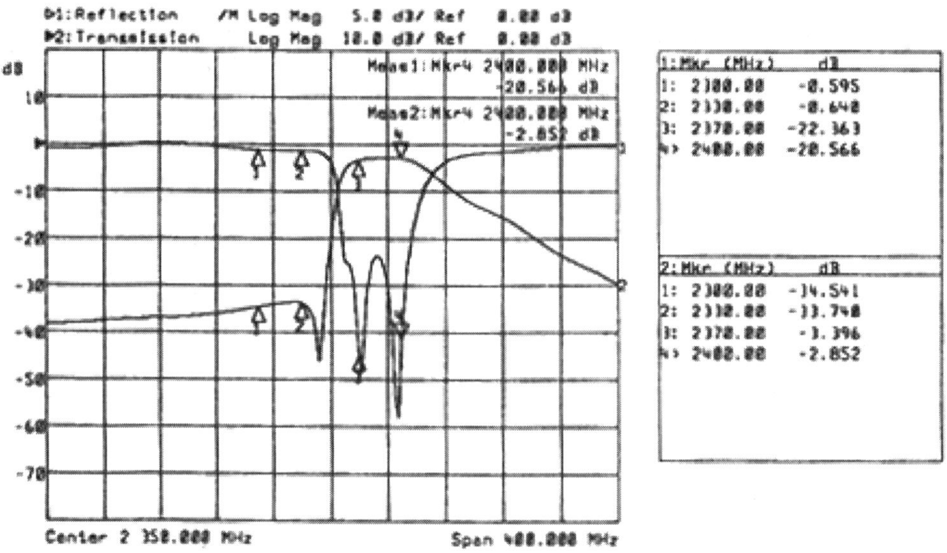

그림 4.12 송신단 대역통과 필터의 파형

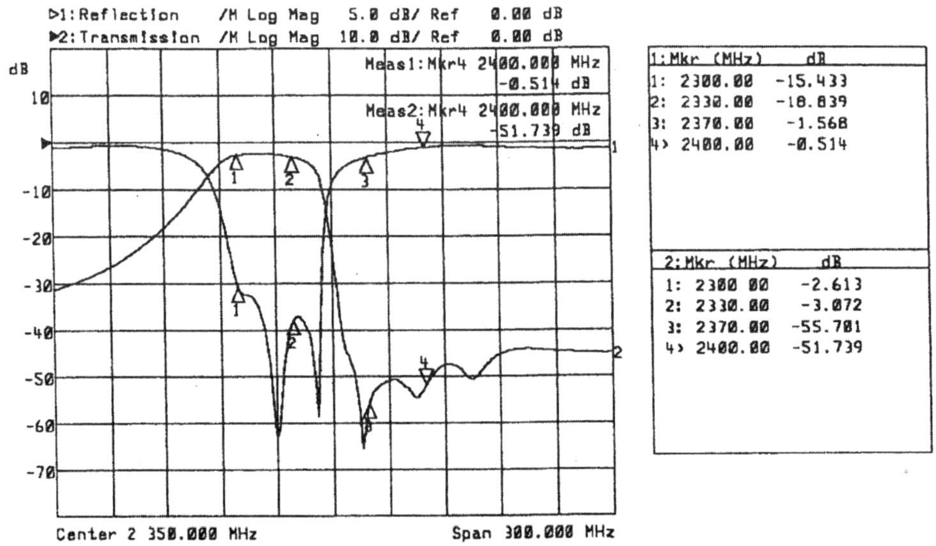

(a) 수신단 (Rx)

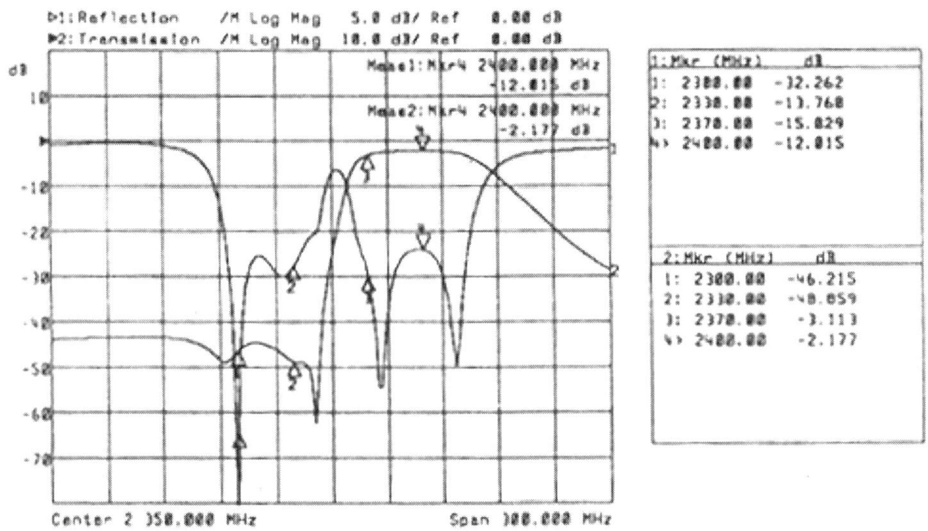

(b) 송신단 (Tx)

그림 4.13 유전체 듀플렉서의 파형

표 4.3 제작된 유전체 듀플렉서의 응답 특성

	수신단 (Rx)	송신단 (Tx)
중심 주파수 (f_0)	2,315 MHz	2,385 MHz
대역폭 (BW)	30 MHz	30 MHz
삽입 손실 (I/L)	3.07 dB Max.	3.11 dB Max.
리플 (Ripple)	0.46 dB Max.	0.94 dB Max.
반사 손실 (R/L)	15.4 dB Min.	12.0 dB Min.
감쇄 특성(Attenuation)	50.3 dB Min. @Tx band	44.7 dB Min. @Rx band

참고문헌

[1] 지석현, "WLL 중계기용 유전체 듀플렉서의 설계 및 제작에 관한 연구" 광운대학교 전파공학과 석사 논문, 1999년.

[2] H. Matsumoto, T. Yorita, Y. Ishikawa, and T. Nixhikawa, "Miniaturized Duplexer using Rectangular Coaxial Dielectric Resonators for Cellular Portable Telephone," IEICE Trans., Vol. E74, No. 5, pp. 1214-1220, May 1991.

[3] 임종수, 남윤권, "유전체 공진기를 이용한 UHF 대역 대역통과 필터 설계 이론," Telecommunications, Vol. 3, No. 7, pp. 145-152, July 1993.

[4] G. Mattaei, L, Young, and E. M. T. Jones, Microwave Filters, Impedance-Matching Networks, and Coupling Structures, Artech House, Norwood, MA, 1980.

[5] James K, Plourde and Chung-li Ren, "Application of resonator in microwave component," IEEE Trans, Microwave Theory Tech., Vol. MTT-29, pp. 754-770, Aug., 1981.

[6] Jeong-Soo Lim and Dong Chul Park, "A moeified chebyshev bandpass filter with attenuation poles in the stopband," IEEE Trans, Microwave Theory and Tec. vol. 45, No, 6, pp. 898-904, June., 1997.

[7] Analtol I. Zverev, Handbook of filter synthesis, New York; John Wiley & Sons, 1967.

[8] Hruo Matsumoto, Toshio Mshkawa "Design of miniaturized dielectric duplexer with attenuation poles," 일본전자정보통신학회 논문지, Vol. J76-C-1, No.5, pp. 164-172, May, 1993.

[9] 김정석 "800MHz 대역 휴대용 이동 전화기를 위한 듀플렉서의 설계 및 제작" 석사 학위논문, 한국과학기술원, 1996.

[10] 윤중락, 권정열, 이헌용, 김경용, "$(Zr_{0.65}, Sn_{0.35})TiO_4$계 세라믹스의 NiO 첨가량에 따른 고주파 유전 특성", 한국전기전자재료학회지, Vol. 8, No5, pp. 594-600, 1995.

[11] 윤중락, 이헌용, "$(Zr, Sn)TiO_4$계 세라믹스를 이용한 PCS용 송, 수신 대역통과 필터의 설계 및 구현", 한국전기전자재료학회지, Vol. 9, No. 9, pp. 933-941, 1996.

[12] 윤중락, 이헌용, 이석원, "$\lambda/4$ TEM 모드 유전체 공진기를 이용한 이동 통신용 듀플렉서 필터 설계 및 제작" 한국전기전자재료학회지 Vol. 11, No. 11, pp. 975-983, 1998.

5 모노블럭(Monoblock)형 필터

이 장에서는 모노블럭형 필터 설계에 대해 설명한다. 모노블럭이란 공동 공진기를 일체형으로 횡 배열 한 구조의 필터를 말한다. 세부 주제로는 모노블럭에 적용되는 이론, 모노블럭 대역 통과 필터, 송신과 수신용 필터가 결합된 모노블럭 듀플렉서가 포함된다.

5.1 모노블럭(Monoblock) 이론

5.1.1 컴라인 대역통과 필터

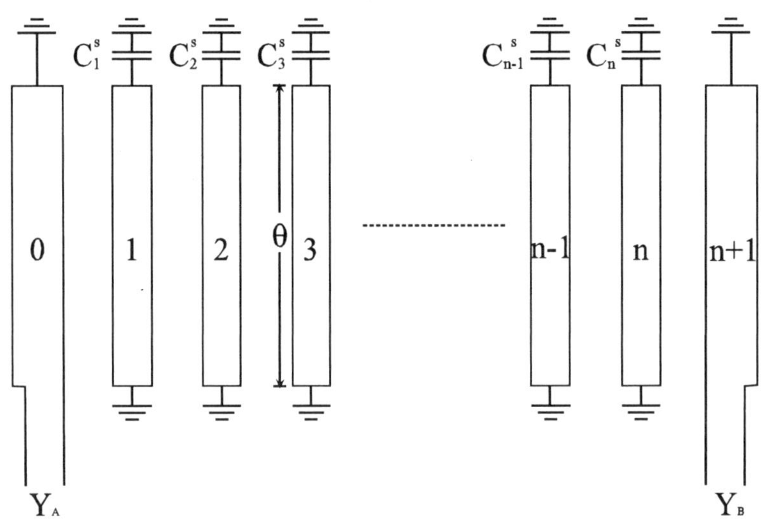

그림 5.1 컴라인 대역통과 필터

$\lambda/4$ TEM 모드 모노블럭은 하나의 유전체 블럭 내에 길이가 같은 복수개의 공진기가 존재하는 필터로써, 컴라인 대역통과 필터의 일종이다. 그림 5.1과 같이 복수개의 전송선로들의 자체 결합에 의해 구현된 대역통과 필터로써 전송선로의 한쪽은 단락되어 있고, 다른 한쪽은 집중 캐패시턴스가 연결되어 있으며, 이 집중 캐패시턴스의 또 다른 한쪽은 접지 쪽과 연결되어 있다. 이 집중 캐패시턴스는 공진 조건에 의해 식 (5.1)과 같이 계산된다.

$$C_j^s|_{j=1,2,\cdots,n} = \frac{Y_{aj}\cot\theta_0}{\omega_0} \tag{5.1}$$

또한, 컴라인 대역통과 필터에서 공진기의 서셉턴스 기울기 파라미터는 식(5.2)와 같이 계산된다.

$$b_j = \frac{Y_{aj}(\cot\theta_0 + \theta_0 \csc^2\theta_0)}{2} \tag{5.2}$$

5.1.2 공진 홀 간의 결합 해석

두 개 이상의 공진 홀을 갖는 $\lambda/4$ TEM 모드 모노블럭에서 공진 홀 간의 결합은 우모드 특성 임피던스(Z_{0e})를 이용하여 해석할 수 있다. 그림 5.2와 같이 하나의 유전체 블럭 내에 두 개 이상의 공진 홀이 결합하여 존재하는 경우, 두 개의 공진 홀에 흐르는 전류에 따라 서로 다른 두 개의 전자계 분포가 존재한다. 그림 5.2(a)와 같이 각 공진 홀에 흐르는 전류의 방향이 같을 경우, 이를 우모드라고 하며, 그림 5.2(b)와 같이 전류의 방향이 다를 경우, 기모드라고 한다. 각각의 경우 전계 및 자계의 분포는 그림 5.2와 같다. 우모드의 경우, 두 공진 홀 사이 대칭축 위에서 자계의 접선 방향 성분이 존재하지 않으므로 우모드 대칭축은 자계 경계면으로 정의되며, 마찬가지로 기모드의 경우, 대칭축 위에서 전계의 접선 방향 성분이 존재하지 않으므로 두 공진 홀 사이의 대칭축은 전계 경계면으로 정의된다.

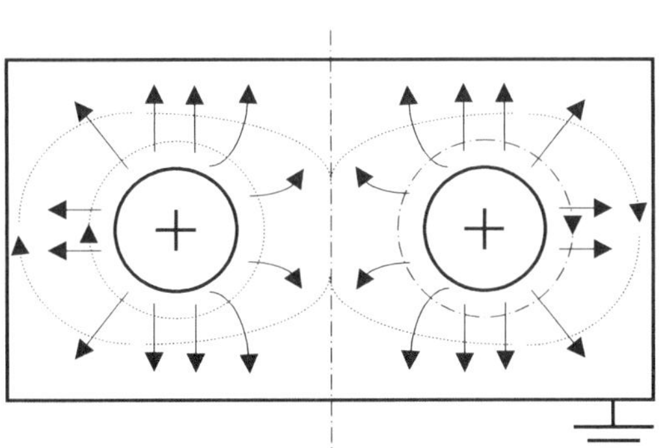

(a) 우모드

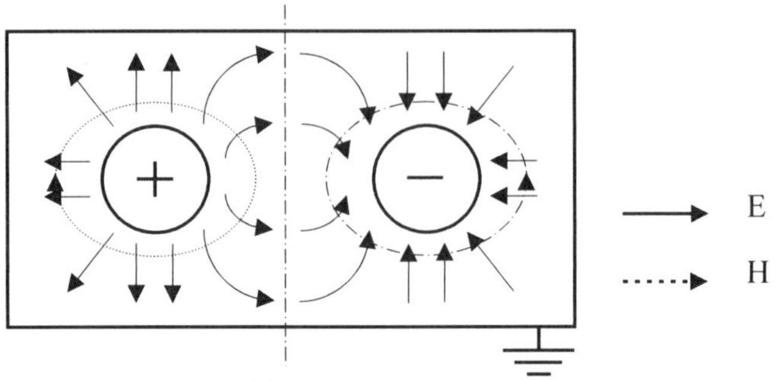

(a) 기모드

그림 5.2 $\lambda/4$ TEM 모드 모노블럭에서 우모드와 기모드 필드 분포

평행한 전송선 사이에 존재하는 자체 전자기적 결합은 필터 또는 커플러(coupler) 등의 설계에 유용하게 이용될 수 있다. 두 개의 평행한 전송선 결합은 접지단과 개방단의 위치에 따라 다양한 등가회로로 해석될 수 있다. $\lambda/4$ TEM 모드 모노블럭은 각 공진 홀의 개방단과 접지단이 모두 같은 방향인 구조를 갖는 일반적인 컴라인 필터의 구조이다.

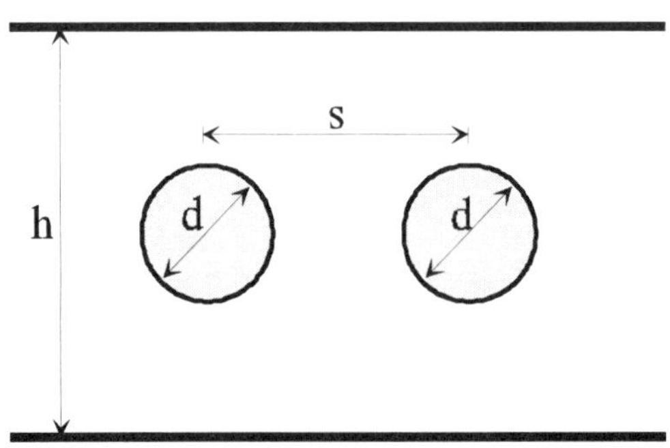

그림 5.3 평행한 두 접지면 사이에서 공진 홀 결합 구조의 단면도

그림 5.3과 같이 평행한 두 접지면 사이의 유전체 블럭 내에서 주기적으로 연속하는 복수개의 공진 홀이 존재하는 구조의 경우, 하나의 공진 홀에 대한 특성 임피던스는

식(5.3)과 같이 구해진다.

$$Z_0 = \frac{138}{\sqrt{\varepsilon_r}} \log \frac{4h}{\pi d} \qquad \frac{d}{h} < 0.75 \text{ 일 때} \tag{5.3}$$

여기서, h는 평행한 두 접지면 사이의 간격이고, d는 공진 홀의 직경이다.

반면, 이와 같은 결합된 공진기 구조에서 공진 홀의 우모드 및 기모드 특성 임피던스는 식(5.4)에 의해 구해진다.

$$Z_{0e} + Z_{0o} = \frac{120}{\sqrt{\varepsilon_r}} \log \frac{4h}{\pi d} \qquad \frac{d}{s} < 0.55 \text{ 일 때} \tag{5.4}$$

$$Z_{0e} - Z_{0o} = \frac{120}{\sqrt{\varepsilon_r}} \log \coth \frac{\pi s}{2h} \qquad \frac{s}{h} > \frac{2d}{h} \text{ 일 때}$$

그림 5.3과 같이 평행한 두 접지면 사이에서 두 개의 공진기가 결합된 구조의 등가회로는 그림 5.4와 같이 구현된다. 여기서, θ는 공진기의 전기적 길이를 나타낸다.

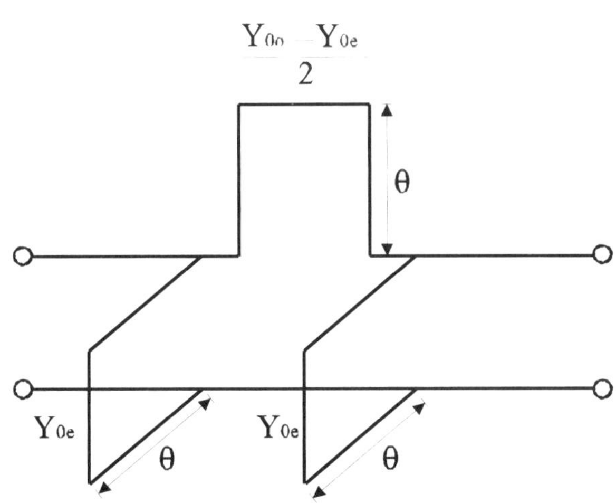

그림 5.4 평행한 두 접지면 사이에서 결합된 공진 홀의 등가회로

5.1.3 모노블럭 공진기 등가화

$\lambda/4$ TEM 모드 모노블럭 대역통과 필터의 등가회로를 설계하기 위해서는 우선 선택된 유전체 공진기 블럭의 등가회로를 설계해야 한다. 우선 유전체 블럭의 길이는 공진 주파수에 의해 결정되고, 공진 홀이 보이는 한쪽 단면(개방단)을 제외한 모든 면과 공진 홀은 도체로 도포되어 있는 구조이다. 공진 홀의 크기는 가장 높은 품질계수를 갖는 구조인 공진기 외곽 폭에 대한 공진 홀 직경의 비가 1/3이 되도록 결정한다.

이와 같은 구조의 공진기 블럭의 개방단에서 각 공진 홀과 외곽 접지면 사이에 존재하는 캐패시턴스의 분포는 기생 캐패시턴스를 무시할 경우, 그림 5.5와 같이 표현할 수 있다. 그림 5.5와 같은 구조에서 공진기 사이의 자체 결합에 의해 TEM 모드는 우모드와 기모드 특성 임피던스를 이용하여 해석할 수 있고, 이를 이용하여 유전체 공진기 블록의 등가회로를 설계할 수 있다. 우모드의 경우, 모든 공진 홀은 같은 포텐셜인 반면, 기모드의 경우, 크기는 같으나 부호가 반대인 포텐셜이 존재한다.

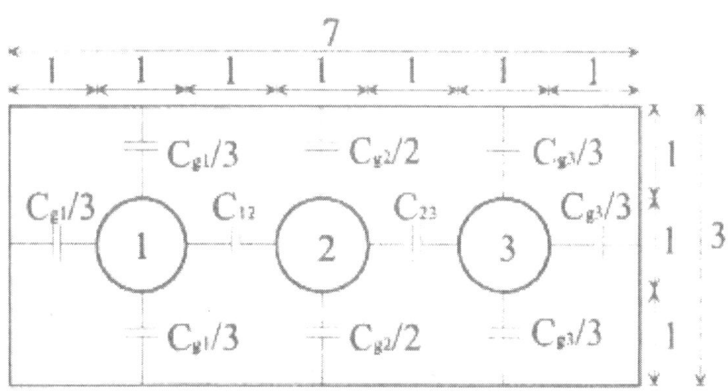

그림 5.5 3단 모노블럭 공진기의 구조

이때, 공진 홀 사이에 발생하는 상호 캐패시턴스를 C_{ij} 로 정의하고, 공진홀과 외부 접지면 사이에 발생하는 자체 캐패시턴스를 C_{gi} 로 정의하면, 공진 홀과 외부 접지면 사이에 발생하는 자체 캐패시턴스를 C_{gi} 로 정의하면, 우모드의 경우 각 공진 홀과 접지면 사이의 전체 캐패시턴스 C_{ei} 는 식(5.5)와 같다.

$$C_{ei} = C_{gi} \qquad i = 1, 2, 3 \tag{5.5}$$

기모드의 경우, 공진 홀 1, 2, 3과 접지면 사이에 존재하는 캐패시턴스 C_{oi} 는 식(5.6)과 같다.

$$C_{o1} = C_{g1} + 2C_{12} \tag{5.6}$$

$$C_{o2} = C_{g2} + 2(C_{12} + C_{23})$$

$$C_{o3} = C_{g3} + 2C_{23}$$

그림 5.5와 같은 구조에서, $C_{12} = C_{23}$ 이므로, 식(5.6)은 다음과 같이 고칠 수 있다.

$$C_{o2} = C_{g2} + 4C_{12} \tag{5.7}$$

식(5.5)와 식(5.6)을 이용하여 C_{12}를 구하면, 다음과 같다.

$$C_{12} = \frac{C_{o1} - C_{e1}}{2} \tag{5.8}$$

$$C_{12} = \frac{C_{o2} - C_{e2}}{4}$$

그런데 $Z_0 = 1/\nu C$ 이므로, 식(5.8)로부터, Z_{12} 는 다음과 같이 구할 수 있다.

$$Z_{12} = \frac{2}{\frac{1}{Z_{0o}^{1}} - \frac{1}{Z_{0e}^{1}}} \tag{5.9}$$

$$Z_{12} = \frac{4}{\frac{1}{Z_{0o}^{2}} - \frac{1}{Z_{0e}^{2}}}$$

그림 5.5와 같은 구조에서 각 공진기의 우모드 및 기모드 특성 임피던스는 2차원 유한 요소법을 이용하여 해석하는데, 다양한 경계 조건을 갖는 구조의 임피던스 해석이 가능하다. 유한 요소법 해석을 위한 각 공진기의 2차원 모델은 그림 5.6과 같다. 우모드 특성 임피던스의 계산은 공진 홀과 공진 홀 사이의 중심 대칭축을 완전 자계 경계면으로 설정하였으며, 기모드 특성 임피던스의 계산은 공진 홀과 공진 홀 사이의 중심 대칭축을 완전 자계 경계면으로 설정하였다. 따라서, 그림 5.5에서 각 공진기의 우모드 및 기모드 특성 임피던스를 구하는 경계 조건은 공진기 1, 3의 경계 조건과 공진기 2의 조건이 다르게 설정된다. 공진기 1, 3의 경우, 우모드와 기모드 특성 임피던스를 구하기 위한 경계조건은 그림 5.6(a), (b)와 같으며, 공진기 2의 경우는 그림 5.7(a), (b)와 같은 경계 조건을 이용하여 우모드와 기모드 특성 임피던스를 계산할 수 있다. 각 모델에서 실선은 완전 전계 경계면을 나타내며, 점선은 완전 자계 경계면을 나타낸다. $\lambda/4$ TEM 모드 모노블럭 대역통과 필터의 등가회로는 그림 5.8과 같다.

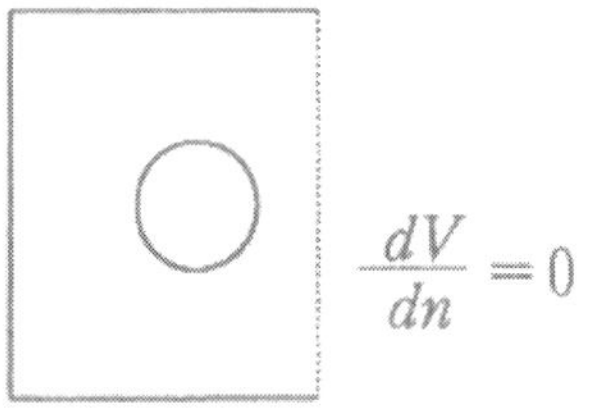

(a) 우모드

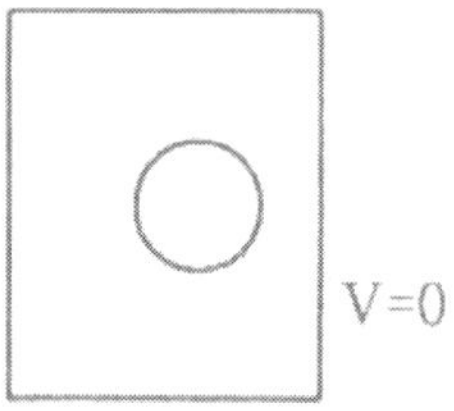

(b) 기모드

그림 5.6 공진기 1, 3의 이차원 유한 요소법 모델

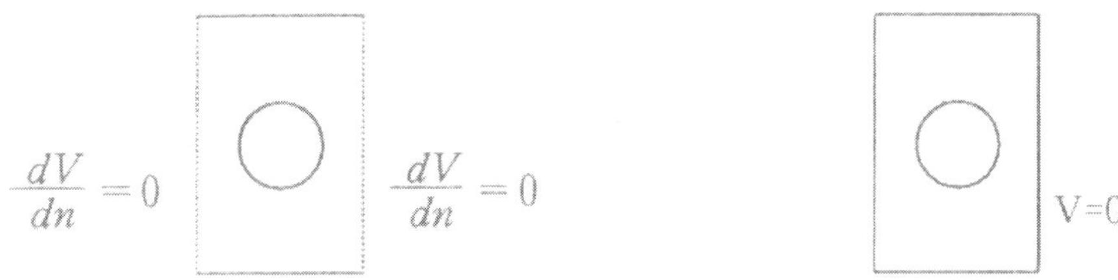

(a) 우모드 (b) 기모드

그림 5.7 공진기 2의 이차원 유한 요소법 모델

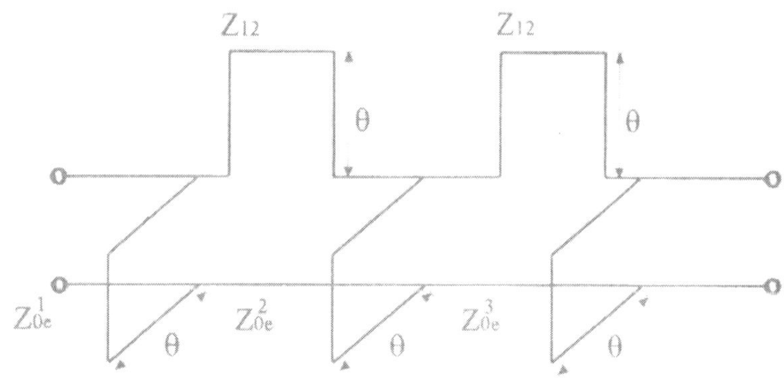

그림 5.8 3단 모노블럭 공진기 블록의 등가회로

5.1.4 모노블럭 대역통과 필터의 등가회로

공진기 블럭 내 공진기 간의 자체 결합과 더불어 어드미턴스 인버터를 이용하여 필터를 구성하는 공진기들을 결합시켜 모노블럭을 구현한다. 이와 같은 어드미턴스 인버터는 캐패시턴스로 이루어져 있어 인덕터로 이루어진 어드미턴스 인버터에 비해 높은 품질계수를 가지며, 마이크로파 구조에서 구현이 용이한 장점을 갖는다. 또한, 어드미턴스 인버터는 음의 캐패시턴스를 갖는데, 기존의 접합형(Array type) 대역통과 필터는 주로 각 공진기에 음의 캐패시턴스를 흡수시켜 공진기의 길이를 다르게 보정함으로써 구현하였으나, 모노블럭은 각 공진기의 길이를 다르게 하기 어렵기 때문에 그림 5.9와 같은 구조로, 공진기와 접지 사이에 캐패시턴스를 삽입하여 어드미턴스 인버터의 음의 캐패시턴스를 흡수하도록 설계한다. 한쪽 저지대역에 감쇄극을 갖는 체비셰브형 대역통과 필터의 등가회로 설계는 다음과 같은 과정에 따른다.

1. 주어진 주파수 사양에 따라 필터의 단수를 결정한다.
2. 필터의 단수와 리플에 따라 체비셰브형 저역통과 원형필터의 g 값을 구한다.
3. 공진기의 서셉턴스 기울기 변수를 구한다. 각 공진기는 어드미턴스 인버터의 음의 캐패시턴스를 흡수하기 위한 캐패시터와 병렬 연결되어 있으므로, 이 같은 구조의 등가회로는 그림 5.8과 같고, 이 등가회로의 서셉턴스는 식(5.10)과 같이 구할 수 있다. 여기서, C_g 는 공진기와 접지 사이에 공진기와 병렬로 연결된 캐패시턴스를 나타내며, 공진주파수($\omega = \omega_0$)에서 서셉턴스가 영이 될 때의 값으로 설정되므로 식(5.10)과 같이 구할 수 있다. 이때 서셉턴스 기울기 변수는 식(5.10)과 같이 구할 수 있다.

$$B = -Y_a \cot\left(\frac{\theta_r \omega}{\omega_0}\right) + \omega C_g \tag{5.10}$$

$$C_g = Y_a \frac{\cot\theta_r}{\omega_0}$$

$$b = \frac{\omega_0}{2}\frac{dB}{d\omega}\Big|_{\omega=\omega_0} = \frac{Y_a}{2}(\theta_r \csc^2\theta_r + \cot\theta_r)$$

여기서, B는 공진기의 서셉턴스이고, Y_a 는 공진기의 어드미턴스이며, θ_r 은 공진기의 전기적 길이이다.

4. 인버터의 값을 결정한다. 모노블럭은 각 공진기가 병렬로 배열되어 있으므로, 어드미턴스의 값을 계산한다.
5. 입출력 결합 및 공진기간 결합을 구현한다. 모노블럭은 공진기 간의 자체 결합

이 존재하므로, 그림 5.2의 등가회로를 이용하여 표현하고, 캐패시턴스를 이용한 어드미턴스 인버터 및 이에 의한 음의 캐패시턴스를 흡수하기 위한 공진기와 접지 사이에 연결된 캐패시턴스를 이용하여 그림 5.10과 같은 n단 모노블럭의 등가회로를 구현한다. 그림 5.10에서 점선으로 된 영역은 어드미턴스 인버터를 나타낸다.

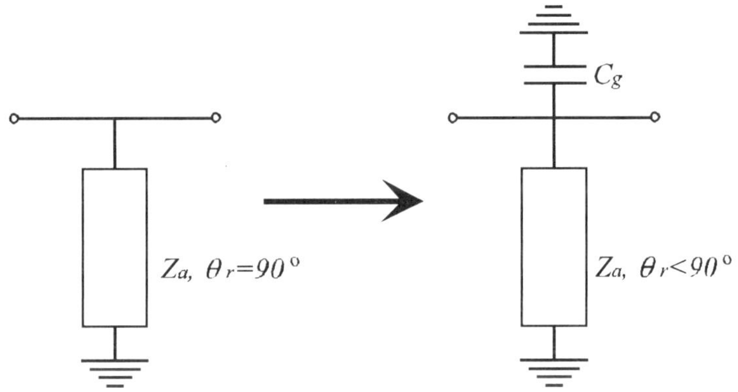

그림 5.9 캐패시터와 병렬 결합된 공진기의 등가회로

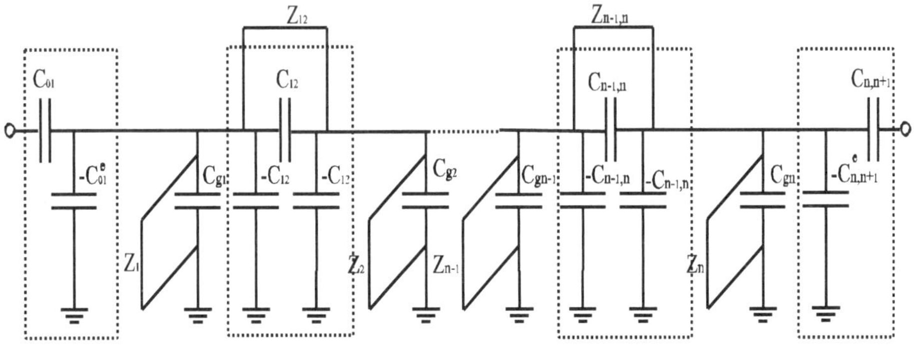

그림 5.10 어드미턴스 인버터를 이용한 모노블럭의 등가회로

이때, 입출력 결합 캐패시턴스와 어드미턴스 인버터의 음의 캐패시턴스는 식(5.11)에 의해 구한다.

$$C_{01} = \frac{J_{01}}{\omega_0 \sqrt{1 - \left(\frac{J_{01}}{G_A}\right)^2}} \tag{5.11}$$

$$C_{01}^e = \frac{C_{01}}{1 + \left(\frac{\omega_0 C_{01}}{G_A}\right)^2}$$

$$C_{n,\,n+1} = \frac{J_{n,\,n+1}}{\omega_0 \sqrt{1 - \left(\frac{J_{n,\,n+1}}{G_B}\right)^2}}$$

$$C_{n,\,n+1}^e = \frac{C_{n,\,n+1}}{1 + \left(\frac{\omega_0 C_{n,n+1}}{G_B}\right)^2}$$

각 공진기 사이의 결합 캐패시턴스는 감쇄극을 존재시키고자 하는 주파수(ω_n)에 따라 다음과 같이 구해진다.

$$C_{i,\,i+1} = \frac{1}{\omega_n Z_{i,\,i+1} \tan\left(\frac{\theta_r \omega_n}{\omega_0}\right)} \qquad i = 2 \sim n-1 \text{ 일 때} \tag{5.12}$$

따라서, 공진기와 접지 사이에 병렬로 연결되어 있는 캐패시턴스는 다음 식과 같이 보정된다.

$$C_{g1}^{'} = C_{g1} - C_{01}^e - C_{12} \tag{5.13}$$

$$C_{g1}^{'} = C_{g1} - C_{i-1,i} - C_{i,i+1} \qquad i = 2 \sim n-1 \text{ 일 때}$$

$$C_{gn}^{'} = C_{gn} - C_{n-1,n} - C_{n,n+1}^e$$

따라서, 이 캐패시턴스의 초기 설정값은 어드미턴스 인버터에 의한 음의 캐패시턴스를 흡수하기에 충분한 값으로 결정되어야 하며, 이에 따라 공진기의 길기가 변하고, 각 공진기의 서셉턴스 기울기 변수도 변하므로 식(5.10)~식(5.13)의 과정을 반복 계산하여 결합 캐패시턴스의 수렴된 값을 최종적으로 구한다. 이와 같은 과정을 통하여 그림 5.11과 같은 대역통과 필터의 등가회로가 완성된다.

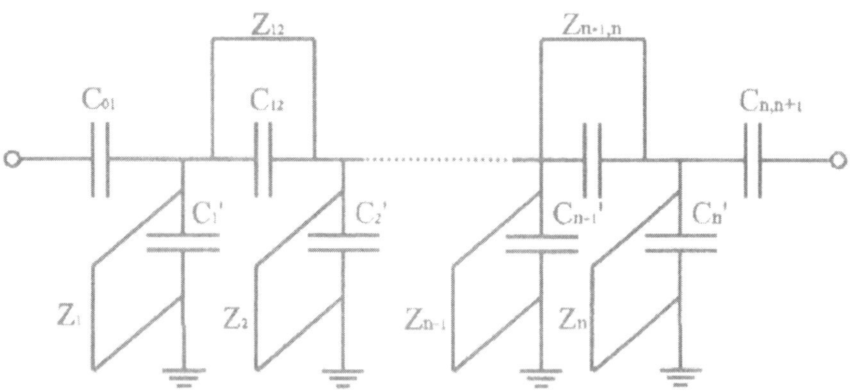

그림 5.11 모노블럭 대역통과 필터의 등가회로

5.1.5 모노블럭 듀플렉서(Duplexer)의 구조

이동 통신 시스템에서 송수신 신호를 분리하는 역할을 하는 듀플렉서는 저역통과 필터와 고역통과 필터, 또는 저역통과 필터와 대역통과 필터, 또는 대역통과 필터와 대역통과 필터를 그림 5.12와 같이 직렬 또는 병렬로 연결하여 상호 불필요한 간섭 없이 자체 필터의 특성을 갖도록 설계한다. 필터 사이의 상호 간섭을 억제하고, 보안하기 위해서는 모든 주파수에서 듀플렉서의 입력 임피던스가 일정한 값을 갖도록 해야 하는데, 이를 위해 일반적으로 각 필터의 구성하는 소자의 설계를 수정, 보완을 하고, 허수 성분을 제거하기 위한 서셉턴스(병렬 결합인 경우) 또는 리액턴스(직렬 결합인 경우) 소자를 수신단과 송신단 필터의 결합단에 첨가를 하는 방법을 사용한다. 또 다른 방법은 결합단에서 높은 임피던스를 갖는 전송 선로를 첨가하여 두 필터를 결합함으로써 상호간의 간섭을 억제하는 방법을 사용하기도 한다.

두 개의 대역통과 필터를 하나의 유전체 블록위에 구현하여 모노블럭 듀플렉서를 설계하기 위해서는 듀플렉서의 공진기 블록에 대한 등가화가 필요하고, 이를 이용한 듀플렉서의 등가회로 설계가 이루어져야 한다. 듀플렉서를 구성하는 각 대역통과 필터는 한쪽 끝단이 저항으로 종단된 체비셰브형 저역통과 원형필터로부터 g 값을 구하고, 이를 주파수 변환하여 구현한다. 또한, 각 대역통과 필터는 감쇄극을 갖도록 하여, 최소의 단수로 필요한 주파수 특성을 만족하도록 해야 한다. 이를 위해 송신단 대역통과 필터는 통과대역 위쪽 저지 대역에 감쇄극을 갖도록 하고, 수신단 대역통과 필터는 통신대역 아래쪽 저지대역에 감쇄극을 갖도록 해야 한다. 또한, 수신단 및 송신단 필터의 결합단에서 높은 임피던스를 갖는 전송선로를 첨가하여 필터 상호간의 간섭을 최대한 억제하도록 해야 한다.

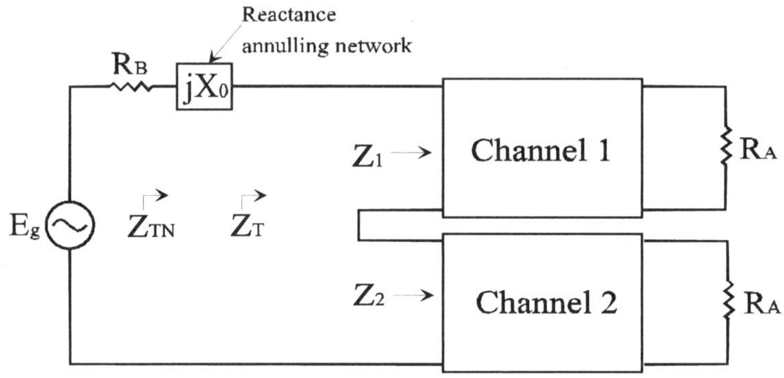

(a) 직렬 연결 듀플렉서

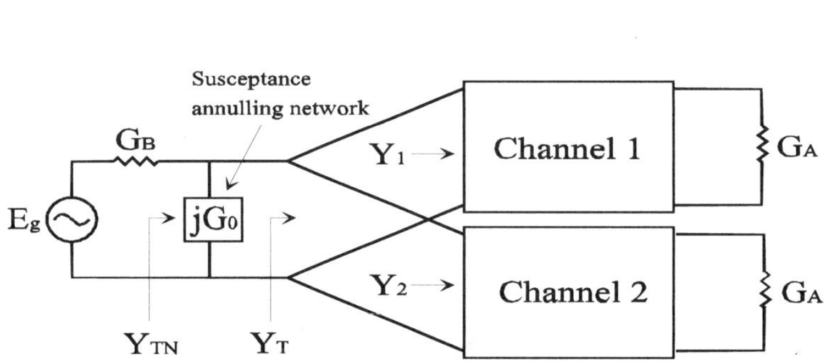

(b) 병렬 연결 듀플렉서

그림 5.12 필터 결합형 듀플렉서의 구조

5.1.6 모노블럭 듀플렉서 공진기 블럭 등가화

$\lambda/4$ TEM 모드 모노블럭 듀플렉서의 공진기 블럭은 그림 5.13과 같은 구조를 갖는다. 이는 수신단 및 송신단 모노블럭 대역통과 필터의 공진기 블록 두 개를 횡 배열하여 일체화한 구조이며, 병렬 연결되어 있다. 듀플렉서 공진기 블록의 좌측 3개 홀은 송신단 대역통과 필터의 구현에 이용되며, 우측 3개 홀은 수신단 대역통과 필터로 구현된다. 따라서, 각 공진 홀은 그림 5.13에서와 같이 송신단 공진 홀은 좌측부터 $T1$, $T2$, $T3$ 로 나타내었으며, 수신단 공진 홀은 우측부터 $R1$, $R2$, $R3$ 로 나타내었다. 대역통과 필터와 마찬가지로 한쪽 단면(개방단)을 제외한 모든 면과 공진 홀은 도체로 도포되어 있다.

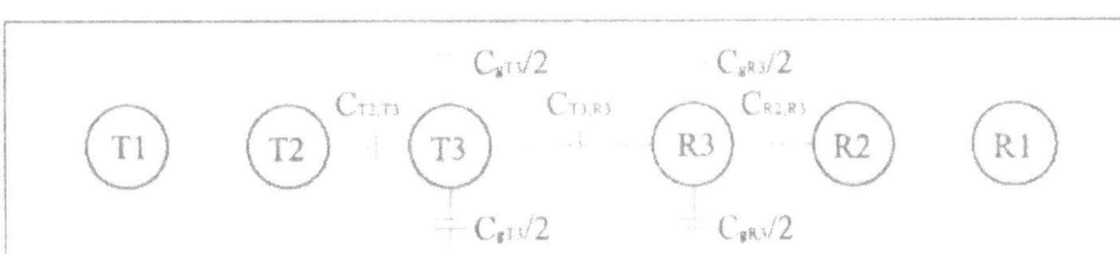

그림 5.13 모노블럭 듀플렉서 공진기 블록의 구조

각 공진기의 우모드 및 기모드 특성 임피던스를 이용하여 듀플렉서를 구성하는 공진기 블록을 등가화 할 수 있다. 공진 홀 $T3$, $R3$ 을 제외한 나머지 공진기는 대역통과 필터 설계에서 구한 값들이 적용된다. 따라서, 공진 홀 $T3$, $R3$ 의 우모드 및 기모드 특성 임피던스를 구하면 듀플렉서 공진기 블록의 등가회로를 완성할 수 있다. 듀플렉서 공진기 블록에서 공진 홀 $T3$, $R3$ 의 캐패시턴스 분포는 그림 5.13과 같다. 우모드의 경우, 공진 홀 $T3$ 에서 접지면 사이의 전체 캐패시턴스는 다음과 같다.

$$C_{e\,T3} = C_{g\,T3} \tag{5.14}$$

기모드의 경우, 공진 홀 3과 접지면 사이의 총 캐패시턴스는 다음과 같다.

$$C_{o\,T3} = C_{g\,T3} + 2C_{T2,\,T3} + 2C_{T3,\,R3} \tag{5.15}$$

식(5.14)와 식(5.15)를 이용하여 $C_{T3,\,R3}$ 을 구하면

$$C_{T3,\,R3} = \frac{C_{o\,T3} - C_{e\,T3} - 2C_{T2,\,T3}}{2} \tag{5.16}$$

여기서, $Z_0 = 1/\nu C$ 이므로, $Z_{T3,\,R3}$ 은

$$Z_{T3,\,R3} = \frac{2}{\dfrac{1}{Z_{0o}^{T3}} - \dfrac{1}{Z_{0e}^{T3}} - \dfrac{2}{Z_{T2,\,T3}}} \tag{5.17}$$

공진 홀 $T3$, $R3$의 경우 그림 5.14와 같은 구조의 경계 조건으로 이차원 유한 요소법을 이용하여 우모드 및 기모드 특성 임피던스를 구할 수 있는데, 나머지 공진 홀은 대역통과 필터의 공진기 블록을 등가화할 때 설정하였던 경계 조건과 같은 조건으로 우모드 및 기모드 특성 임피던스를 구하였다. 그림 5.14에서 실선은 완전 전계 경계면을 나타내며, 점선은 완전 자계 경계면을 나타낸다.

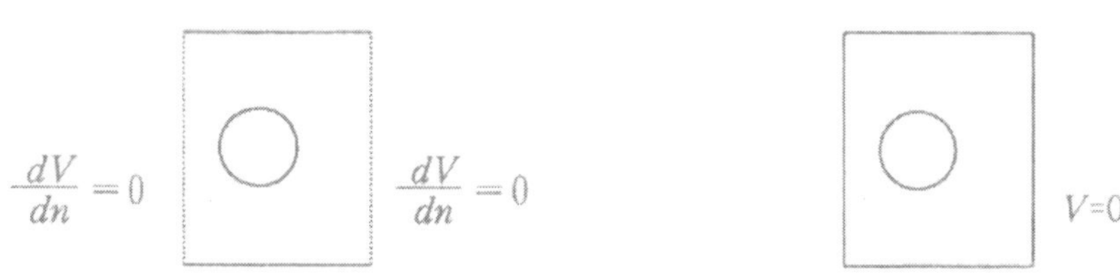

(a) 우모드　　　　(b) 기모드

그림 5.14 공진 홀 $T3$, $R3$ 의 2차원 유한 요소법 모델

이차원 유한 요소법에 의해 해석된 듀플렉서 공진기 블록의 각 공진 홀의 우모드 및

기모드 특성 임피던스를 구한다. 구해진 공진 홀 3의 우모드 및 기모드 특성 임피던스를 이용하여, 식(5.17)에 의해 $Z_{T3,\ R3}$ 을 구한다. 이와 같이 구해진 6단 $\lambda/4$ TEM 모드 모노블럭 듀플렉서의 유전체 블록의 등가회로는 그림 5.15와 같다.

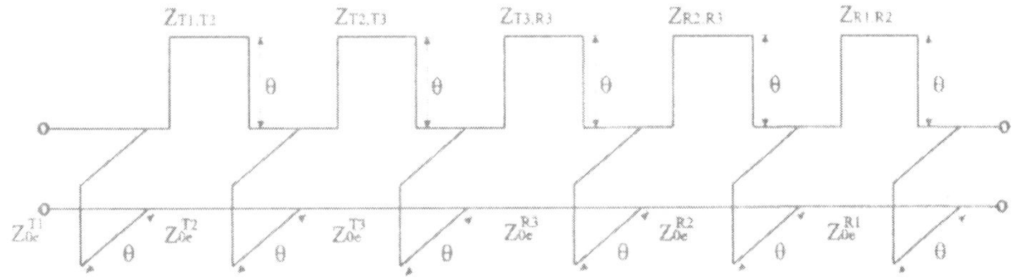

그림 5.15 6단 모노블럭 듀플렉서 공진기 블록의 등가회로

5.1.7 모노블럭 듀플렉서의 등가회로

듀플렉서를 구성하는 수신단 및 송신단 대역통과 필터는 모노블럭 대역통과 필터를 기초로 설계되지만, 한쪽 끝단이 저항으로 종단된 저역통과 원형필터를 이용함으로써 대역통과 필터를 수정, 보완하여야 필터 상호간의 간섭을 억제할 수 있고, 수신단 및 송신단 대역통과 필터를 안테나 단자를 공통으로 하여 하나의 유전체 블록 내에 병렬 연결하여 구현함으로써 3개의 단자를 갖는 듀플렉서를 완성한다. 듀플렉서를 구성하는 각각의 필터는 한쪽 끝단이 저항으로 종단된 체비셰브형 저역통과 원형필터의 g 값을 구한다. 이때 g_{n+1} 은 무한대 값으로 정의된 전압 또는 전류원을 나타낸다. 영의 임피던스를 갖는 전압원의 자체 내부 컨덕턴스가 무한하다는 것을 나타내며, 전류원의 경우, 자체 내부 임피던스가 무한하다는 것을 나타낸다. 실제 듀플렉서는 유한한 전원에 의해 구동되므로, 식(5.18)에 의해 무한한 값으로 정의된 g_{n+1} 은 유한한 값을 갖는 g''_{n+1} 으로 대치한다. 이는 전체 감쇄의 크기를 나타낸다.

$$g''_{n+1} = \frac{anti\log_{10}\left(\frac{L_{Ar}}{20}\right)}{g_0} \tag{5.18}$$

따라서, 한쪽 끝단이 저항으로 종단된 체비셰브형 저역통과 원형필터의 g 값을 구하고, 이를 이용하여 어드미턴스 인버터를 구한 후, 듀플렉서를 구성하는 송신단 및 수신단 대역통과 필터의 결합 캐패시턴스를 각각 식(5.11) ~ 식(5.13)의 과정을 반복 계산하여 구한다. 그림 5.15와 같이 구해진 6단 듀플렉서의 공진기 블록 등가회로를 기초로, 각 공진기 사이 및 공진기와 접지 사이, 송수신 단자, 안테나 단자와의 결합 캐패시턴스를 구하여 구현한 듀플렉서의 등가회로는 그림 5.16과 같다.

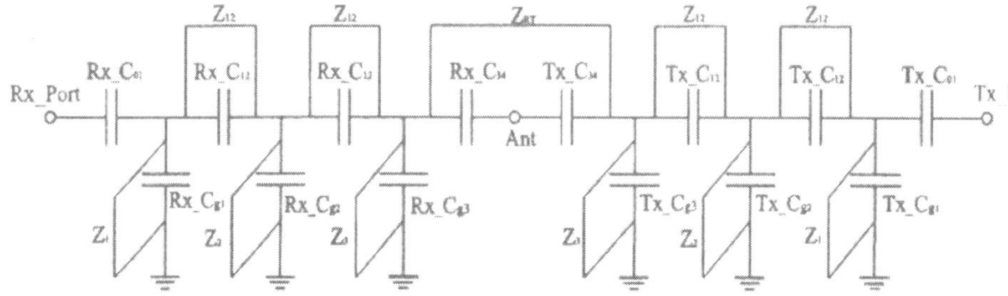

그림 5.16 6단 모노블럭 듀플렉서의 등가회로

5.2 모노블럭 대역통과 필터 예

5.2.1 모노블럭 대역통과 필터 설계

표 5.1과 같은 특성을 만족하는 수신 및 송신용 대역통과 필터의 단수를 3단으로 결정하고, 감쇄극을 이용하여 감쇄 특성을 향상시킨 대역통과 필터를 설계하고자 한다. 즉, 송신단 대역통과 필터의 경우 통과대역 위쪽 저지대역에 감쇄극을 갖도록 하여 통

과대역 위쪽 저지대역의 감쇄 특성을 높이고, 수신단 대역통과 필터는 통과대역 아래쪽 저지대역의 감쇄극을 삽입함으로써 통과대역 아래쪽 저지대역 감쇄 특성을 높여 최소의 단수로 대역통과 필터를 설계하고자 한다.

그림 5.17과 같은 과정에 따라 $\lambda/4$ TEM 모드 일체형 유전체 대역통과 필터를 설계한다. 우선 응용 가능한 주파수 특성을 갖는 대역통과 필터의 등가회로를 설계한 후, 이 등가회로를 바탕으로 필터의 구조를 설계한다. 등가회로에서 얻어진, 각 공진기 사이의 결합 및 입출력단과 공진기 사이의 결합량에 적합한 캐패시터의 구조를 설계한 후, 3차원 유한 요소법을 이용한 구조 해석을 통해 최적의 특성을 갖는 대역통과 필터의 구조를 구현한다.

표 5.1 설계할 대역통과 필터의 특성

	송신단 대역통과 필터	수신단 대역통과 필터
중심 주파수	1765 MHz	1855 MHz
통과 대역	1750~1780 MHz	1840~1870 MHz
삽입 손실	3.5 dB Max.	4.2 dB Max.
반사 손실	9.0 dB Min.	9.0 dB Min.
통과대역 리플	1.0 dB Max.	1.0 dB Max.
감쇄 특성	30 dB Min (>1840 MHz)	30 dB Min (<1780 MHz)
임피던스	50 Ω	50 Ω

우선 공진기 블록을 등가화해야 하는데, 식(5.5) ~ 식(5.9)를 이용하여 2차원 유한 요소법에 의해 해석된 각 공진기의 우모드 및 기모드 특성 임피던스는 표 5.2와 같다. 구해진 각 공진기의 우모드 및 기모드 특성 임피던스를 이용하여, Z_{12}를 구하면, $Z_{12} = 67.12$가 된다. 각 대역통과 필터의 단수를 3단, 통과대역 리플은 필터의 요구 사양을 충분히 만족하게 하기 위해 $0.1\,dB$ 로 하여 체비셰브형 저역통과 원형필터의 g 값을 구한 후, 캐패시턴스로 이루어진 어드미턴스 인버터와 3단 공진기 블록의 등가회로를 이용하여 구현한다.

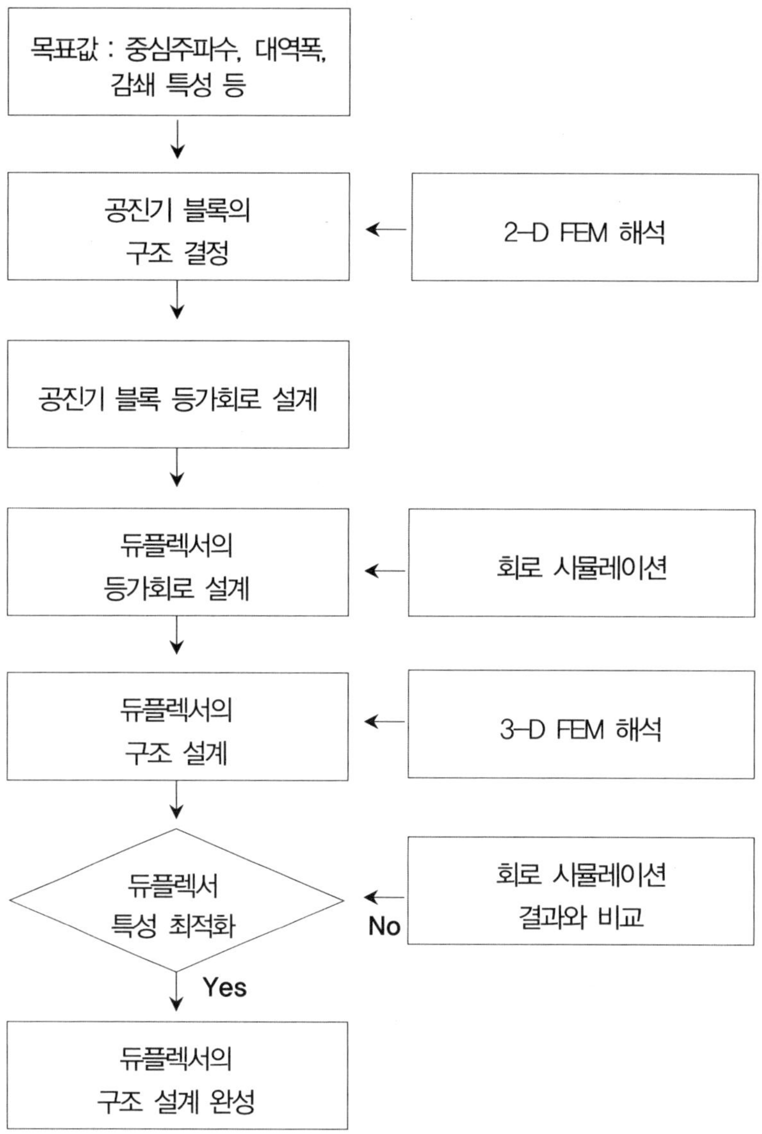

그림 5.17 대역통과 필터 및 듀플렉서 설계 과정

표 5.2 2차원 유한 요소법에 의해 계산된 각 공진홀의 우모드 및 기모드 특성 임피던스

	Z_{0e}	Z_{0o}
홀 1	14.10	9.93
홀 2	18.38	8.77
홀 3	14.10	9.93

$g_0 = 1.0$ $\quad g_1 = 1.03159$

$g_2 = 1.1474$ $\quad g_3 = 1.03159$

$g_4 = 1.0$

설계된 3단 모노블럭 대역통과 필터는 대칭 구조를 갖는 필터로써, 공진기 1과 3의 특성 임피던스가 같으며($Z_1 = Z_3$), 공진기 1과 2사이의 자체 결합에 의한 특성 임피던스와 공진기 2와 3 사이의 자체 결합에 의한 특성 임피던스는 같다($Z_{12} = Z_{23}$). 또한, 입출력 결합 캐패시턴스가 같으며($C_{01} = C_{34}$), 공진기 1, 3과 접지 사이에 병렬로 각각 연결된 캐패시턴스가 같다($C_{g1} = C_{g3}$). 또한, 각 공진기의 길이는 동일하게 설계되어 있다. 송신단 대역통과 필터는 통과대역 위쪽 저지대역에 감쇄극을 갖도록 하고, 수신단 대역통과 필터는 통과대역 아래쪽 저지대역에 감쇄극을 갖도록 C_{12}의 값을 결정한다.

5.2.2 3차원 유한 요소법을 이용한 구조 설계

설계하고자 하는 모노블럭 대역통과 필디는 그림 5.18과 같이 한쪽 개방면을 제외한 모든 면이 도체로 둘러싸여 있는 하나의 유전체 블록 내에 도체로 도포된 복수개의 공진 홀이 존재하는 구조를 갖는다. 또한 표면실장이 가능하도록 한쪽 측면의 도체 일부분에 입출력 단자를 구성하고, 개방단 위에는 각 공진기의 결합을 구현하기 위한 전극 패턴을 구성한다. 이는 입출력단과 공진기 사이, 그리고 공진기들 사이의 캐패시턴스 결합을 위한 전극 구조로, 각 전극 패턴에 따른 캐패시턴스 값은 이론값과의 오차 또한 상호간섭 등으로 인해 정량적으로 그 구조를 결정하기 어렵다.

따라서, 각 캐패시터용 전극 구조에 따른 캐패시턴스를 주어진 필터 조건상에서 고주파 구조 시뮬레이션을 이용하여 유추한 다음, 이를 최적화하여 필터를 설계한다. 이 과정을 위해 고주파 구조 시뮬레이터인 HFSS(High Frequency Structure Simulator)를 사용하여 필터의 구조의 해석 및 주파수 특성 최적화 설계를 하였다. HFSS는 유한 요소법(FEM, Finite Element Method)을 기초로 삼각(이차원의 경우) 또는 사면체(삼차원의 경우)의 메쉬(mesh)로 구조를 분할하여 각 메쉬의 노드(node)에서 맥스웰 방정식의 해를 반복 계산함으로써 고주파 수동소자의 주파수 전달 특성과 전기기 분포 등을 해석할 수 있는 소프트웨어이며, 등질(homogeneous and linear)뿐만 아니라 비등질(anisotropic and lossy)의 매질에서도 전자기 해석이 가능하다.

일반적으로 이전의 고주파 수동소자의 설계는 고주파에서 소자 내의 전자기적 거동을 전반적으로 이해하여 설계하기 어렵기 때문에 소자를 설계한 후, 설계된 구조를 제작하고 그 특성을 측정한 다음, 설계를 수정, 보완하는 과정을 반복하여 이루어진다. 그러나, HFSS와 같은 고주파 구조 시뮬레이터를 이용하면 컴퓨터에서 모델링하고 분석함으로써 수정, 보안 과정을 줄이거나 배제할 수 있어 설계 과정에 큰 도움이 될 뿐만 아니라 시간과 비용 절감 효과를 얻을 수 있다.

모노블럭의 구조 설계에서 가장 중요한 것은 등가회로 설계에서 얻어진 각각의 결합용 캐패시턴스를 필터의 개방단 위에 캐패시터 소자로 구현하는 것으로, 결합용 캐패시터의 전극 구조에 따른 캐패시턴스 값을 해석하기 위한 모델을 설정하고, 공진 주파수 또는 너치(notch) 주파수를 이용하여 캐패시턴스를 계산한다. 이와 같이 결정된 캐패시터의 구조를 초기 모델로 선정한 후 최적의 주파수 특성을 갖도록 고주파 구조 시뮬레이션을 반복하여 대역통과 필터의 구조 설계를 한다. HFSS를 이용한 구조 시뮬레이션에 적용된 유전체의 유전율은 실제 제작시 사용될 ZST 계 유전체 세라믹의 유전율인 38로 하였고, $\tan\delta$ 는 0.0002로 결정한다.

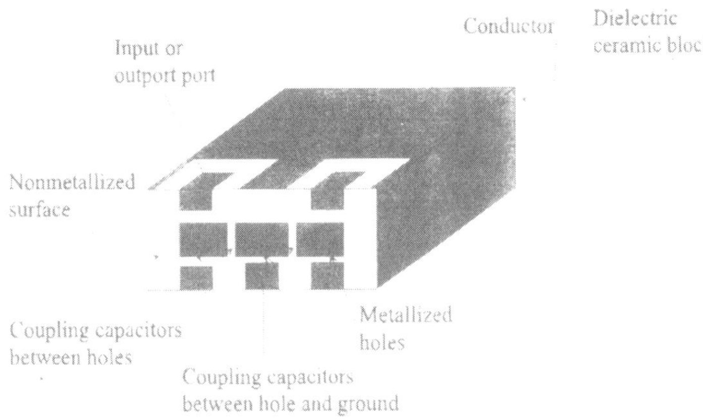

그림 5.18 모노블럭 대역통과 필터의 구조

입출력 결합 캐패시턴스 해석

필터의 등가회로에서 입출력단과 공진기 사이의 결합을 위한 C_{01} 캐패시턴스는 측면에 구성된 표면 실장용 전극과 유전체 필터 개방단 위에 구성된 전극으로 구현한다. 입출력단에서 공진 홀 사이는 측면에 구성된 전극에 의해 3차원적으로 캐패시턴스 결합되며, 개방단 위에 구성된 전극에 의해 2차원적으로 캐패시턴스 결합되므로, 이 둘을 합한 결합 캐패시터의 구조에 따른 캐패시턴스를 수치적으로 계산하기란 어렵다. 따라서, 그림 5.19와 같은 모델을 HFSS를 이용하여 해석함으로써 C_{01} 캐패시터 구조에 따른 캐패시턴스를 계산한다.

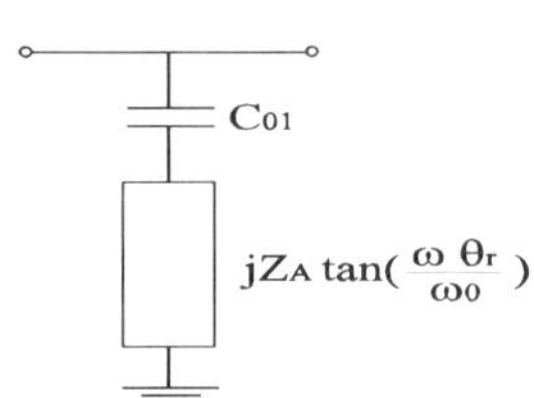

(a) 등가회로

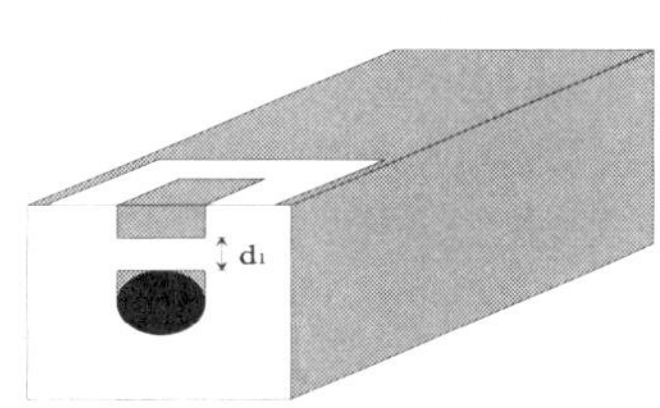

(b) 구조 모델

그림 5.19 C_{01} 캐패시턴스 해석을 위한 모델

그림 5.19(a)의 등가회로에서 입력 임피던스 Z_{in}을 다음과 같이 구할 수 있다.

$$Z_{in} = \frac{1}{j\omega C_{01}} + jZ_A \tan\left(\frac{\omega \theta_r}{\omega_0}\right) \tag{5.19}$$

너치 주파수에서 $Z_{in} = 0$ 이 되므로, 너치가 나타나는 주파수를 ω_n 이라고 하면, C_{01} 은 다음과 같이 계산된다.

$$C_{01} = \frac{1}{\omega_n Z_A \tan\left(\frac{\omega_n \theta_r}{\omega_0}\right)} \tag{5.20}$$

따라서, 그림 5.19(b)와 같은 모델을 HFSS를 이용하여 해석하여 그림 5.20과 같은 주파수 전달 특성(S_{21})으로부터 d_1의 변화에 따른 각 너치 주파수를 구한 후, 식(5.20)을 이용하여 C_{01} 캐패시턴스를 계산함으로써, d_1에 따른 캐패시턴스 변화를 그림 5.21과 같이 구할 수 있다. 그림 5.20에서 캐패시터의 간격 d_1이 작아짐에 따라 너치 주파수가 감소하는 경향을 나타내었고, 캐패시턴스는 지수적으로 증가함을 그림 5.21을 통해 알 수 있다. 그림 5.20과 같은 그래프를 통하여 등가회로에서 구해진 C_{01} 캐패시턴스에 해당하는 캐패시터 구조를 결정한다. C_{01} 캐패시턴스 해석 모델은 $3 \times 3mm$ 의 단면적과 $1mm$ 직경의 공진 홀을 갖는 $6.25mm$ 길이의 구형 동축 공진기이며, 이때 공진기의 유전율은 38 이다. 공진기의 특성 임피던스는 다음 식에 의해 $11.428\,\Omega$으로 계산되며, $\lambda/4$ 공진 주파수는 1.945 GHz 이며, 입출력 캐패시터 C_{01}의 폭은 $1mm$로 고정하여 해석한다.

$$Z_A = \frac{376.7}{2\pi\sqrt{\varepsilon_r}} \ln\left(1.07861 \times \frac{s}{d}\right), \qquad \frac{d}{s} > 0.5 \text{ 일 때} \tag{5.21}$$

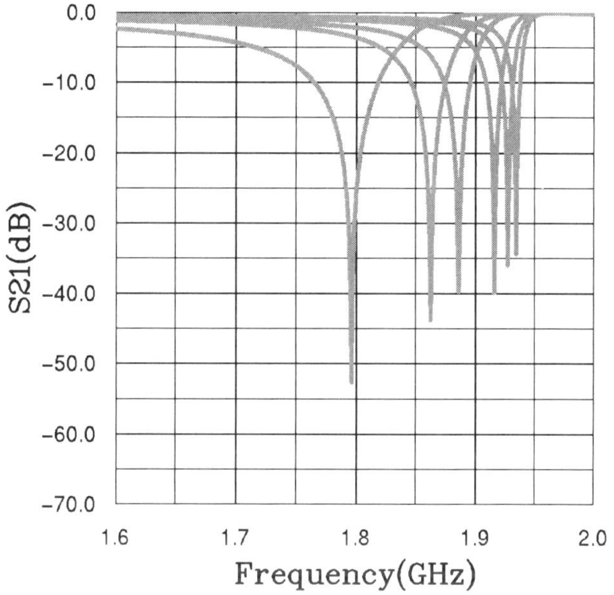

그림 5.20 d_1 변화에 따른 주파수 전달 특성(S_{21})

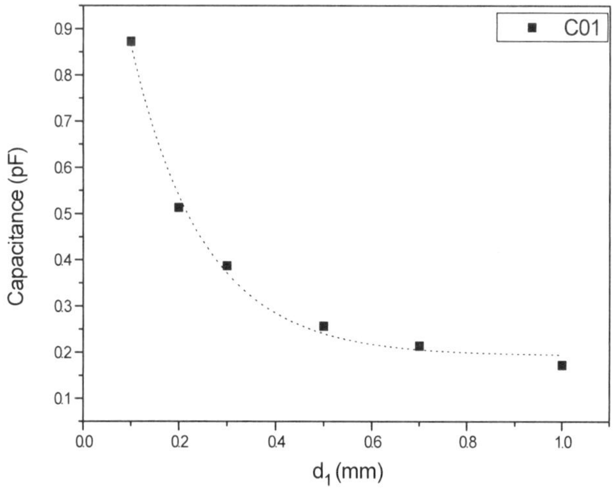

그림 5.21 d_1 에 따른 C_{01} 캐패시턴스의 변화

공진기와 접지 사이의 캐패시턴스의 해석

필터의 등가회로에서 공진기와 접지 사이에 연결된 C_g 캐패시턴스는 대역통과 필터의 개방단 위에 공진 홀과 접지 사이에 전극을 구성하여 2차원 캐패시터 구조로 구현한다. C_g 캐패시턴스를 해석하기 위해 그림 5.22와 같은 등가회로와 3차원 구조 모델을 설정한다. 그림 5.22(a)의 등가회로에서 서셉턴스 B_1 은 다음과 같다.

$$B_1 = -\frac{1}{Z_A \tan\left(\frac{\omega\theta_r}{\omega_0}\right)} + \omega C_g \tag{5.22}$$

공진 주파수에서($\omega = \omega_0$) 서셉턴스 $B_1 = 0$ 이므로, C_g 는 다음과 같이 구한다.

$$C_g = \frac{1}{\omega_0 Z_A \tan\theta_r} \tag{5.23}$$

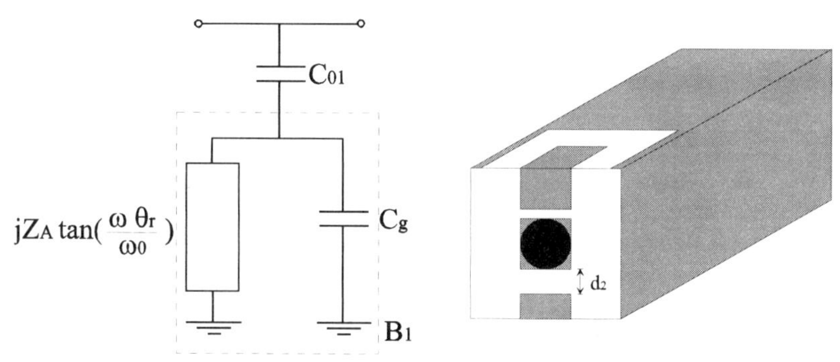

(a) 등가회로 (b) 구조 모델

그림 5.22 C_g 캐패시턴스 해석을 위한 모델

따라서, 그림 5.22(b)와 같은 C_g 해석 모델에서 d_2 의 변화에 따른 공진주파수는 그림 5.23과 같은 HFSS에 의해 해석된 주파수 반사 특성(S_{11})으로부터 구한다. 캐피시터의 간격 d_2 가 커질수록 설정된 모델의 공진주파수는 증가하는 경향을 나타내다. 식 (5.23)을 이용하여 공진 주파수로부터 C_g 캐패시턴스를 계산함으로써, d_2에 따른 캐패시턴스의 변화를 그림 5.24와 같이 구할 수 있다. C_g 캐패시터의 전극 간격이 좁아짐에 따라 이 캐패시턴스는 지수적으로 증가함을 알 수 있다. 여기서, C_g 해석 모델은 C_{01} 해석 모델과 같은 형태의 구형 동축공진기를 택하였고, 공진기의 특성 임피던스는 11.428Ω이며, 공진기의 여기를 위한 입출력 캐피시터 C_{01}은 폭 1mm, 전극 사이 간격 0.2mm 로 고정하여 해석하였다. 그림 5.24와 같은 그래프를 이용하여 등가회로에서 구해진 C_g 캐패시턴스에 해당하는 캐패시터 구조를 결정할 수 있으며, 이 캐패시터의 구조는 2차원 평면 구조이므로, 등가회로에서 공진기 사이의 결합을 위한 캐패시턴스 C_{12}의 구현을 위한 캐패시터 구조에도 적용하여 필터의 초기 모델 설계에 사용된다.

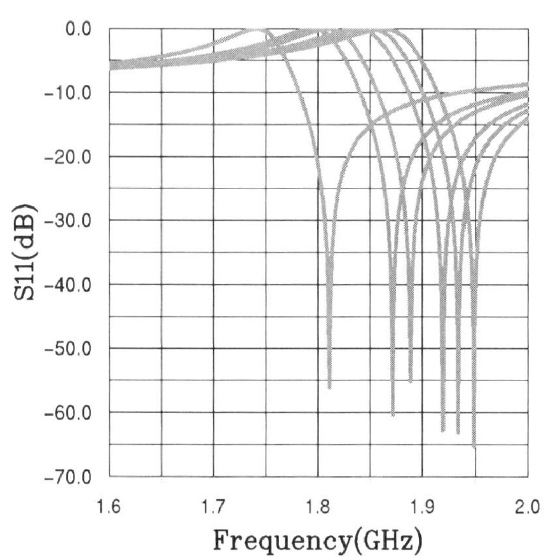

그림 5.23 d_2 변화에 따른 주파수 전달 특성(S_{11})

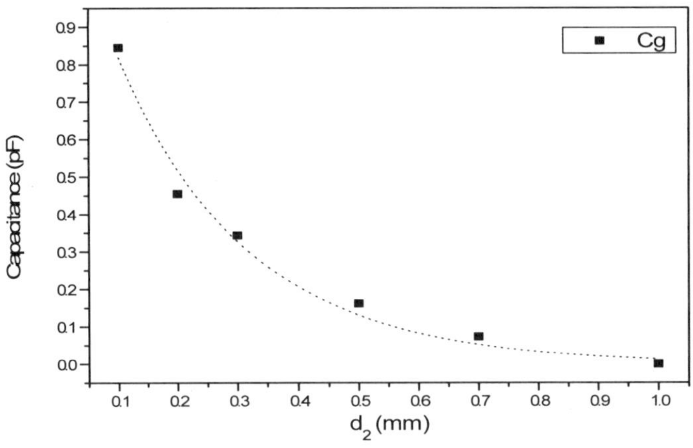

그림 5.24 d_2 에 따른 C_g 캐패시턴스의 변화

제작하고자 하는 필터의 결합용 캐패시터의 전극은 실버 페이스트(silver paste)를 스크린 프린팅(screen printing)하여 구현하였는데, 제작상의 오차를 줄이기 위해서는 0.2mm 이하의 전극 간격은 설계에서 지양한다. 따라서, 0.5pF 이상의 캐패시턴스 구현을 위해서는 그림 5.25와 같은 단위 면적당 비교적 높은 캐패시턴스의 구현이 가능한 인터디지탈 전극 구조를 갖는 캐패시터의 해석이 필요하다. 캐패시터를 구현할 수 있는 필터 개방단의 공간적 한계와 제작상의 신뢰성을 고려하여 그림 5.25에서 인터디지탈 캐패시터의 전극 간격과 선폭을 0.2로 고정하고, 핑거 수 3과 4에 대해 핑거의 길이 l의 변화에 따른 공진 주파수의 변화를 HFSS에 의한 주파수 반사 특성(S_{11})으로 관찰한다. 핑거 수가 3과 4인 경우에 설정된 모델의 공진 주파수의 변화는 각각 그림 5.26과 그림 5.27에 나타나 있다. 핑거의 길이 l이 길어짐에 따라 공진 주파수는 감소하는 경향을 나타내고, 각각의 공진 주파수를 이용하여 식(5.23)에 의해 캐패시턴스를 계산한 결과 핑거의 길이 l에 대해 캐패시턴스는 그림 5.28과 같이 선형적으로 증가하는 경향을 나타낸다. 그림 5.28과 같은 그래프를 이용하여 필터의 등가회로에서 0.5pF 이상의 C_g 캐패시턴스에 해당하는 캐패시터의 초기 구조를 결정한다.

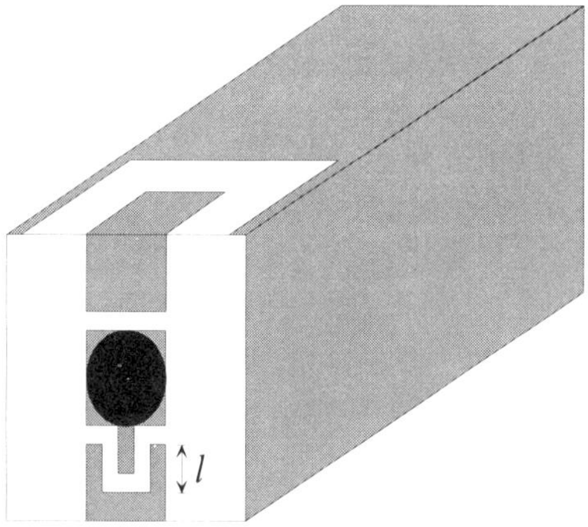

그림 5.25 인터디지탈 구조로 구현된 C_g 해석을 위한 구조 모델

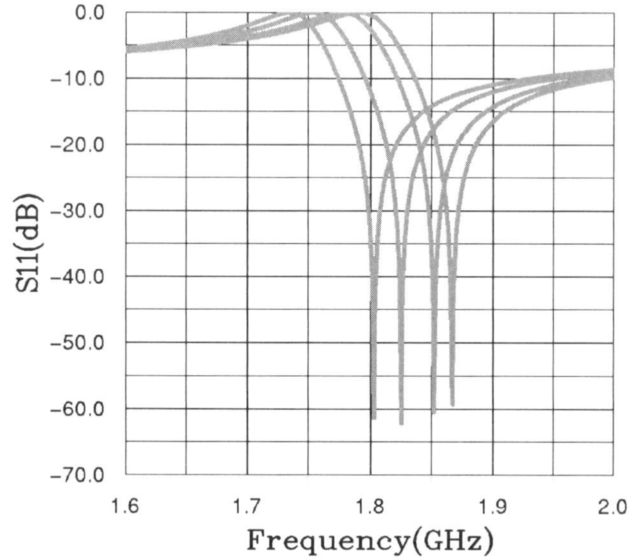

그림 5.26 l 변화에 따른 주파수 반사 특성(S_{11}) (인터디지탈 핑거 수=3인 경우)

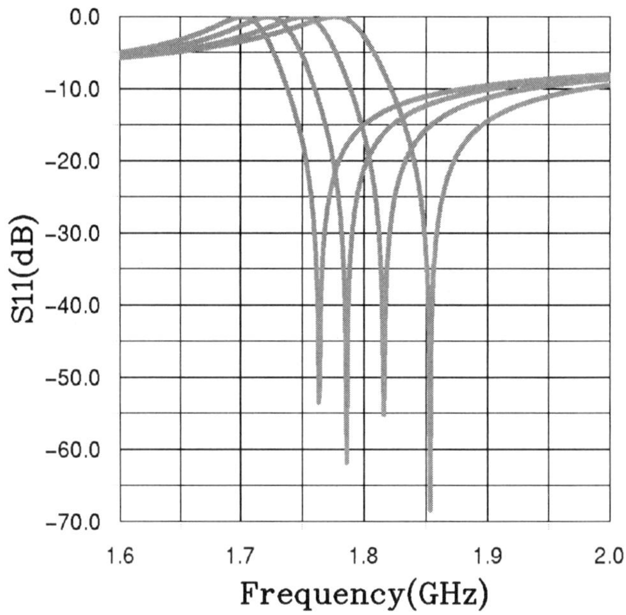

그림 5.27 l 변화에 따른 주파수 반사 특성(S_{11}) (인터디지탈 핑거 수=4인 경우)

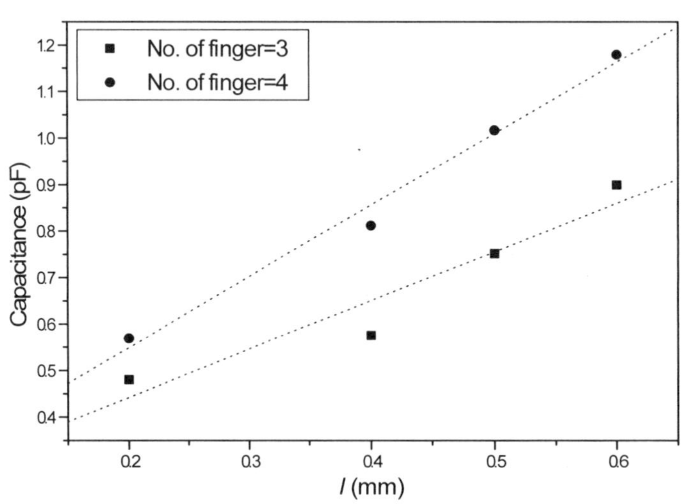

그림 5.28 l 에 따른 캐패시턴스의 변화

5.2.3 수신단 대역통과 필터의 시뮬레이션 및 결과

각 공진기 길이의 초기값을 90° 로 설정하여 서셉턴스 기울기 변수를 계산한 후, 중심 주파수 1855MHz, 대역폭 30MHz, 입출력 부하 저항 50Ω, 저역통과 원형필터의 차단 주파수(ω_1') 1인 조건으로 어드미턴스 인버터의 값을 계산한다.

계산된 어드미턴스 인버터의 값과 구해진 3단 대역통과 필터의 공진기 블록의 등가회로에서 각 공진기의 특성 임피던스를 이용하여 입출력 결합 캐패시턴스와 공진 기간의 결합 캐패시턴스를 구한다. 입출력 결합 캐패시턴스는 식(5.15)에 의해 계산되며, 공진기 사이의 결합 캐패시턴스는 통과대역 아래쪽 저지대역내 1780MHz에 감쇄극이 존재하도록 식(5.16)에 의해 구한다. 입출력 결합 및 공진기간 결합에 의해 야기되는 음의 캐패시턴스를 흡수하기 위한 C_g 캐패시턴스를 결정하였고, 이에 따라 공진기의 길이는 다소 짧게 변하며, 변화된 공진기 길이에 의해 서셉턴스 기울기 변수도 변하므로, 위 과정을 반복하여 수렴된 각 공진기 결합 캐패시턴스의 값을 구한다. 이와 같이 설계된 수신단 대역통과 필터의 등가회로는 그림 5.29와 같다. 공진기와 접지 사이에 병렬로 연결된 C_g 캐패시턴스가 클수록 필터의 길이가 줄어들어 소형화할 수 있으나, 각 결합 소자를 구현할 수 있는 필터 개방단의 공간적 한계가 있으므로, 소형화를 위해 C_g 캐패시턴스 값을 임의로 크게 할 수 없다. 또한, 수신단 필터의 중심 주파수보다 낮은 중심 주파스를 갖는 송신단 필터의 길이를 수신단 필터의 길이와 같게 하여 듀플렉서의 응용이 가능하도록 하기 위해서는 수신단 필터에서 보다 더 큰 C_g 캐패시턴스가 필요하다. 이를 고려하여 수신단 필터의 길이는 $C_{g1}(=C_{g3})$ 캐패시턴스가 공진기간의 결합에 의한 음의 캐패시턴스를 흡수한 후, 0에 가까운 최소 캐패시턴스를 갖도록 하여 필터의 길이를 가능한 길게 함으로써 송신단 필터의 구조 설계에서 C_g 캐패시턴스의 구현이 용이하도록 한다.

고주파 회로 시뮬레이터를 이용하여 해석된 대역통과 필터 등가회로의 주파수 특성은 그림 5.30과 같다.

중심주파수 $(f_0) = 1855\,MHz$

통과대역 $(BW) = 30\,MHz\,(f_0 \pm 15\,MHz)$

통과대역 피플 $(L_{Ar}) = 0.1\,dB\ Max.$

공진기 수 $= 3$

입출력 부하 임피던스 $= 50\,\Omega$

$Z_1 = 14.10\,\Omega$

$Z_2 = 18.38\,\Omega$

$Z_{12} = 67.12\,\Omega$

공진기의 전기적 길이 $= 85.725^\circ\ (f_0 = 1855\,MHz)$

$C_{g1} = 0.00133\,pF$

$C_{g2} = 0.20137\,pF$

$C_{01} = C_{34} = 0.41914\,pF$

$C_{12} = 0.18600\,pF$

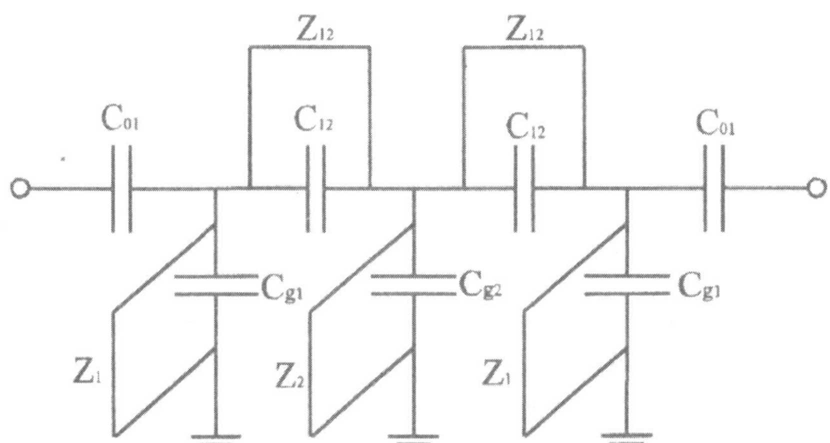

그림 5.29 수신단 대역통과 필터의 등가회로

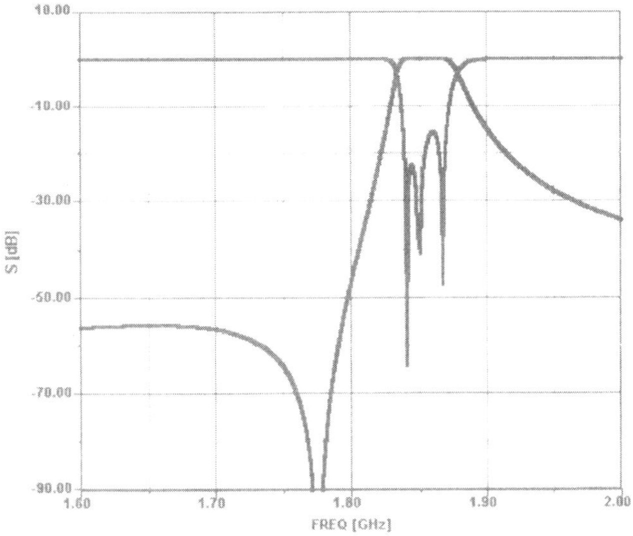

그림 5.30 수신단 대역통과 필터 등가회로의 주파수 특성

설계된 수신단 대역통과 필터의 등가회로에서 각 결합용 캐패시턴스를 변화시키면서 필터의 주파수 특성을 해석하여 이를 구조 설계에서 시뮬레이션 결과와 비교 자료로 활용한다. 즉, 다른 모든 캐패시턴스들은 최적의 결과를 보이는 설계값으로 고정하고 변수가 되는 하나의 결합용 캐패시턴스만을 변화시키면서 그때의 주파수 특성을 구한다. 그림 5.31은 수신단 대역통과 필터의 등가회로에서 C_{01} 의 변화에 따른 필터의 주파수 특성을 관찰한 것이다. 그림 5.31(a), (b)는 C_{01}이 설계값보다 작은 값을 가질 때의 주파수 특성으로 각각 C_{01} 이 0.35pF 과 0.30pF 인 경우이다. 그림 5.30과 비교해 볼 때, 필터의 통과대역을 결정하는 3개의 극 중 가장 좌측의 극은 움직이지 않고, 우측 두 개의 극이 고주파 쪽으로 이동함을 알 수 있다. 이에 따라 좌측 통과대역의 리플이 크게 증가되었다. 그림 5.31(c), (d)는 C_{01} 이 설계값보다 큰 값을 가질 때 주파수 특성으로 각각 0.45pF 과 0.50pF 인 경우이다. 좌측극은 움직이지 않고 우측 두 개의 극이 저주파쪽으로 이동하여 통과대역이 줄어듦을 알 수 있다. 그리고 그림 5.31을 통해 감쇄극의 위치는 C_{01} 의 변화에 따라 거의 변하지 않는다는 것을 알 수 있다.

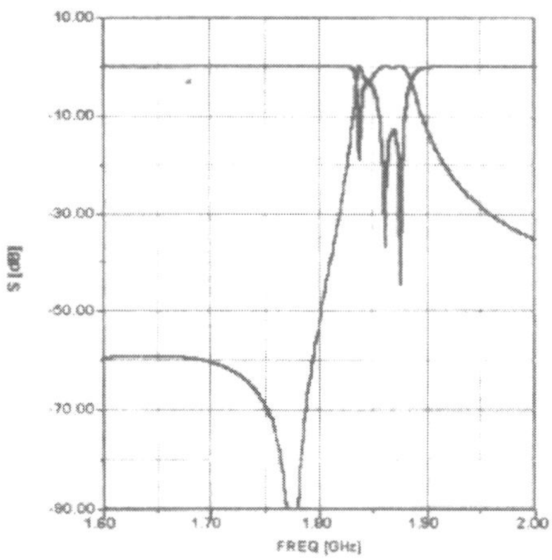

(a) $C_{01} = 0.35\,pF$

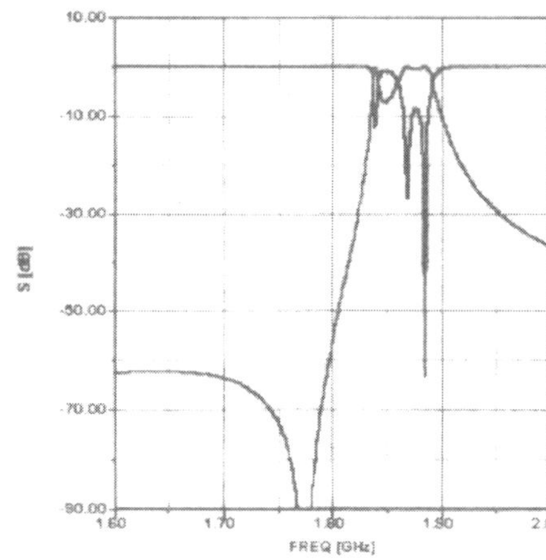

(b) $C_{01} = 0.30\,pF$

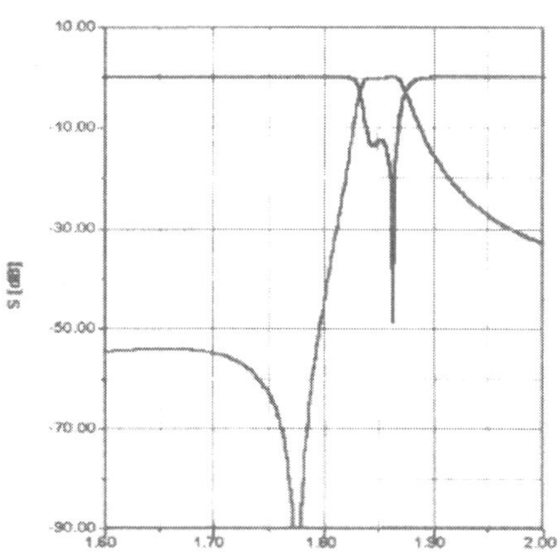

(c) $C_{01} = 0.45\,pF$

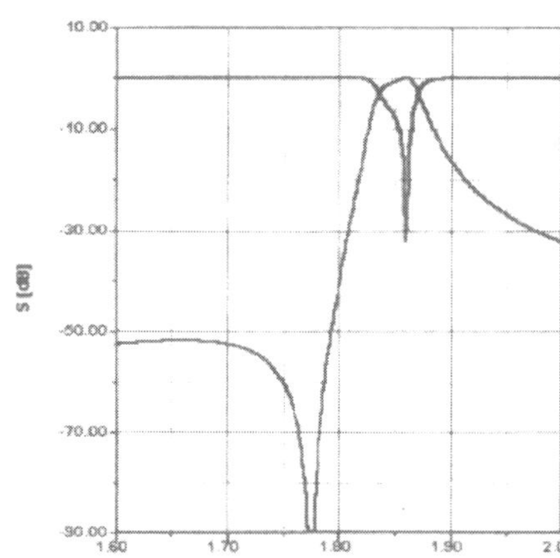

(d) $C_{01} = 0.50\,pF$

그림 5.31 C_{01} 변화에 따른 수신단 대역통과 필터의 주파수 특성

그림 5.32는 수신단 대역통과 필터 등가회로에서 C_{12} 의 변화에 따른 주파수 특성의 변화를 나타낸 것이다. 그림 5.32(a), (b)는 C_{12} 가 설계값에 비해 작아짐에 따른 주파수 특성으로 각각 0.175pF 과 0.16pF 인 경우이다. 통과대역을 결정하는 가장 좌측극

이 고주파쪽으로 움직임에 따라 통과대역이 줄어듦을 알 수 있다. 또한 감쇄극이 고주파쪽으로 움직인다. 그림 5.32(c), (d)는 C_{12} 가 설계값에 비해 커짐에 따른 필터의 주파수 특성 변화로써 각각 0.2pF 과 0.22pF 인 경우이다. C_{12} 가 설계값에 비해 커짐에 따라 통과대역 내의 가장 좌측극이 저주파쪽으로 움직이고, 이에 따라 통과대역이 넓어지며, 통과대역 리플이 증가하는 경향을 보인다. 또한 감쇄극이 저주파쪽으로 이동하였다.

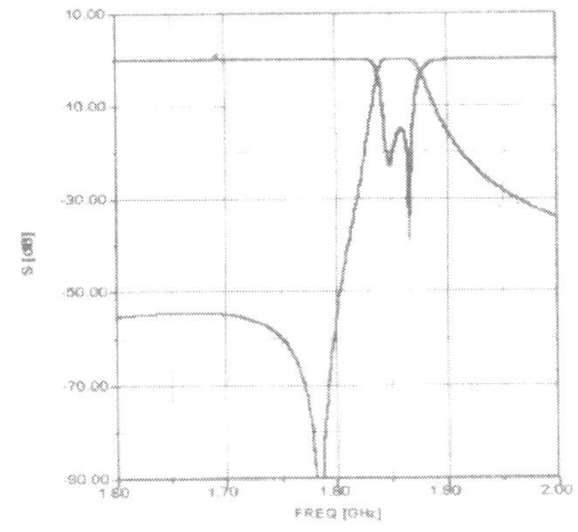

(a) $C_{12} = 0.175\,pF$

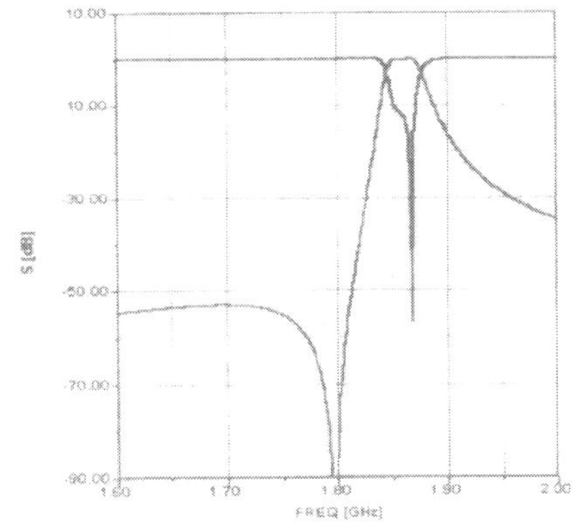

(b) $C_{12} = 0.16\,pF$

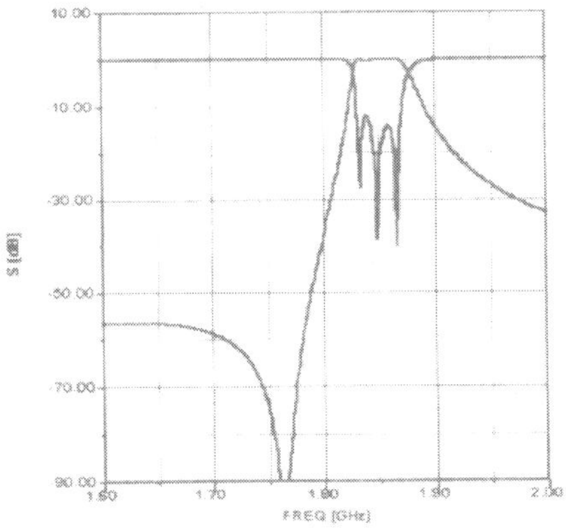

(c) $C_{12} = 0.20\,pF$

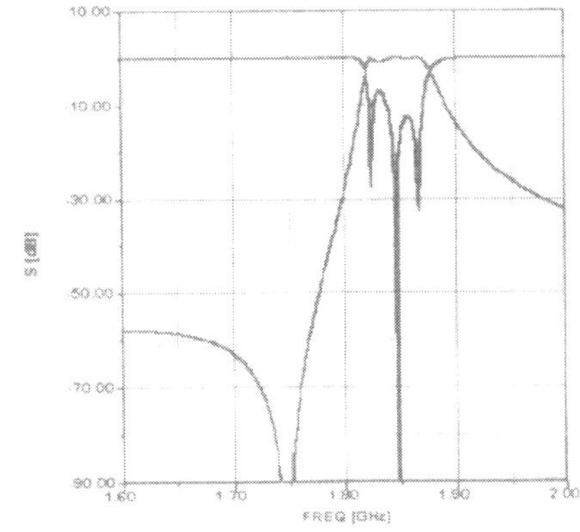

(d) $C_{12} = 0.22\,pF$

그림 5.32 C_{12} 변화에 따른 수신단 대역통과 필터의 주파수 특성

그림 5.33은 수신단 대역통과 필터 등가회로에서 C_{g1} 의 변화에 따른 주파수 특성의 변화를 관찰한 것이다. 그림 5.33(a), (b)는 C_{g1} 이 설계값에 비해 커짐에 따른 주파수 특성 변화로써 각각 0.05pF 과 0.1pF 인 경우이다. 등가회로 설계에서 C_{g1} 은 송신단 대역통과 필터의 설계를 수월하게 하기 위해 0에 가까운 값으로 설계되었기 때문에 C_{g1} 이 설계값보다 작을 때 주파수 변화를 관찰하는 것은 불가능하므로 C_{g1} 의 경우 설계값보다 커짐에 따른 주파수 특성의 변화만 살펴보았다. 그림 5.33에서 C_{g1} 이 커짐에 따라 통과대역 내의 가운데 극이 저주파쪽으로 이동하였고, 1pF 인 경우 가운데 극이 통과대역을 벗어남에 따라 좌측 통과대역의 삽입 손실이 크게 증가하는 현상을 보인다.

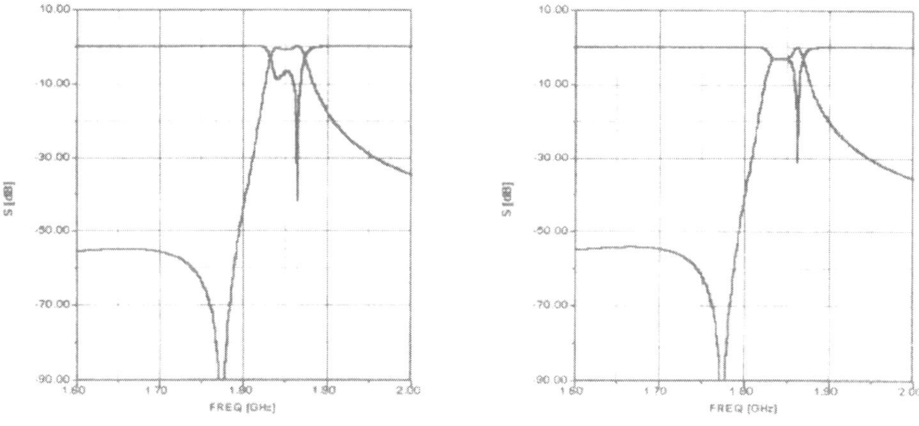

(a) $C_{12} = 0.05\,pF$ (b) $C_{12} = 0.10\,pF$

그림 5.33 C_{g1} 변화에 따른 수신단 대역통과 필터의 주파수 특성

그림 5.34는 C_{g2} 의 변화에 따른 수신단 대역통과 필터 등가회로의 주파수 특성 변화이다. 그림 5.34(a), (b)는 C_{g2} 가 설계값에 비해 작아짐에 따른 주파수 특성 변화로써 각각 0.15pF 과 0.1pF 인 경우이다. 통과대역을 만드는 3개의 극 중 가장 우측의 극이 고주파쪽으로 이동하고 이에 따라 통과대역 좌측의 삽입손실이 크게 증가하고 반사손실이 나빠지는 경향을 보인다. 또한, 가운데 극이 다소 저주파쪽으로 이동하는 경

향을 보인다. 그림 5.34(c), (d)는 C_{g2} 가 설계값에 비해 커짐에 따른 주파수 특성 변화로 각각 0.25pF 과 0.3pF 일 때이다. C_{g2} 가 커짐에 따라 통과대역을 결정하는 가장 우측 극이 저주파쪽으로 이동하였고, 이에 따라 통과대역이 줄어들면서 리플이 크게 증가하고, 좌측극 또한 다소 저주파쪽으로 밀려 내려가는 현상을 보인다.

각 결합용 캐패시턴스의 변화에 따른 주파수 특성 변화는 전반적으로 설계 이론과 일치하는 결과를 보였다. 즉, C_{01}, C_{g1}, 그리고 C_{g2} 의 변화는 감쇄극의 위치에는 영향을 주지 않으며, C_{12} 만이 감쇄극의 위치를 결정하였다. 또한, C_g 가 작아짐에 따라 공진 주파수는 고주파쪽으로 이동하였고, 커짐에 따라 저주파쪽으로 이동하였다. 최적의 주파수 특성을 갖는 필터의 구조를 설계하기 위해서는 각 결합용 캐패시턴스의 변화에 따른 주파수 특성 변화를 전체적으로 이해하고 이와 같은 결과를 구조 시뮬레이션 결과와 비교하여 각 결합용 캐패시터의 구조를 결정해야 한다.

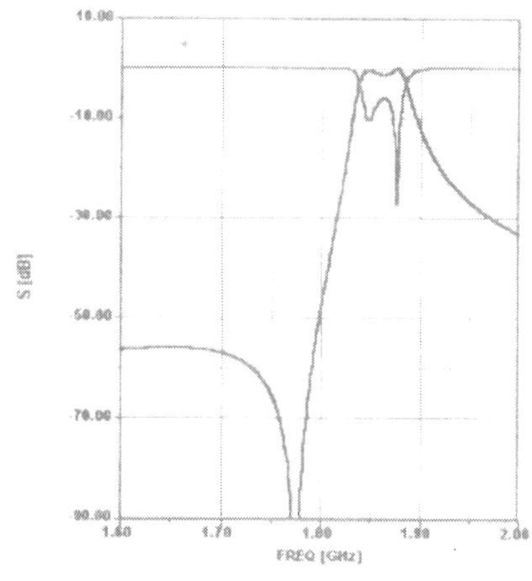

(a) $C_{g2} = 0.15\,pF$

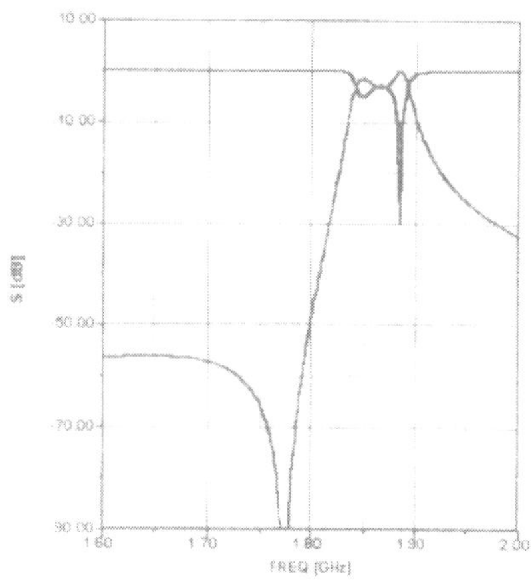

(b) $C_{g2} = 0.10\,pF$

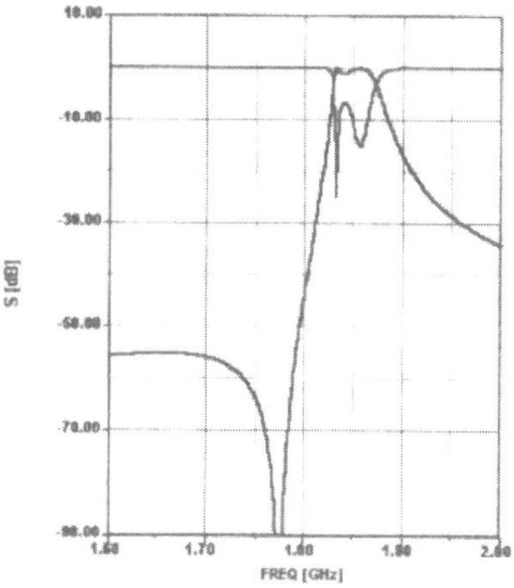

(c) $C_{g2} = 0.25\,pF$

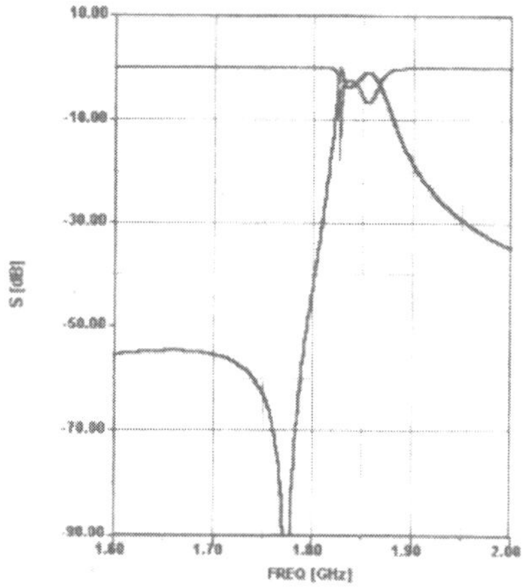

(d) $C_{g2} = 0.30\,pF$

그림 5.34 C_{g2} 변화에 따른 수신단 대역통과 필터의 주파수 특성

등가회로를 바탕으로 설계된 수신단 모노블럭 대역통과 필터의 구조는 그림 5.35와 같다. 그림 5.35(a)는 필터의 개방단 상부에 구현된 공진기 결합용 전극을 나타내며, 그림 5.35(b)는 입출력 단자를 구현한 필터의 측면을 나타낸다. 공진기와 입출력 단자 사이의 결합용 캐패시터는 그림 5.21에 의해서 캐패시터의 초기 구조를 결정하였고, 공진기 사이, 그리고 공진기와 접지 사이의 결합용 캐패시터는 그림 5.24에 의해 초기 구조를 결정하였다. 그리고, 개방단 상부에 구현된 각 결합용 캐패시터는 상호 간섭이 존재하므로 고주파 구조 시뮬레이션 HFSS를 이용하여 반복 해석함으로써, 최적의 주파수 특성을 갖는 대역통과 필터의 구조를 설계하였다. 최종 설계된 수신단 모노블럭 대역통과 필터의 구조 시뮬레이션 결과는 그림 5.36과 같다. 중심주파수는 1855MHz, 통과대역은 1840 ~ 1870MHz이며, 1750MHz에서 감쇄극이 존재하였고, 통과대역에서 반사 손실은 10dB 이상으로 주어진 수신단 설계 특성을 만족하였다.

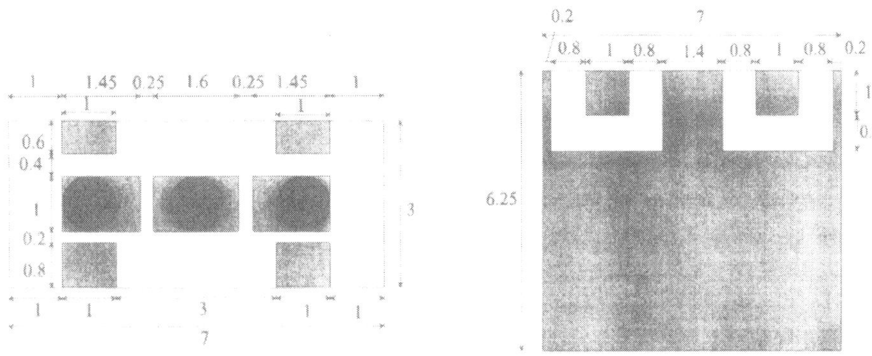

(a) Top 구조 (b) Bottom 구조

그림 5.35 수신단 대역통과 필터의 구조 (단위: mm)

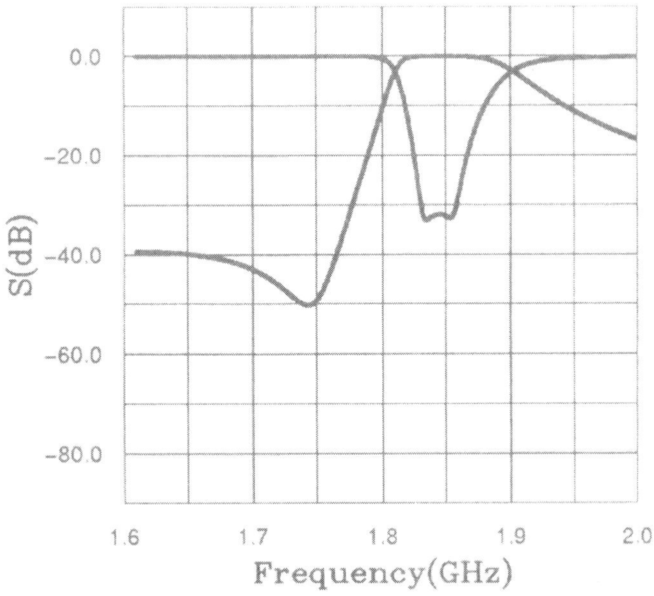

그림 5.36 수신단 대역통과 필터의 구조 시뮬레이션 결과

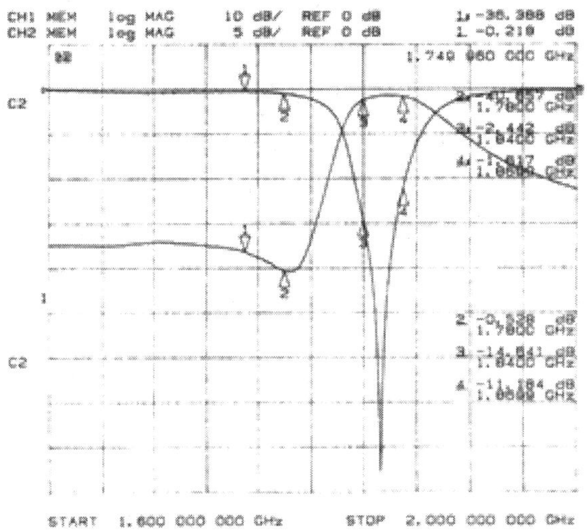

그림 5.37 수신단 대역통과 필터의 주파수 특성

$\varepsilon_r = 38$, $Q \cdot f_0 = 38{,}000\,GHz$, $\tau_f = 0\,ppm/℃$ 의 마이크로파 유전 특성을 갖는 $(Zr_{0.8}Sn_{0.2})TiO_4$ 계 세라믹스를 이용하여 일축 성형한 후, 스크린 프린팅에 의해 전극을 도포하여 제작된 수신단 모노블럭 필터의 주파수 특성은 그림 5.37에 나타나 있다. 중심주파수 및 통과대역은 모두 설계 사양을 만족하였으며, 통과대역 내의 삽입 손실은 2.45dB 이하, 반사손실은 13.0dB 이상이었고, 1dB 이하의 통과대역 리플을 나타내었다. 또한, 통과대역 아래쪽 저지대역, 즉 1780MHz 근방에 감쇄극이 존재하여 우수한 통과대역 아래쪽 저지대역 감쇄 특성을 나타내었다.

5.2.4 송신단 대역통과 필터의 시뮬레이션 및 결과

송신단 대역통과 필터의 등가회로는 중심 주파수 1765MHz, 대역폭 30MHz, 입출력 부하 저항 50Ω, 저역통과 원형필터 차단 주파수(ω_1') 1인 조건에서 수신단 대역통과 필터의 설계와 같은 방법으로 설계한다. 이때, 통과대역 위쪽 저지대역 감쇄 특성을 향상시키기 위해, $C_{12} = 0$ 으로 하여 1850MHz 근방에 감쇄극이 존재하도록 한다. 식

(5.10), 식(5.11)을 반복 계산하여 그림 5.38과 같은 송신단 대역통과 필터 등가회로의 각 소자 값을 결정하였고, 이를 해석한 회로 시뮬레이션 결과는 그림 5.39와 같다. 이와 같이 설계된 필터를 편의상 Tx1이라고 한다. 설계된 T×1 필터는 송신단 필터로써 자체 주파수 특성은 모든 사양을 만족하며, C_g 캐패시턴스가 비교적 큰 값을 갖지 않으므로 이에 해당하는 캐피시터 구조를 수월하게 구현할 수 있으나, 수신단 대역통과 필터보다 긴 필터 길이를 가지므로, 모노블럭 듀플렉서의 수신단 필터로 적용하기에는 제작 공정상 문제점이 따른다. 따라서 모노블럭 듀플렉서로 응용 가능한 송신단 대역통과 필터를 설계하기 위하여 수신단 대역통과 필터와 같은 공진기 길이를 갖도록 C_g 캐패시턴스를 설정하고, 1850MHz 근방에 감쇄극을 갖도록 C_{12} 값을 설정하여 반복 계산한 결과, 그림 5.40과 같은 송신단 대역통과 필터 등가회로의 각 소자 값을 결정한다. 설계된 등가회로의 시뮬레이션 결과는 그림 5.41과 같다. 이와 같이 수신단 대역통과 필터와 같은 길이를 갖는 조건으로 설계된 송신단 필터를 T×2라고 한다.

중심주파수 $(f_0) = 1765\,MHz$

통과대역 $(BW) = 30\,MHz\,(f_0 \pm 15\,MHz)$

통과대역 피플 $(L_{Ar}) = 0.1\,dB\ Max.$

공진기 수 $= 3$

입출력 부하 임피던스 $= 50\,\Omega$

$Z_1 = 14.10\,\Omega$

$Z_2 = 18.38\,\Omega$

$Z_{12} = 67.12\,\Omega$

공진기의 전기적 길이 $= 86.149^\circ\ (f_0 = 1765\,MHz)$

$C_{g1} = 0.09962\,pF$

$C_{g2} = 0.47722\,pF$

$C_{01} = 0.41758\,pF$

$C_{12} = 0\,pF$

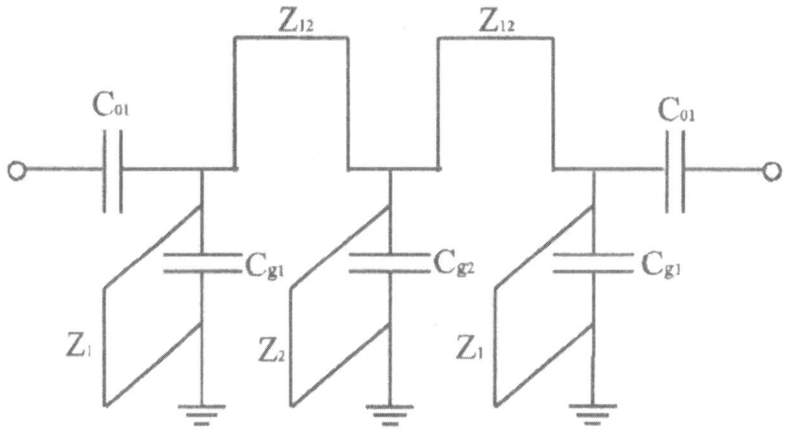

그림 5.38 송신단 대역통과 필터의 등가회로 (Tx1)

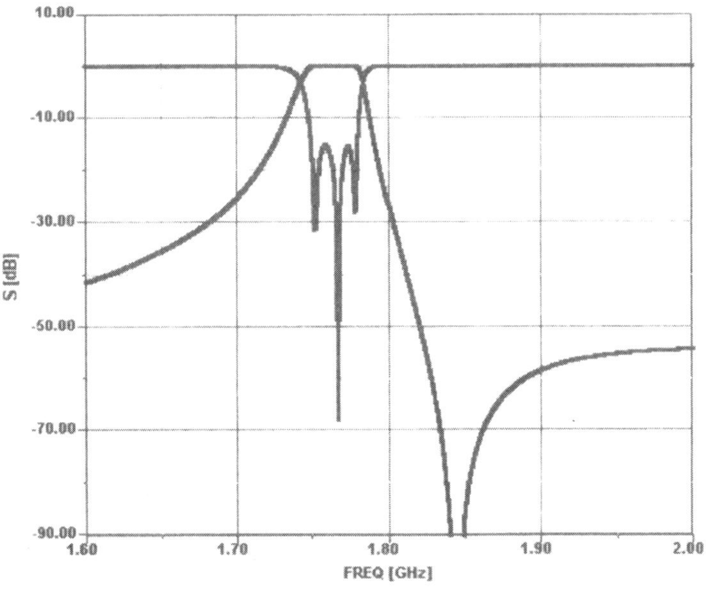

그림 5.39 송신단 대역통과 필터 등가회로의 주파수 특성 (Tx1)

수신단 대역통과 필터 등가회로 해석과 마찬가지로 설계된 송신단 대역통과 필터의 등가회로에서도 각 결합용 캐패시턴스를 변화시켜 가며 필터의 주파수 특성을 관찰함으로써 이를 구조 시뮬레이션에서 비교 자료로 활용한다. 그리고, 결합 캐패시턴스의 변화에 따른 주파수 특성 변화는 수신단 필터와 동일한 길이를 갖도록 설계되어 듀플렉서 응용이 가능한 송신단 필터 T×2의 등가회로를 이용하여 그 특성을 관찰한다.

중심 주파수 $(f_0) = 1765\,MHz$

통과대역 $(BW) = 30\,MHz\,(f_0 \pm 15\,MHz)$

통과대역 피플 $(L_{Ar}) = 0.1\,dB\ Max.$

공진기 수 $= 3$

입출력 부하 임피던스 $= 50\,\Omega$

$Z_1 = 14.10\,\Omega$

$Z_2 = 18.38\,\Omega$

$Z_{12} = 67.12\,\Omega$

공진기의 전기적 길이 $= 81.5915^\circ\ (f_0 = 1765\,MHz)$

$C_{g1} = 0.58851\,pF$

$C_{g2} = 0.88791\,pF$

$C_{01} = 0.45993\,pF$

$C_{12} = 0.10000\,pF$

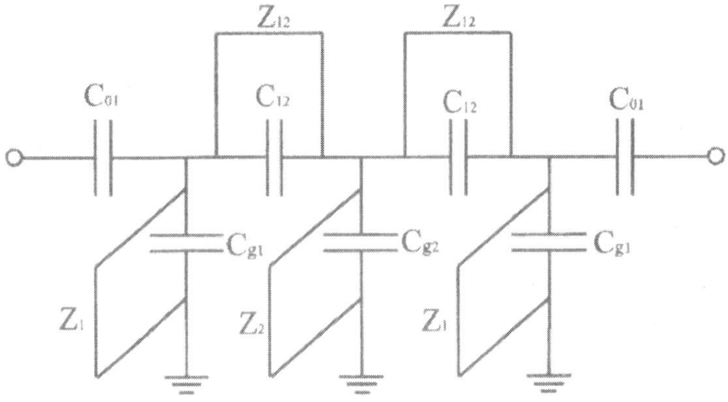

그림 5.40 송신단 대역통과 필터의 등가회로 (Tx2)

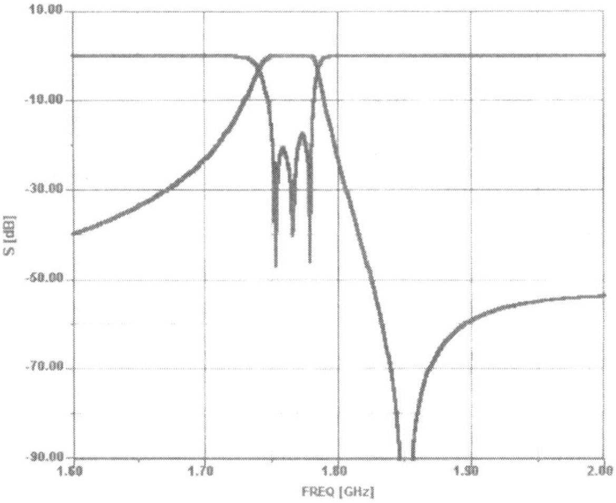

그림 5.41 송신단 대역통과 필터 등가회로의 주파수 특성 (Tx2)

그림 5.42는 송신단 대역통과 필터의 등가회로에서 C_{01} 의 변화에 따른 필터의 주파수 특성을 관찰한 것이다. 그림 5.42(a), (b)는 C_{01} 이 설계값보다 작아짐에 따른 주파수 특성으로 각각 C_{01} 이 0.4pF 과 0.35pF 의 값을 갖는 경우이다. 그림 5.41의 결과와 비교하면, 필터의 통과대역을 결정하는 3개의 극 중 가운데 극이 고주파쪽으로 이동함에 따라 통과 대역의 리플이 점차 증가됨을 알 수 있다. 그림 5.42(c), (d)는 C_{01}

이 설계값보다 커짐에 따른 주파수 특성 변화로써 각각 0.5pF 과 0.55pF 인 경우이다. 가운데 극이 저주파쪽으로 이동하여 좌측 통과대역의 삽입손실이 증가하였다.

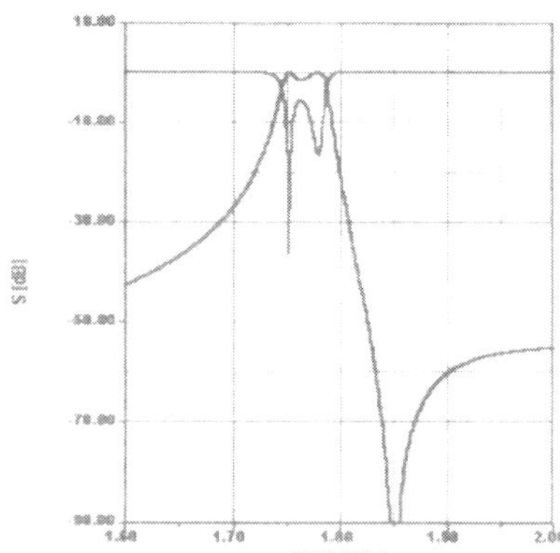

(a) $C_{01} = 0.4\,pF$

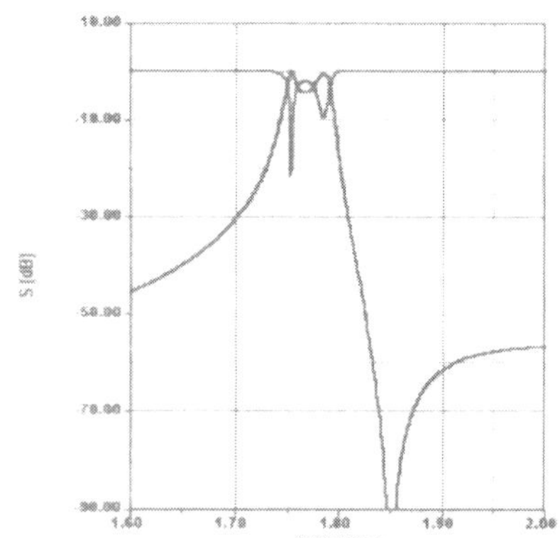

(b) $C_{01} = 0.35\,pF$

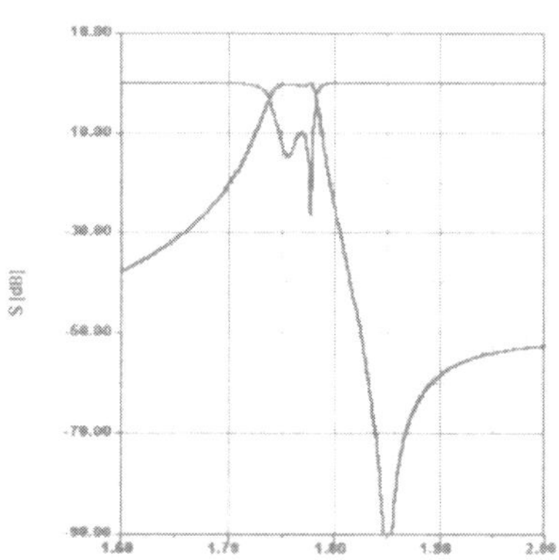

(c) $C_{01} = 0.5\,pF$

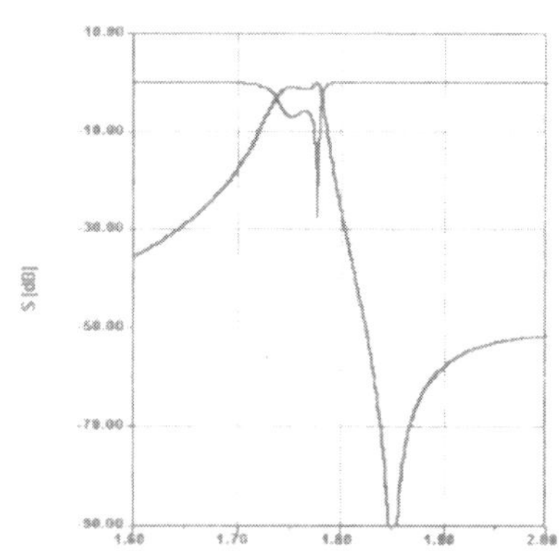

(d) $C_{01} = 0.55\,pF$

그림 5.42 C_{01} 변화에 따른 송신단 대역통과 필터의 주파수 특성

그림 5.43은 송신단 대역통과 필터 등가회로에서 C_{12} 의 변화에 따른 주파수 특성의 변화를 나타낸 것이다. 그림 5.43(a), (b)는 C_{12} 가 설계값에 비해 작을 때의 주파수

특성으로 각각 0.07pF 과 0.04pF 인 경우이다. 통과대역을 결정하는 가장 우측극이 고주파쪽으로 움직임에 따라 통과대역이 넓어지며, 리플이 증가한다. 또한 감쇄극이 고주파쪽으로 움직이는 경향을 나타내었다. 그림 5.43(c), (d)는 C_{12} 가 설계값에 비해 커짐에 따라 주파수 특성 변화로써 각각 0.12pF 과 0.14pF 인 경우로서, 우측극이 저주파쪽으로 움직이고, 이에 따라 통과 대역이 좁아지게 된다. 또한 감쇄극이 저주파쪽으로 이동한다.

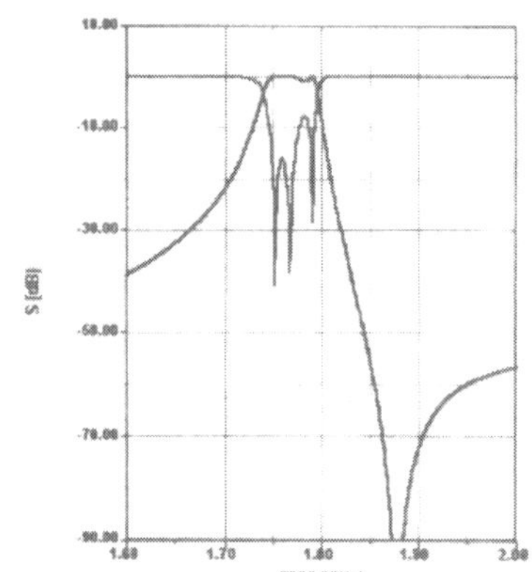

(a) $C_{12} = 0.07\,pF$

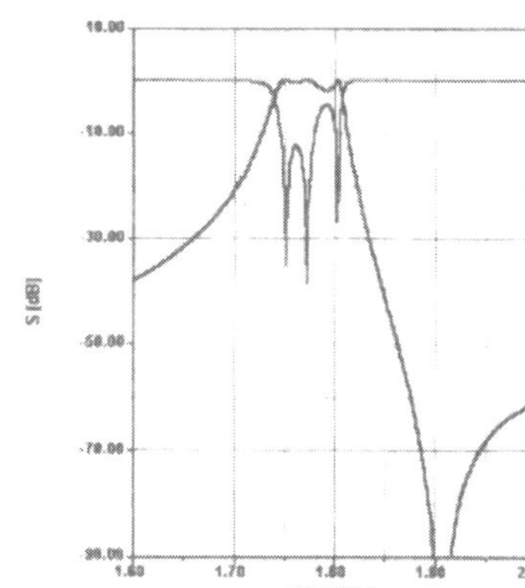

(b) $C_{12} = 0.04\,pF$

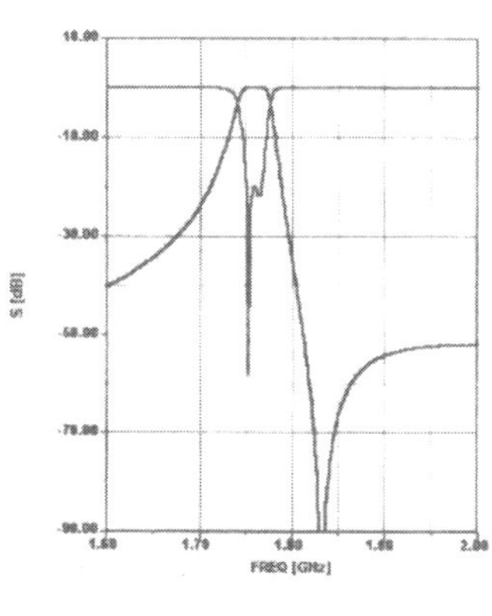

(c) $C_{12} = 0.12\,pF$

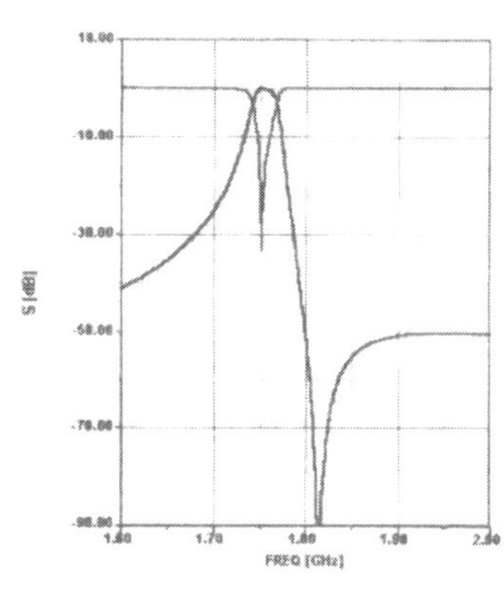

(d) $C_{12} = 0.14\,pF$

그림 5.43 C_{12} 변화에 따른 송신단 대역통과 필터의 주파수 특성

그림 5.44는 송신단 대역통과 필터 등가회로에서 C_{g1} 의 변화에 따른 주파수 특성의 변화를 관찰한 것이다. 그림 5.44(a), (b)는 C_{g1} 이 설계값에 비해 작아짐에 따른 주파수 특성 변화로서 각각 0.55pF 과 0.5pF 인 경우이다. C_{g1} 이 작아짐에 따라 통과대역 내의 가운데 극이 고주파쪽으로 이동하였고, 0.5pF 인 경우 가운데 극이 통과대역을 벗어나 통과대역 우측의 삽입 손실이 크게 증가함을 알 수 있다. 그림 5.44(c), (d)는 C_{g1} 이 설계값에 비해 커짐에 따라 나타나는 주파수 특성 변화인데, 0.65pF 과 0.7pF 인 경우의 주파수 특성이다. 가운데 극이 저주파쪽으로 내려감에 따라 통과대역 리플이 크게 증가하였으나, 그림 5.44(a), (b)와는 달리 가운데 극이 통과대역을 벗어나도 좌측 통과대역이 무너지는 현상을 나타내지는 않는다.

그림 5.45는 C_{g2} 의 변화에 따른 송신단 대역통과 필터 등가회로의 주파수 특성의 변화이다. 그림 5.45(a), (b)는 C_{g2} 가 설계값에 비해 작아짐에 따른 주파수 특성 변화로써 각각 0.85pF 과 0.8pF 인 경우의 주파수 특성이다. C_{g2} 가 작아짐에 따라 통과대역을 형성하는 극 중 가장 좌측의 극이 고주파 쪽으로 이동하는 현상을 볼 수 있다. 이에 따라 통과대역 리플이 증가하고 대역폭이 줄어들었다. 그림 5.45(c), (d)는 C_{g2} 가 설계값에 비해 커짐에 따른 주파수 특성 변화로 각각 0.95pF 과 1.0pF 인 경우로써, 통과대역 내의 좌측극이 저주파쪽으로 이동하여 우측 통과대역의 삽입손실이 증가하고, 반사손실이 크게 떨어지며, 통과 대역이 무너지는 현상을 보인다.

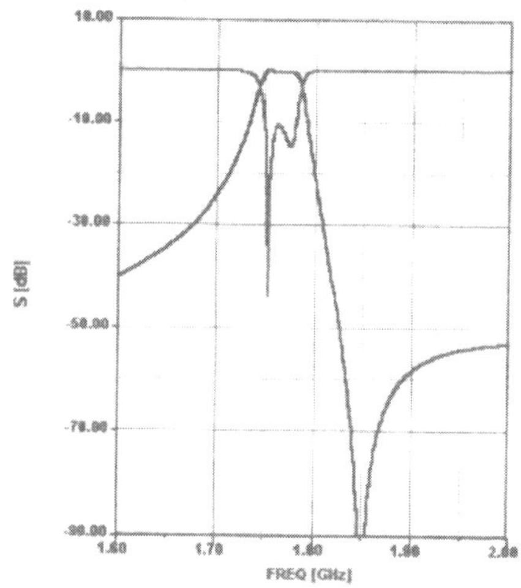

(a) $C_{g1} = 0.55\,pF$

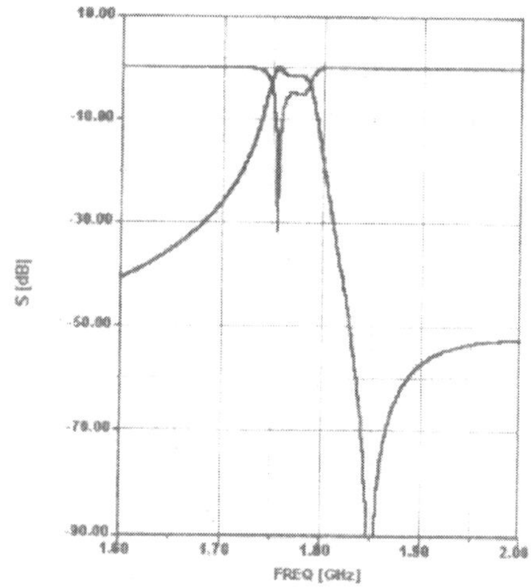

(b) $C_{g1} = 0.5\,pF$

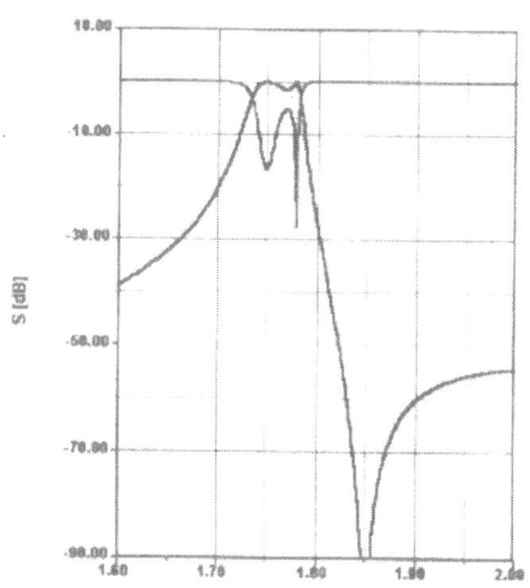

(c) $C_{g1} = 0.05\,pF$

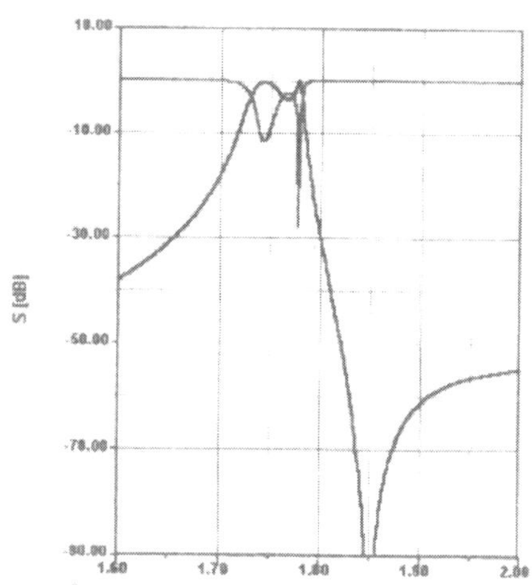

(d) $C_{g1} = 0.1\,pF$

그림 5.44 C_{g1} 변화에 따른 송신단 대역통과 필터의 주파수 특성

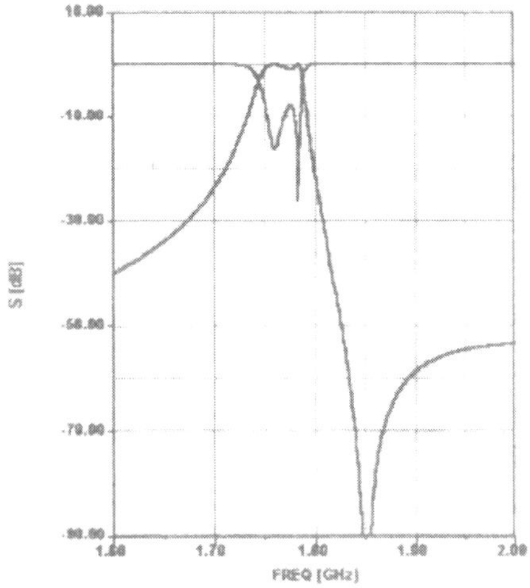

(a) $C_{g2} = 0.85\,pF$

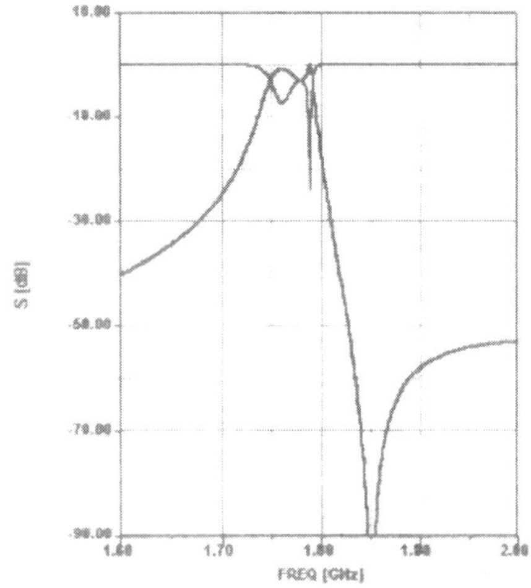

(b) $C_{g2} = 0.8\,pF$

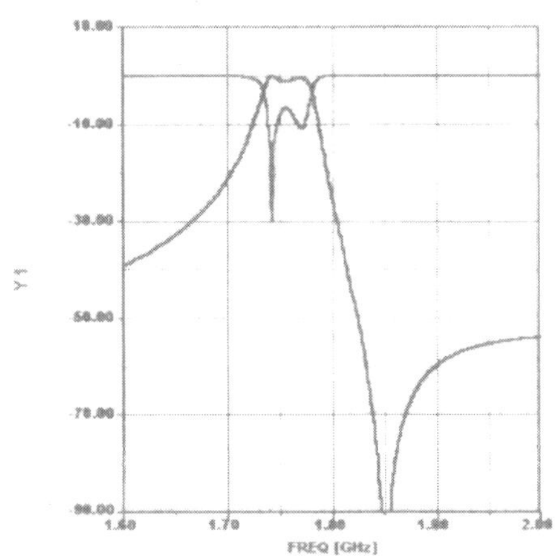

(c) $C_{g2} = 0.95\,pF$

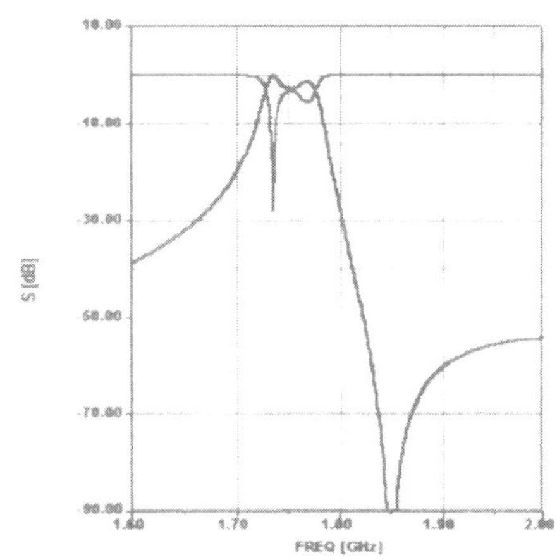

(d) $C_{g2} = 1.0\,pF$

그림 5.45 C_{g2} 변화에 따른 송신단 대역통과 필터의 주파수 특성

각 결합용 캐패시턴스의 변화에 따른 필터 등가회로의 주파수 특성 변화를 관찰함으로써, 수신단 모노블럭 대역통과 필터와 마찬가지로 송신단 필터에서도 감쇄극의 위치는 C_{12} 의 변화에 의해서만 영향을 받았으며 또한 공진기와 접지 사이에 연결되어 있는 C_g 캐패시턴스가 작아짐에 따라 이에 해당하는 공진기의 공진 주파수를 고주파쪽으로 이동시키며, 그 값이 커짐에 따라 공진 주파수를 저주파쪽으로 이동시킨다는 것을 알 수 있다. 이와 같은 전반적인 현상은 설계 이론과 일치하는 결과이며, 필터의 구조 설계에 적용하여 최적의 결합 캐패시터를 결정하는 데 큰 도움이 된다.

그림 5.38의 등가회로를 바탕으로 설계된 송신단 모노블럭 대역통과 필터(T×1)의 구조는 그림 5.46과 같다. $C_{12} = 0\,pF$ 을 구현하기 위해 각각의 공진 홀 사이에 접지면과 연결된 전극을 형성시켜 공진 홀과 접지 사이에 캐패시턴스(C_g) 를 형성하므로, 알맞은 C_g 캐패시턴스 결합을 구현하기 위해 구조 시뮬레이션을 반복 해석하여 그 구조를 설계하였고, 입출력단과 공진기 사이의 결합은 수신단 필터의 설계에서와 같이 캐패시터의 전극 구조를 결정하였다. 그림 5.46(a)는 필터의 개방단 상부에 구현된 전극 패턴을 나타내며, 그림 5.46(b)는 입출력단이 구성된 필터의 측면을 나타낸다. 설계된 필터(T×1)의 구조 시뮬레이션 결과는 그림 5.47에 나타나 있다. 대역폭, 삽입 손실, 반사 손실 등의 설계 사양을 모두 만족하는 결과를 나타내었고, 통과대역 위쪽 저지대역($f = 1830\,MHz$) 에 감쇄극이 존재하여, 이 저지 대역의 감쇄 특성이 향상됨을 볼 수 있다.

그림 5.40의 등가회로를 기초로 설계된 송신단 모노블럭 대역 통과 필터의 구조(T×2)는 그림 5.48에 나타나 있다. 수신단 대역통과 필터의 공진기 길이와 같은 조건($l = 6.25\,mm$)으로 설계하였는데, 그림 5.40의 등가회로에서 알 수 있듯이 각 공진기와 접지 사이에 연결된 C_g 캐패시턴스가 상당히 크므로 이를 위해 C_{g1} 과 C_{g2} 는 인터디지털 캐패시터로 구성하여 결정하였고, C_{g2} 의 초기 구조는 C_{g1} 과 C_{g3} 과는 달리 주위에 입출력단이 없으므로, 공진 홀 양쪽으로 캐패시터용 전극을 구성하고, 전극 폭을 넓게 하여 두 캐패시턴스의 합으로 원하는 캐패시턴스를 구현하도록 하였다. 최적의 주파수 특성을 얻기 위해 HFSS를 이용하여 반복 해석함으로써 필터의 구조를 설계하였다. 송신단 필터(T×2)의 구조 시뮬레이션 결과는 그림 5.49와 같다. 그림 5.49와 같

이, 회로 시뮬레이션 결과와는 달리 통과대역 위쪽 저지대역에 두 개의 감쇄극이 존재함을 알 수 있는데, 1830MHz 근방에 존재하는 감쇄극은 설계에서 의도된 것으로, 공진기 자체 결합과 C_{12} 캐피시턴스에 의한 것이고, 1910MHz 근방에 존재하는 또 다른 감쇄극은 공진 홀 1과 공진 홀 3의 결합에 의한 것으로 여겨진다. 이 감쇄극은 필터의 등가회로 설계에서 고려되지 않은 것이지만, 원하는 송신단 대역통과 필터의 주파수 특성을 저해하는 효과를 나타내지은 않는다.

$\varepsilon_r = 38$, $Q \cdot f_0 = 38{,}000\,GHz$, $\tau_f = 0\,ppm/℃$의 마이크로파 유전 특성을 갖는 $(Zr_{0.8}Sn_{0.2})TiO_4$계 세라믹스를 이용하여 실제 제작된 송신단 모노블럭의 주파수 전달 특성은 그림 5.50에 나타나 있다. 이 두 가지 송신단 필터의 주파수 전달 특성은 전반적으로 큰 차이를 보이지 않으며, 모두 중심 주파수 및 통과대역은 설계 사양을 만족하였으며, 통과 대역내의 삽입 손실은 2.7dB 이하, 반사손실은 10.0dB 이상이었고, 통과대역 위쪽 저지 대역, 즉 1820~1830 MHz 근방에 감쇄극이 존재하여 우수한 통과대역 위쪽 저지대역 감쇄 특성을 나타내었다.

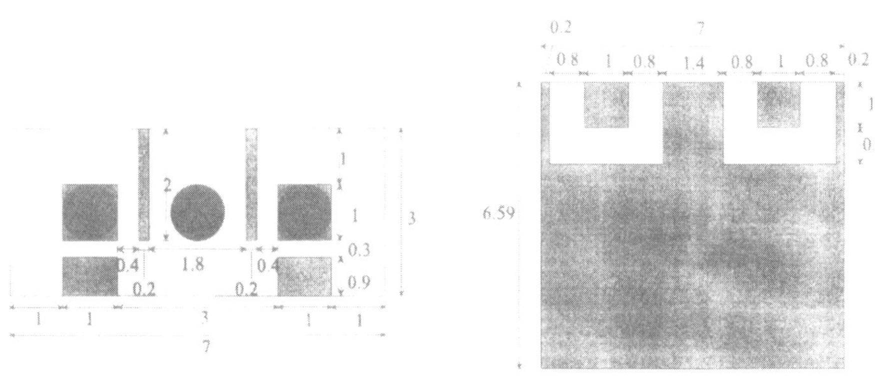

(a) top (b) bottom

그림 5.46 Tx1 대역통과 필터의 구조

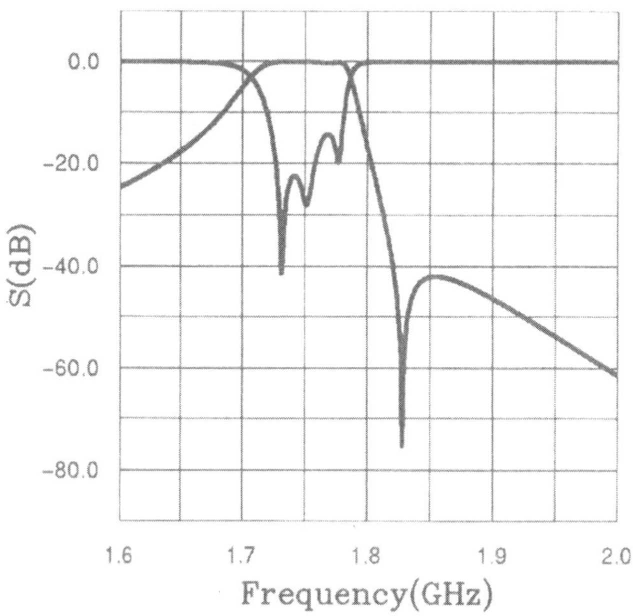

그림 5.47 Tx1 대역통과 필터의 구조 시뮬레이션 결과

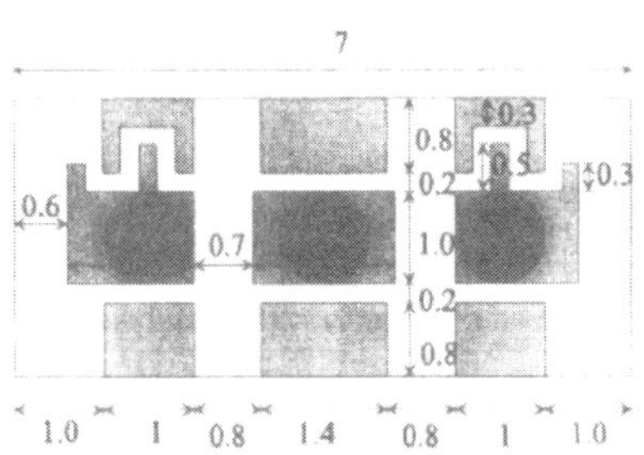

(a) top

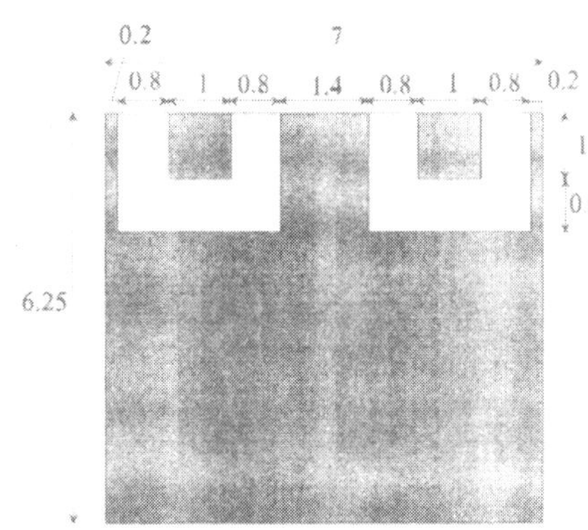

(b) bottom

그림 5.48 Tx2 대역통과 필터의 구조

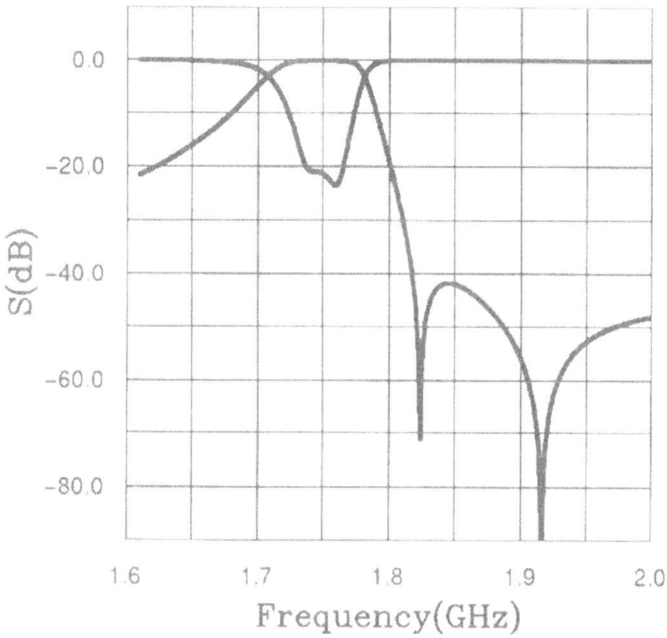

그림 5.49 Tx2 대역통과 필터의 구조 시뮬레이션 결과

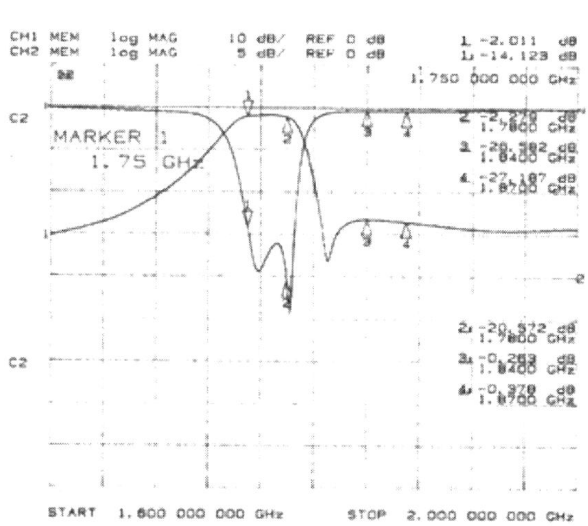

(a) Tx1

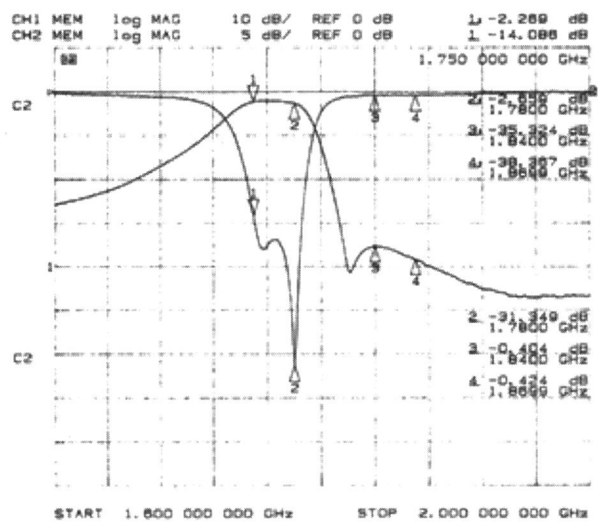

(b) Tx2

그림 5.50 대역통과 필터의 주파수 전달 특성

5.3 모노블럭 듀플렉서 예

5.3.1 모노블럭 듀플렉서 설계

표 5.3과 같은 특성을 만족하는 듀플렉서의 단수를 6단으로 결정하고, 감쇄극을 이용하여 감쇄 특성을 향상시킨 듀플렉서를 설계하고자 한다. 즉, 송신단의 경우 통과대역 위쪽 저지대역에 감쇄극을 갖도록 하여 통과대역 위쪽 저지대역의 감쇄 특성을 높이고, 수신단은 통과대역 아래쪽 저지대역의 감쇄극을 삽입함으로써 통과대역 아래쪽 저지대역 감쇄 특성을 높여 최소의 단수로 듀플렉서를 설계하고자 한다.

표 5.3 설계할 대역통과 필터의 특성

	송신단 (Tx)	수신단 (Rx)
중심 주파수	1950 MHz	2140 MHz
통과 대역	1920~1980 MHz	2110~2170 MHz
삽입 손실	2.5 dB Max.	2.8 dB Max.
반사 손실	11.0 dB Min.	11.0 dB Min.
통과대역 리플	0.5 dB Max.	1.0 dB Max.
감쇄 특성	43 dB Min @ Rx	55 dB Min @ Tx
임피던스	50 Ω	50 Ω

설계하고자 하는 모노블럭 듀플렉서는 그림 5.51과 같이 한쪽 개방면을 제외한 모든 면이 도체로 둘러싸여 있는 하나의 유전체 블록 내에 도체로 도포된 복수개의 공진 홀이 존재하는 구조를 갖는다. 또한 표면 실장이 가능하도록 한쪽 측면의 도체 일부분에 단자를 구성하고, 개방단 위에는 각 공진기의 결합을 구현하기 위한 전극 패턴을 구성한다. 그림 5.52는 듀플렉서의 제작 과정을 나타낸다.

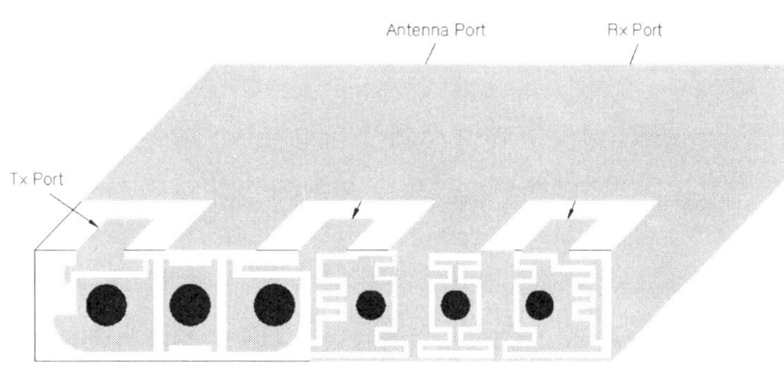

그림 5.51 모노블럭 듀플렉서의 구조

공정	내용
성 형	· 성형 밀도 : 2.72 g/㎣ · 수축률 16.0%로 계산한 금형을 프레스에 장착하여 위 성형 밀도로 성형.
↓	
Dipping	· 모든 면 silver로 도포 · dipping 횟수는 6회 이상으로 하며, 두께가 8㎛ 이상이어야 함.
↓	
연 삭	· 인쇄면 확보를 위해 dipping된 소체 연삭 · 연삭시 edge부분이 깨지지 않도록 주의.
↓	
인 쇄	· screen print법으로 단자 및 패턴 형상화 작업 · screen : 재질-SUS, mesh-325, 두께-15㎛ · 전극을 제대로 형상화시키기 위하여 silver 점도, squeegee 각도 및 힘을 조절하여 인쇄.
↓	
조 립	· Metal Cap 조립 · 조립시 고온납 사용
↓	
조 정	· 제작 과정 중에서 발생하는 각종 오차에 의한 특성 변화를 Spec.에 부합하도록 튜닝 등의 기법으로 제품에 변형을 가하는 작업
↓	
제작 완성	

그림 5.52 듀플렉서 제작 과정

5.3.2 모노블럭 듀플렉서의 등가회로

앞서 설계한 모노블럭 대역통과 필터의 설계 방법과 동일한 방법으로 듀플렉서를 구성하는 수신단 및 송신단 필터를 설계하나, 한쪽 끝단이 저항으로 단락된 체비셰브 저역통과 필터로부터 g 변수를 구하여, 결합용 어드미턴스 인버터 값을 계산한다.

계산된 어드미턴스 인버터 값과 구해진 6단 듀플렉서 공진기 블록의 등가회로에서 나타난 각 공진기의 특성 임피던스를 이용하여 외부 포트와 공진기 사이의 결합 캐패시턴스 및 공진기와 접시 사이의 결합 캐패시턴스를 구한다. 설계된 듀플렉서의 등가회로는 그림 5.53과 같다. 듀플렉서를 구성하는 수신단 필터의 경우 통과대역 아래쪽 저지대역 내 1980MHz에 감쇄극이 존재하도록 하고, 송신단 필터의 경우 통과대역 위쪽 저지대역 내 2110MHz에 감쇄극이 존재하도록 공진기 사이의 결합 캐패시턴스 Rx_C_{12} 및 Tx_C_{12} 를 구한다. 수신단 필터에서 각 공진기와 접지 사이에 연결되어 있는 Rx_C_g 는 입출력 결합 및 공진기 사이의 결합에 의해 야기되는 음의 캐패시턴스를 흡수할 수 있는 최소값으로 설정함으로써, 수신단 필터의 길이를 최대가 되게 한다. 송신단 필터의 길이는 수신단 필터의 길이와 동일하게 설정하여, 이에 따른 Tx_C_g 값을 계산한다. 계산된 각 결합 캐패시턴스는 듀플렉서 등가회로의 각 노드에서 노달 방정식(nodal equation)을 계산함으로써 각 결합 캐패시턴스의 수렴된 값을 구한다. 이와 같이 설계된 듀플렉서 등가회로의 시뮬레이션 결과는 그림 5.54와 같다. 설계된 대역통과 필터에 비해 듀플렉서를 구성하는 수신단 및 송신단 필터의 반사 손실이 다소 저하되었으나, 11dB 이상의 값을 가지므로, 설계 특성을 만족할 만한 결과를 보이고, 기타 각 필터의 중심 주파수와 대역폭, 감쇄 특성 등도 설계 특성을 만족하는 결과를 보인다.

표 5.4 회로 시뮬레이션을 통한 소자들의 최적화 값

	송신단(Tx)	수신단(Rx)
중심 주파수(f_0)	1950 MHz	2140 MHz
통과 대역 (BW)	60 MHz	60 MHz
통과 대역 리플(L_{Ar})	2.5dB Max.	2.8dB Max.
공진기수	3	3
입출력 부하 임피던스	50 Ω	50 Ω
공진기의 전기적 길이	77.3 °	84.8 °
Tx_C_{g1}		0.57186 pF
Tx_C_{g2}		0.88685 pF
Tx_C_{g3}		0.58131 pF
Tx_C_{01}		0.42257 pF
Tx_C_{12}		0.10000 pF
Tx_C_{34}		0.47353 pF
Rx_C_{g1}	0.01172 pF	
Rx_C_{g2}	0.21418 pF	
Rx_C_{g3}	0.01492 pF	
Rx_C_{01}	0.41566 pF	
Rx_C_{12}	0.17706 pF	
Rx_C_{34}	0.39151 pF	
Z_1	14.0 Ω	10.7 Ω
Z_2	14.8 Ω	11.5 Ω
Z_3	14.3 Ω	11.1 Ω
Z_{12}	67.12 Ω	
Z_{RT}	207.68 Ω	

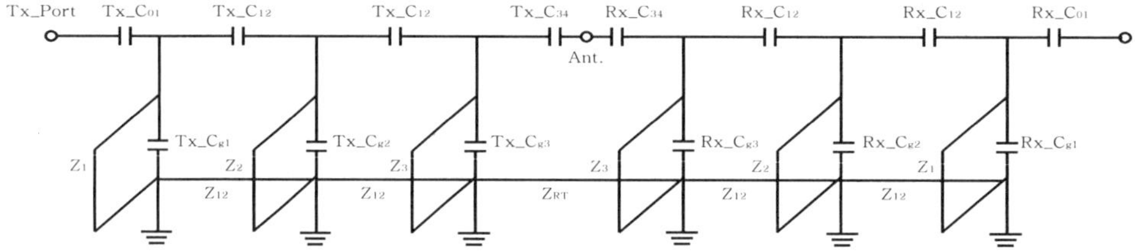

그림 5.53 모노블럭 듀플렉서의 등가회로도

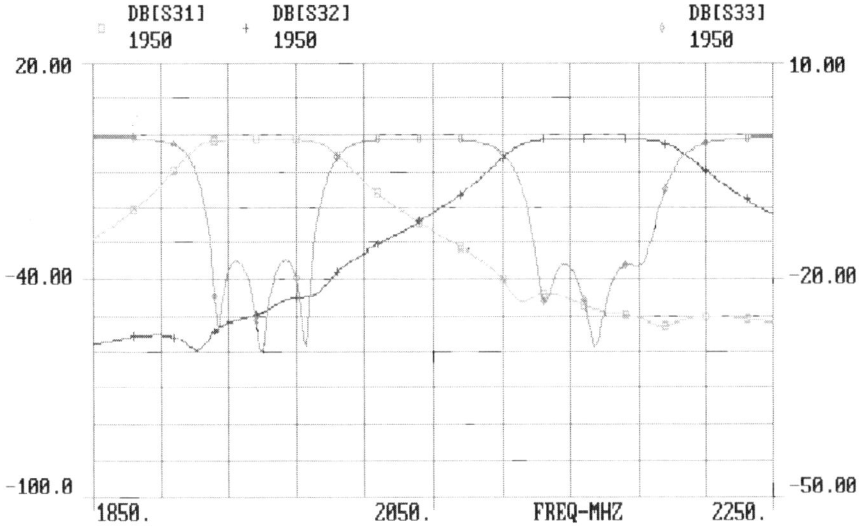

그림 5.54 모노블럭 듀플렉서 등가회로의 주파수 전달 특성

5.3.3 모노블럭 듀플렉서의 시뮬레이션 및 결과

등가회로를 근거로 설계된 듀플렉서의 구조는 그림 5.55와 같다. 듀플렉서의 길이는 5.5mm로 설정하고 듀플렉서의 개방단 상부에 공진기 결합용 전극을 구성하였고, 한쪽 측면에 수신단, 송신단 및 안테나단 단자를 구현하였다. 등가회로로부터 얻어진 각 결합용 캐패시턴스를 구현하기 위해 입출력단과 공진기 사이의 결합 캐패시터를 결정하였고, 각 공진기 사이의 결합 캐패시터도 결정하였다. 또한 수신단에 각 공진기와 접지 사이에 연결된 Rx_C_g 도 구현하였고, 큰 캐패시턴스를 가져야 하는 송신단 필터에서 공진기와 접지 사이에 연결된 Tx_C_g 는 인터디지탈 캐패시터로 구현하여 초기 구조를 결정하였다. 최적의 주파수 특성을 얻기 위해 HFSS를 이용하여 결합용 캐패시터의 구조를 변화시키며 반복 해석함으로써 각 결합용 캐패시터의 구조를 최적화하였다. 안테나단과 공진기 사이에 연결된 결합 캐패시터는 수신단과 송신단 신호의 상호 간섭을

억제하고자 높은 임피던스를 갖도록 전송선의 선폭을 작게 하고, 전송선의 높은 임피던스에 의한 부차적 공진을 줄이기 위해 그 길이를 짧게 하였다. 그림 5.55(a)는 시제품 사진이고, (b)는 시제품 치수이며, (c)는 개방단 상부에 구현된 결합용 캐패시터 전극 패턴이다.

HFSS에 의해 최종 설계된 듀플렉서의 해석 결과는 그림 5.56과 같다. 수신단 필터의 경우 중심 주파수는 2140MHz, 통과 대역은 2110MHz~2170MHz이며, 1980MHz 근방에 감쇄극이 존재한다. 기 설계된 수신단 대역통과 필터에 비해, 듀플렉서의 수신단 필터의 경우 통과대역 아래쪽 저지대역 감쇄 특성이 송신단 필터의 영향을 받아 향상됨을 보인다.

송신단의 경우, 통과대역은 1920MHz ~ 1980MHz이었는데, 설계 사양에 비해 넓은 대역폭을 가졌다. 그러나, 송신 신호의 주파수는 이미 시스템 상에서 결정되므로, 송신단 필터의 경우 주어진 대역을 포함한다면, 대역이 다소 넓은 것은 듀플렉서 특성상 큰 문제가 없는 것으로 판단된다. 통과대역 위쪽 저지대역 2110MHz 근방에 감쇄극이 존재하여 우수한 저지 특성을 보였고, 수신단 필터의 영향을 받아 기 설계된 송신단 대역통과 필터에 비해 향상된 감쇄 특성을 보인다. 듀플렉서로서 성능을 좌우하는 수신단 통과대역과 송신단 통과대역 중간 주파수에서도 우수한 감쇄 특성을 보였다. 이는 듀플렉서를 구성하는 수신단 및 송신단 필터가 각각 상대편 통과대역 근방에 존재하도록 설계된 감쇄극에 의해 감쇄 특성을 향상시킨 결과이다.

대역통과 필터와 마찬가지로 $\varepsilon_r = 38$, $Q \cdot f_0 = 38{,}000\,GHz$, $\tau_f = 0\,ppm/℃$의 마이크로파 유전 특성을 갖는 $(Zr_{0.8}Sn_{0.2})TiO_4$ 계 세라믹스를 이용하여 구조 설계를 바탕으로 제작된 모노블럭 듀플렉서의 측정된 주파수 특성은 그림 5.57과 같다. 수신단 및 송신단 필터의 중심 주파수 및 통과대역의 설계 특성을 모두 만족하였으며, 통과대역 내의 삽입손실과 반사 손실을 만족하는 결과를 보였다. 또한, 수신단 필터의 경우 1980MHz 근방에 감쇄극이 존재하여 우수한 통과대역 아래쪽 저지대역 감쇄 특성을 나타냈고, 송신단 필터의 경우 2110MHz 근방에 감쇄극이 존재하여 우수한 통과대역 위쪽 저지대역 감쇄 특성을 나타냈다. 또한, 상대편 통과대역의 영향으로 각 필터의 저지대역이 1~2개의 감쇄극이 존재하는 것과 같은 결과를 나타내었다.

(a) 시제품

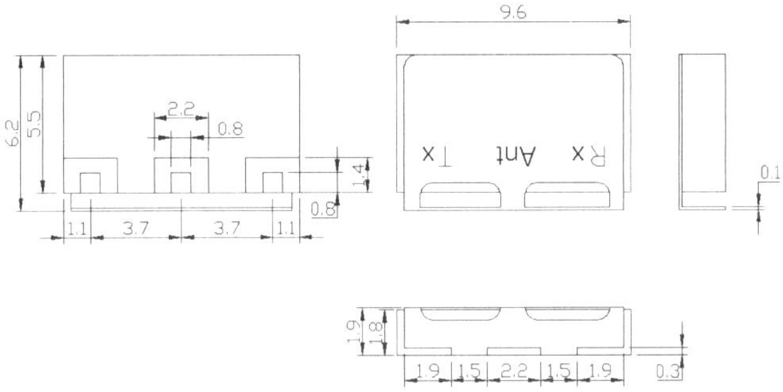

(b) 시제품 치수

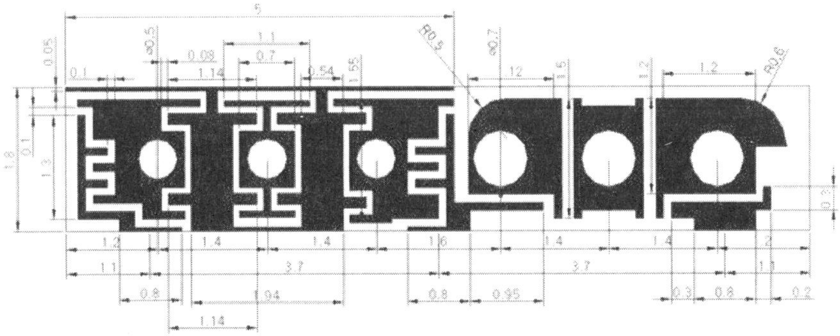

(c) 패턴도

그림 5.55 모노블럭 듀플렉서의 구조 예

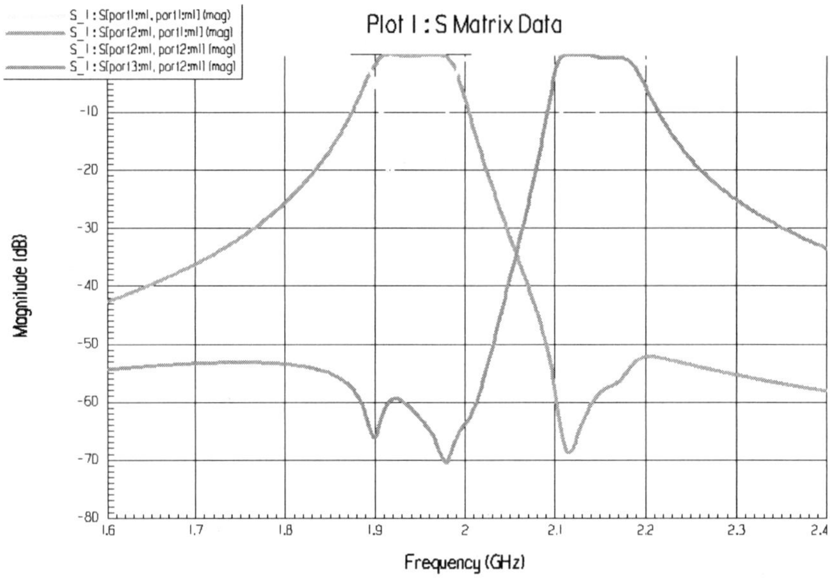

그림 5.56 모노블럭 듀플렉서의 구조 시뮬레이션 결과

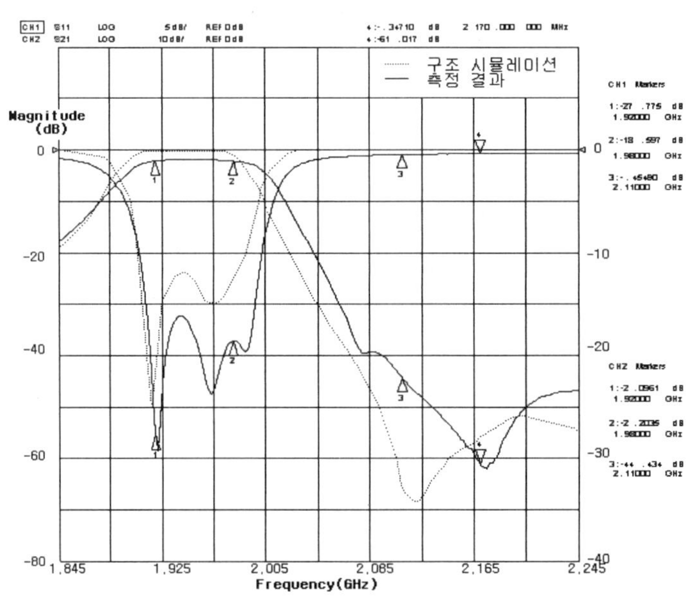

(a) Tx

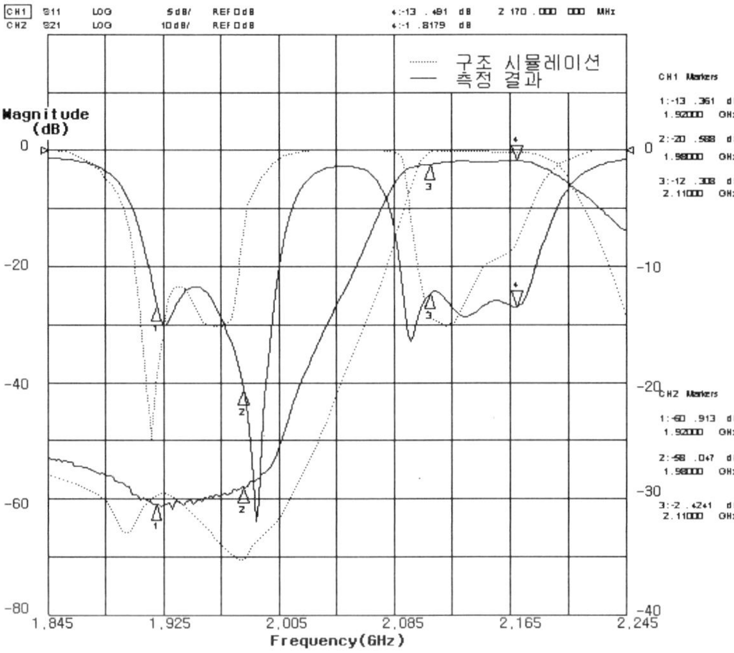

(b) Rx

그림 5.57 모노블럭 듀플렉서의 주파수 특성

참고문헌

[1] 강종윤, “이동 통신용 일체형 유전체 듀플렉서에 관한 연구” 연세대학교 전기·컴퓨터공학과 박사 논문, 1999년.

[2] 장영수, “유전체 공진 구조를 이용한 IMT-2000용 일체형 듀플렉서에 관한 연구” 경희대학교 산업정보대학원 전자공학과 석사 논문, 2003년.

[3] G. Mattaei, L, Young, and E. M. T. Jones, Microwave Filters, Impedance-Matching Networks, and Coupling Structures, Artech House, Norwood, MA, 1980.

[4] L. A. Trinogga, G. Kaizhou, and I. C. Hunter, Practical Microstrip Circuit Design, Ellis Horwood Limited, england, 1991.

[5] J. D. Rhodes and R. Levy, “A Generalized Multiplexer Theory,” IEEE Trans. Microwave Theory Tech., MTT-27, No. 2, 99-111, 1979.

[6] HP High-Frequence Structure Simulator Users Reference, HP Company, 1998.

[7] G. L. Mattaei, “Comb-line Band-pass Filters of Narrow or Moderate Bandwidth,” Microwave J., pp. 82-91, August 1963.

[8] H. Matsumoto, t. Yorita, Y. Ishikawa, and T. Nishikawa, “Miniaturized Duplexer Using Rectangular Coaxial Dielectric Resonators for Cellular Portable Telephone,” IEICE Trans., Vol. E74, No. 5, pp. 1214-1220, 1991.

[9] H. Matsumoto and Toshio Nishigawa, “Design of Miniaturized Dielectric Duplexer with Atteunation Poles,” IEICE Trans., Vol. J76-C-1, No. 5, pp. 164-172, 1993.

[10] R. M. Kurzrok, “Design of Comb-Line Band-pass Filters,” IEEE Trans. Microwave Theory Tech., Vol. MTT-14, pp. 351-353, 1966.

[11] R. Levy and J. D. Rhodes, “A Comb-Line Elliptic Filter,” IEEE Trans. Microwave Theory Tech., Vol. MTT-19, pp. 26-29, 1971.

[12] R. J. Wenzei, “Synthesis of Combline and Capacitively Loaded Interdigital Bandpass Filters of Arbitrary Bandwidth,” IEEE Trans., Microwave Theory

Tech., Vol. MTT-19, pp. 678-686, 1971.

[13] H. Matsumoto, T. Yorita, Y. Ishikawa, and T. Nishikawam "Miniaturized Duplexer Using Rectangular Coaxial Dielectric Resonators for Celluar Portable Telephone," IEICE Trans., Vol. E74, No. 5, pp. 12140-1220, 1991.

[14] E. G. Cristal, "Coupled Circular Cylindrical Rods Between Parallel Ground Planes." IEEE Trans. Microwave Theory Tech., Vo. MTT-12, pp. 428-439, 1964.

[15] R. C. Booton, JR., Computational Methods for Electromagnetics and Microwaves, John Wiley & Sons, Inc., New York, 1992.

[16] S. B. Cohn, "Direct-coupled-resonator filter," Proc, IRE, pp. 187-195, 1957.

[17] S. Yamashita, "A Design Method of Bandpass Filters Using Dielectric-Filled Coaxial Resonators," IEEE Trans. Microwave Theory Tech., Vol. MTT-33, No. 2, pp. 152-157, 1985.

[18] T. Ishizaki, T. Uwano, and H. Miyake, "An Extended Configuration of a Stepped Impedance Comb-line Filter," IEICE Trans. ELECTRON., Vol. E79-C, No. 5, pp. 671-678, 1996.

[19] R. Pregla, "Microwave filters of Coupled Lines and Lumped Capacitance," IEEE Trans. Microwave Theory Tech., Vol. MTt-18, No. 5, pp. 278-280, 1970.

[20] C. Bowick, RF circuit Design, Haward W. Sams & Co. Inc., Indiana, 1982.

[21] J. D. Rhodes, "Direct Design of Symmetrical Interacting Bandpass channel Diplexer," Inst. Elec. Eng. J. Microwaves, Optics, and Acoustics, Vol. 1, No. 1, pp. 34-40, 1976.

[22] J. L. Haine and J. D. Rhodes, "Direct Design Formulas for Asymmetric Bandpass Channel Diplexer," IEEE Trans. Microwave Theory Tech., Vol. MTT-25, No. 10, pp. 807-813, 1977.

[23] K. Wakino, T. Nishikawa, Y. Ishikawa, and K. Tsunoda, "800MHz Band Elliptic Function Type Bandpass Filter Using High K Monoblck Ceramics," 1986 IEEE Denshi Tokyo, pp. 117-120, 1986.

[24] P. Benedek and P. Silvester, "Equivalent Capacitances for Microstrip Gaps and Steps," IEEE Trans. Microwave Theory Tech., Vol. MTT-20, No. 11, pp.

29-733, 1972.

[25] I. Bahl and P. Bhartia, Microwave Solid State Circuit Design Design, John Wiley & Sons, Inc., New York, 1988.

[26] G. D. Alley, "Interdigital Capacitors and Their Application to Lumped-Element Microwave Integrated Circuit," IEEE Trans. Microwave Theory Tech., Vol. MTT-18, No. 12, pp. 1028-1033, 1970.

[27] 강종윤, 최지원, 윤석진, 김현재, 박창엽, "유한요소법에 의한 1.9GHz대 유전체 일체형 필터의 설계," 한국전기전자재료학회논문지, Vol. 12, No. 10, pp. 983-987, 1999.

[28] Super-Compact Microwave Hormonica Users Guide, Compact Software Inc., 1997.

[29] C. Y. Kang, J. W. Choi, S. J. Yoon, H. J. Kim, J. C. Na, and C. Y. Park, "Computer-Aided Disign of Monoblock dielectric Filter for PCS," 1999 Asia-Pacific Microwave conference Proceedings, pp. 291-294, 1999.

[30] H. Matsumoto, T. Yorita, Y. Ishikawa, and T. Nishikawa, "Miniaturized duplexer Using Rectangular Coaxial Dielectric Resonator for Cellular Portable Telephone," The 3rd Asia-Pacific Microwave Conference Proceeding, pp. 407-410, 1990.

6 유전체 도파관 필터

이 장에서는 유전체 도파관 필터에 대해 설명한다.

유전체 도파관 필터란 유전체를 이용하여 일반적인 도파관 필터를 유전체 도파관 필터로 변경한 것을 말한다.

세부 주제로는 유전체 도파관 필터에 적용되는 이론, 유전체 도파관 필터 측정 방법, 적층형 유전체 도파관 필터, 감쇄 특성을 향상시킨 적층형 유전체 도파관 필터, 유전체 도파관 듀플렉서가 포함된다.

6.1 도파관 필터 이론

6.1.1 도파관 대역통과 필터 설계

구형 도파관에서 기본 모드는 TE_{10} 이고, 관내 파장 λ_g 는

$$\lambda_g = \frac{\lambda}{\sqrt{1-\left(\frac{\lambda}{2a}\right)^2}} \tag{6.1}$$

이다. 여기서, λ 는 자유공간에서의 파장이다. 도파관 구조에서는 이와 같이 관내파장이 존재하므로 저역통과 원형필터에서 대역통과로의 변환 함수도 다음과 같이 바뀌게 된다.

$$\frac{\omega'}{\omega'_1} = \frac{2}{W_\lambda}\left[\frac{\lambda_{g0}-\lambda_g}{\lambda_{g0}}\right] \tag{6.2}$$

여기서, 비 대역폭 W_λ 와 중심 주파수에서의 관내파장 λ_{g0} 는

$$W_\lambda = \frac{\lambda_{g1}-\lambda_{g2}}{\lambda_{g0}}, \qquad \lambda_{g0} = \frac{\lambda_{g1}+\lambda_{g2}}{2} \tag{6.3}$$

$X_j(\omega)$ 를 특성 임피던스가 Z_0 인 반파장 공진기를 이용하여 구현하면 그림 6.1과 같은 대역통과 필터가 된다.

여기서, 반파장 공진기의 리액턴스 기울기 변수는

$$x_j = \frac{\omega_0}{2}\frac{dX_j(\omega)}{d\omega}\Big|_{\omega=\omega_0} = \frac{\pi}{2}Z_0 \tag{6.4}$$

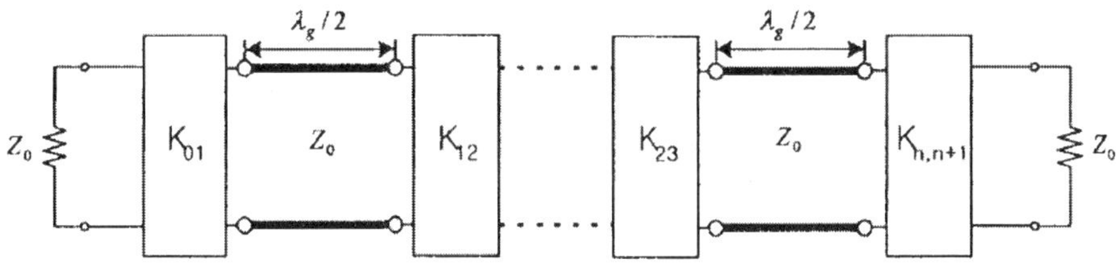

그림 6.1 반파장 공진기를 이용한 대역통과 필터

이므로, 그림 6.1의 K-인버터의 값은

$$\frac{K_{01}}{Z_0} = \sqrt{\frac{\pi}{2}\frac{W_\lambda}{g_0 g_1 \omega'_1}} \tag{6.5}$$

$$\left.\frac{K_{j,j+1}}{Z_0}\right|_{j=1\sim n-1} = \frac{\pi W_\lambda}{2\omega'}\sqrt{\frac{1}{g_j g_{j+1}}}$$

$$\frac{K_{n,n+1}}{Z_0} = \sqrt{\frac{\pi}{2}\frac{W_\lambda}{g_n g_{n+1}\omega'_1}}$$

그림 6.1의 대역통과 필터를 실제적인 도파관 구조로 구현하기 위해서 반파장 공진기를 공동공진기(cavity resonator)로 대치하고, 결합양의 조절은 아이리스에 의해 구현될 수 있다. 그림 6.2는 두께가 무시된 아이리스의 등가회로를 포함한 임피던스 인버터를 나타낸다.

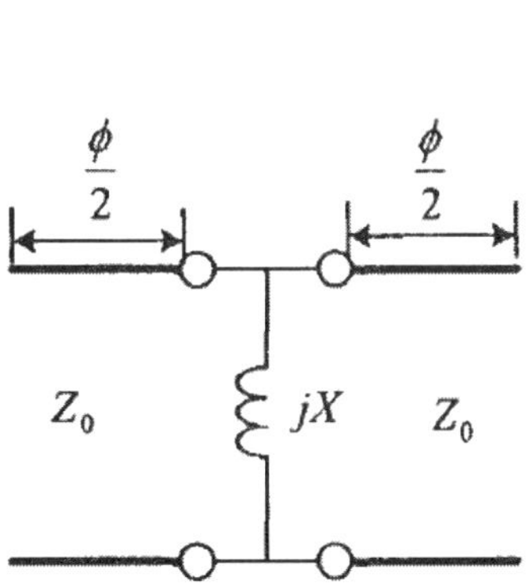

그림 6.2 두께가 무시된 아이리스의 등가회로를 포함한 임피던스 인버터

여기서,

$$\frac{K}{Z_0} = \tan\left|\frac{\phi}{2}\right|, \qquad \phi = -\tan^{-1}\left(\frac{2X}{Z_0}\right) \tag{6.6}$$

$$\frac{X}{Z_0} = \frac{\frac{K}{Z_0}}{1-\left(\frac{K}{Z_0}\right)^2}$$

그림 6.2의 임피던스 인버터를 그림 6.1의 회로에 대치시키면 아이리스를 이용한 도파관형 대역통과 필터의 등가회로를 구현할 수 있고, 이는 그림 6.3과 같다.

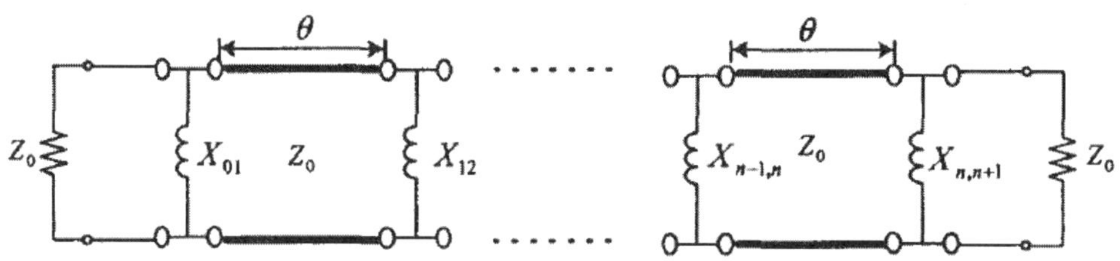

그림 6.3 두께가 무시된 아이리스를 이용한 도파관형 대역통과 필터

여기서, 각 아이리스간의 전기적 길이 θ는

$$\theta_k = \pi - \left(\frac{\phi_{k-1,k}}{2} + \frac{\phi_{k,k+1}}{2}\right), \qquad k = 1, 2, \cdots, n-1, n \tag{6.7}$$

그림 6.3의 회로를 실제적인 도파관 구조로 구현을 하기 위해서는 전기적 길이 θ 를 물리적 길이로 변환해야 하며, 리액턴스 성분을 아이리스로 구현해야 한다.

공진기의 물리적 길이 l 은

$$l_k = \frac{\lambda_g}{2\pi}\theta_k, \qquad k = 1, 2, \cdots, n-1, n \tag{6.8}$$

이고, 리액턴스 성분과 아이리스의 간격과의 관계는 그림 6.4와 같다.

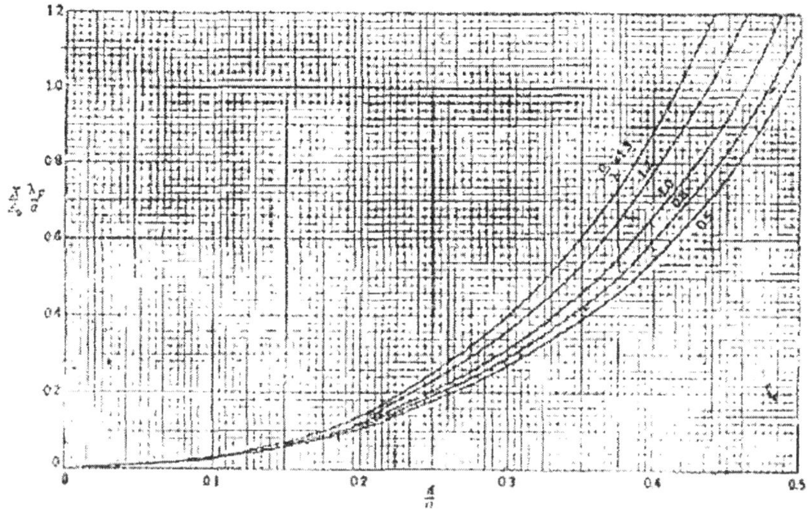

그림 6.4 두께가 무시된 아이리스의 간격과 리액턴스와의 관계

그림 6.4는 기본 모드간의 상호 작용만을 고려하여 얻은 데이터이고, 아이리스의 두께를 무시한 경우이기 때문에 실제적으로 두께가 있는 아이리스를 이용한 도파관형 대역통과 필터를 설계할 때에 불충분한 정보를 주게 된다. 따라서, 아이리스의 유한한 두께와 고차 모드 간의 상호작용까지 고려한 새로운 수치 해석적인 방법을 통한 필터 설계 방법이 필요하다.

6.1.2 모드 매칭 방법을 이용한 H-평면 불연속 구조의 해석

Clarricoats와 Slinn이 처음으로 모드 매칭 방법을 사용하여 도파관의 불연속을 해석하였고, Wxler 는 불연속의 산란계수를 계산하기 위해 더욱 발전된 수식을 발표함으로써 불연속 구조에 대한 보다 정확한 해석을 가능하게 하였다.

모드 매칭 방법은 불연속 부분의 양쪽 영역을 전자계를 맥스웰 방정식의 해로 알려진 가중치 합(weighted sum)으로 표현하고, 불연속면에서 전자계를 정합시킴으로써 일반화된 산란행렬을 유도하는 것으로 고차 모드들의 상호 간섭까지 고려한 효율적이고 정확한 전자계 해석 방법이다.

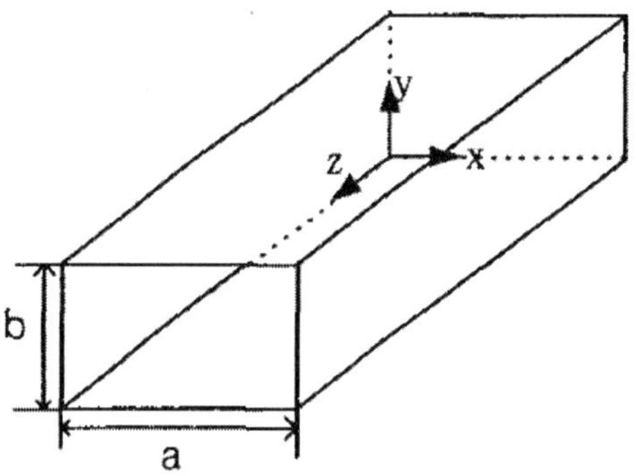

그림 6.5 구형 도파관

그림 6.5는 구형 도파관을 나타내고 있다. TE^x 모드로 가정할 때 위의 도파관에서 $z=0$ 에서의 E_y 를 안다고 가정하면 $z>0$ 에서의 E_y 는 다음 식과 같이 푸리에 급수(Fourier series)로 전개할 수 있다.

$$E_y = \sum_{m=1}^{\infty}\sum_{n=0}^{\infty} E_{mn}\sin\left(\frac{m\pi x}{a}\right)\cos\left(\frac{n\pi y}{b}\right)e^{-Y_{mn}Z} \tag{6.9}$$

여기서, a와 b는 각각 도파관의 장변 및 단변의 길이이고, E_{mn} 은 푸리에 계수(coefficient)로써

$$E_{mn} = \frac{\varepsilon_n}{ab}\int_0^a\int_0^b E_{y|_{z=0}}\sin\left(\frac{m\pi x}{a}\right)\cos\left(\frac{n\pi y}{b}\right)dxdy \tag{6.10}$$

$$\varepsilon_n = 1, \qquad n=0$$

$$\quad 2, \qquad n=1$$

일반적으로 불연속 경계면을 포함하고 있는 도파관에 기본 모드인 TE_{10} 모드를 입사시키면 불연속 경계면에 대한 수많은 고차 모드가 발생하게 되고 전계와 자계는 고

차 모드들의 합으로 전개할 수 있다. 그림 6.6은 H-평면 불연속 경계면을 포함하고 있는 도파관을 나타낸 것이다.

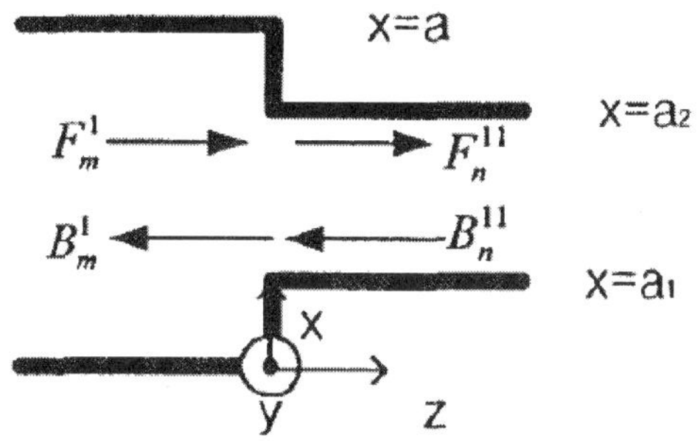

그림 6.6 도파관 구조의 H-평면 불연속

이 도파관에 기본 모드인 TE_{10} 모드를 입사하게 되면 y, z 방향으로는 구조가 연속이고, 불연속 구조가 x 방향으로만 존재하기 때문에 x 방향에 대한 고차 모드(TE_{m0})만 발생하게 된다. 이것에 대한 증명은 식(6.10)에 $z=0$ 인 불연속 경계면의 전계성분이 다음과 같다는 조건을 대입하면 증명된다.

$$E_y|_{z=0} = \sin\left(\frac{\pi x}{a}\right) \tag{6.11}$$

또한 위의 구조는 전계면에 대해 불연속이 없으므로 전계가 휘지 않는다. 따라서, 기본 모드인 E_y 를 입사하면 E_x 와 E_z 는 발생하지 않는다. 즉, 위의 구조는 TE_{m0}^x 와 TE_{m0}^z 의 두 모드로 해석할 수 있다는 의미이다. 이때 영역 I에서 불연속면에 대한 전자계의 접선 성분은 다음과 같이 고차 모드의 합으로 표현된다.

$$E_y^{\mathrm{I}} = \sum_{m=1}^{M} G_m^{\mathrm{I}} \sin\left(\frac{m\pi x}{a}\right)\left(F_m^{\mathrm{I}}\, e^{-jk_{zm}^{\mathrm{I}}} + B_m^{\mathrm{I}}\, e^{+jk_{zm}^{\mathrm{I}}}\right) \tag{6.12}$$

$$H_x^{\mathrm{I}} = -\sum_{m=1}^{M} G_m^{\mathrm{I}}\, Y_m^{\mathrm{I}} \sin\left(\frac{m\pi x}{a}\right)\left(F_m^{\mathrm{I}}\, e^{-jk_{zm}^{\mathrm{I}}} - B_m^{\mathrm{I}}\, e^{+jk_{zm}^{\mathrm{I}}}\right)$$

여기서, $m=1,2,\cdots,M$ 로써 영역 Ⅰ에서 모드의 개수이고, F_m^{I} 과 B_m^{I} 은 입사파와 반사파의 크기이고, G_m^{I} 은 정규화 항(normalized term)이며 k_{zm}^{I} 과 Y_m^{I} 은 전파상수와 파동 어드미턴스로써 다음과 같다.

$$k_{zm}^{\mathrm{I}} = \sqrt{\omega^2 \mu_0 \varepsilon_0 - \left(\frac{m\pi}{a}\right)^2} \tag{6.13}$$

$$Y_m^{\mathrm{I}} = -\frac{H_x}{E_y} = \frac{k_{zm}^{\mathrm{I}}}{\omega \mu_0}$$

또한, 영역 Ⅱ에서 불연속면에 대한 전자계의 접선성분은 다음과 같다.

$$E_y^{\mathrm{II}} = \sum_{n=1}^{N} G_n^{\mathrm{II}} \sin\left(\frac{n\pi(x-a_1)}{a_2-a_1}\right)\left(F_n^{\mathrm{II}}\, e^{-jk_{zn}^{\mathrm{II}}} + B_n^{\mathrm{II}}\, e^{+jk_{zn}^{\mathrm{II}}}\right) \tag{6.14}$$

$$H_x^{\mathrm{II}} = -\sum_{n=1}^{N} G_n^{\mathrm{II}}\, Y_n^{\mathrm{II}} \sin\left(\frac{n\pi(x-a_1)}{a_2-a_1}\right)\left(F_n^{\mathrm{II}}\, e^{-jk_{zn}^{\mathrm{II}}} - B_n^{\mathrm{II}}\, e^{+jk_{zn}^{\mathrm{II}}}\right)$$

여기서, $n=1,2,\cdots,N$ 로써 영역 Ⅱ 에서의 모드 개수이고, F_n^{II} 과 B_n^{II} 은 입사파와 반사파의 크기이고, G_n^{II} 은 정규화 항이며 k_{zn}^{II} 과 Y_n^{II} 은 전파상수와 파동 어드미턴스로써 다음과 같다.

$$k_{zn}^{\text{II}} = \sqrt{\omega^2 \mu_0 \varepsilon_0 - \left(\frac{n\pi}{a_2 - a_1}\right)^2} \tag{6.15}$$

$$Y_n^{\text{II}} = -\frac{H_x}{E_y} = \frac{k_{zn}^{\text{II}}}{\omega \mu_0}$$

또한 그림 6.6의 구조에서 $z=0$에서의 전계와 자계의 접선성분의 경계조건은 다음과 같다.

$$E_y^{\text{I}} = 0 \qquad 0 < x < a_1, \quad a_2 < x < a \tag{6.16}$$

$$E_y^{\text{I}} = E_y^{\text{II}} \qquad a_1 < x < a_2$$

$$H_x^{\text{I}} = H_x^{\text{II}} \qquad a_1 < x < a_2$$

불연속 경계면에서 전계와 자계의 정합을 위해 위 식의 경계 조건을 식(6.12), (6.14)와 식(6.13), (6.15)에 적용하면 영역 Ⅰ과 Ⅱ의 불연속면에서 전계와 자계의 연속 방정식을 얻게 되며, 그 식은 다음과 같다.

$$E_y : \sum_{m=1}^{M} G_m^{\text{I}} \sin\left(\frac{m\pi x}{a}\right)\left(F_m^{\text{I}} + B_m^{\text{I}}\right) = \sum_{n=1}^{N} G_n^{\text{II}} \sin\left(\frac{n\pi(x-a_1)}{a_2 - a_1}\right)\left(F_m^{\text{II}} + B_m^{\text{II}}\right)$$

$$H_x^{\text{I}} : \sum_{m=1}^{M} G_m^{\text{I}} Y_m^{\text{I}} \sin\left(\frac{m\pi x}{a}\right)\left(F_m^{\text{I}} - B_m^{\text{I}}\right) = \sum_{n=1}^{N} G_n^{\text{II}} Y_n^{\text{II}} \sin\left(\frac{n\pi(x-a_1)}{a_2 - a_1}\right)\left(F_m^{\text{II}} - B_m^{\text{II}}\right) \tag{6.17}$$

위 식의 연속 방정식으로부터 각 영역의 입사파와 반사파들의 진폭에 대한 방정식을 얻기 위해 sin 함수의 직교성(orthogonality)을 이용한다.

$$\int_0^a \sin\left(\frac{m\pi x}{a}\right)\sin\left(\frac{k\pi x}{a}\right) = 0, \qquad k \neq m \tag{6.18}$$

$$= \frac{a}{2}, \qquad k = m$$

식(6.17)에 $\sin\left(\frac{m'\pi x}{a}\right)$를 곱하고 구간[0, a]에서 적분을 하며 식(6.17)에 $\sin\left(\frac{m'\pi(x-a_1)}{(a_2-a_1)}\right)$를 곱하고, 구간[$a_1$, a_2]에서 적분을 하면 다음과 같은 방정식을 얻을 수 있다.

$$\frac{a}{2} G_m^{|} (F_m^{|} + B_m^{|}) = \sum_{n=1}^{N} G_n^{\|} (F_m^{\|} + B_m^{\|}) \int_{a_1}^{a_2} \sin\left(\frac{m\pi x}{a}\right)\sin\left(\frac{n\pi(x-a_1)}{a_2-a_1}\right)dx \tag{6.19}$$

$$\sum_{m=1}^{M} G_m^{|} Y_m^{|} (F_m^{|} - B_m^{|}) \int_{a_1}^{a_2} \sin\left(\frac{m\pi x}{a}\right)\sin\left(\frac{n\pi(x-a_1)}{a_2-a_1}\right)dx$$

$$= \frac{a_2-a_1}{2} G_n^{\|} Y_n^{\|} (F_n^{\|} + B_n^{\|})$$

위의 식은 H-평면 불연속에서 전자계의 진폭간의 관계를 유도한 것이다. 산란행렬은 전달되는 전력을 1W로 정규화하여 얻어지므로 H-평면 불연속의 산란행렬을 구하기 위해서 각 모드들이 전달하는 전력을 1W로 정규화한다. 이렇게 하면 각 모드들에 대한 산란행렬을 구할 수 있다.

I 영역에서 각 모드들이 전달하는 평균 전력 $P_m^{|}$ 은

$$P_m^{|} = \frac{1}{2} Re\left(\int_0^a \int_0^b (E_{xm} H_{ym}^* - E_{ym} H_{xm}^*) \cdot dx dy\right) \tag{6.20}$$

TE_{m0}^x 모드에서 $E_x = H_y = 0$ 이고, 각 모드에 의해 전달되는 전력을 1W 로 정규

화하기 위해 파동의 진폭이 $F_m^{\text{I}}=1$ 와 $B_m^{\text{I}}=0$ 인 경우를 생각하면 식(6.20)은

$$P_m^{\text{I}} = (G_m^{\text{I}})^2 Y_m^{\text{I}} \frac{ab}{4} = 1 \tag{6.21}$$

따라서, 영역 I의 정규화 항은

$$G_m^{\text{I}} = 2\sqrt{\frac{1}{Y_m^{\text{I}} ab}} = 2\sqrt{\frac{\omega\mu_0}{abk_{zm}^{\text{I}}}} \tag{6.22}$$

이와 마찬가지 방법으로 영역 II의 정규화 항은 다음과 같이 구할 수 있다.

$$G_n^{\text{II}} = 2\sqrt{\frac{1}{Y_n^{\text{II}}(a_2-a_1)b}} = 2\sqrt{\frac{\omega\mu_0}{(a_2-a_1)bk_{zn}^{\text{II}}}} \tag{6.23}$$

정규화 항들을 식(6.19)에 대입하면 다음의 방정식을 얻을 수 있다.

$$\left(F_m^{\text{I}} + B_m^{\text{I}}\right) = \sum_{n=1}^{N} (L_E)_{mn}\left(F_n^{\text{II}} + B_n^{\text{II}}\right) \tag{6.24}$$

$$\sum_{m=1}^{M} (L_H)_{mn}\left(F_m^{\text{I}} - B_m^{\text{I}}\right) = \left(F_n^{\text{II}} - B_n^{\text{II}}\right)$$

여기서, 결합 적분행렬의 각 요소들은 다음 식으로 나타내어진다.

$$(L_E)_{mn} = 2\sqrt{\frac{k_{zm}^{\text{I}}}{a(a_2-a_1)k_{zn}^{\text{II}}}} \times \int_{a_1}^{a_2} \sin\left(\frac{m\pi x}{a}\right)\sin\left(\frac{n\pi(x-a_1)}{a_2-a_1}\right)dx = (L_H)_{nm} \tag{6.25}$$

식(6.24)를 행렬식으로 표현하면 다음과 같다.

$$[F^{\text{I}}]+[B^{\text{I}}]=[L_E]([F^{\text{II}}]+[B^{\text{II}}]) \tag{6.26}$$

$$[L_H]([F^{\text{I}}]-[B^{\text{I}}])=[F^{\text{II}}]-[B^{\text{II}}]$$

또한 H-평면 불연속을 정규화된 산란행렬로 표현하면 다음과 같이 나타낼 수 있다.

$$\begin{bmatrix} B^{\text{I}} \\ F^{\text{II}} \end{bmatrix}=\begin{bmatrix} S_{11}^L & S_{12}^L \\ S_{21}^L & S_{22}^L \end{bmatrix}\begin{bmatrix} F^{\text{I}} \\ B^{\text{II}} \end{bmatrix} \tag{6.27}$$

식(6.26), (6.27)로부터 H-평면 불연속의 정규화된 산란행렬 $[S^L]$ 을 얻을 수 있고, 산란 행렬 요소들은 다음과 같다.

$$[S_{11}^L]=([L_E][L_H]+I)^{-1}([L_E][L_H]-I) \tag{6.28}$$

$$[S_{12}^L]=2([L_E][L_H]+I)^{+1}[L_E]$$

$$[S_{21}^L]=[L_H](I-([L_E][L_H]+I)^{-1}([L_E][L_H]-I))=[L_H](I-[S_{11}])$$

$$[S_{22}^L]=I-2[L_H]([L_E][L_H]+I)^{-1}[L_E]=I-[L_H][S_{12}]$$

식(6.27)의 행렬은 모달 산란행렬(modal scattering matrix)이라 부른다. 만일 불연속의 두 영역에 2개의 모드만 존재한다고 가정한다면 불연속 영역의 모달 산란행렬은

$$S=\begin{bmatrix} S_{11}(1,1) & S_{11}(1,2) & S_{12}(1,1) & S_{12}(1,2) \\ S_{11}(2,1) & S_{11}(2,2) & S_{12}(2,1) & S_{12}(2,2) \\ S_{21}(1,1) & S_{21}(1,2) & S_{22}(1,1) & S_{22}(1,2) \\ S_{21}(2,1) & S_{21}(2,2) & S_{22}(2,1) & S_{22}(2,2) \end{bmatrix} \tag{6.29}$$

예를 들어, 위의 행렬의 S_{11}, S_{21} 은 반사 또는 투과계수를 괄호안의 서브매트릭스(submatrix)들은 모드의 수를 나타낸다. 즉, $S_{21}(2,1)$ 은 영역 Ⅰ에서 첫 번째 모드

(TE_{10}) 의 투과계수를 의미한다. 실제적으로 우리는 기본 모드에 관심이 있기 때문에 (1,1)의 서브매트릭스를 갖는 산란행렬만을 필요로 한다. 이 산란행렬들은 첫 번째 모드가 입사했을 때 첫 번째 모드가 반사 또는 투과하는 것을 의미하는데 얼핏 보면 고차 모드에 의한 영향을 포함하고 있지 않은 것처럼 보이지만, 식(6.28)로부터 고차 모드의 영향을 받은 산란행렬이라는 것을 알 수 있다.

6.1.3 유한한 두께를 가진 아이리스의 산란행렬 추출

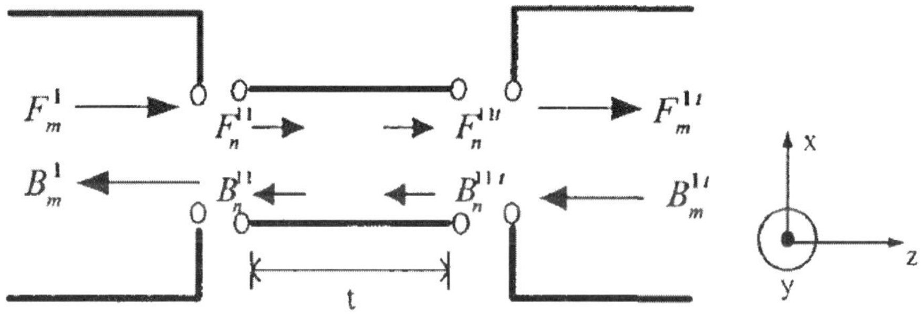

그림 6.7 유한한 두께를 가진 아이리스

그림 6.7은 유한한 두께를 가진 아이리스를 나타내고 있다. 그림에서 알 수 있듯이 아이리스는 H-평면 불연속, 유한한 두께 영역, H-평면 불연속으로 구성되어 있으므로 각 구성 요소들의 산란행렬을 구한 후 각각의 영역에 대한 산란행렬을 조합함으로써 유한한 두께를 가진 아이리스의 산란행렬을 구할 수 있다.

왼쪽의 H-평면 불연속 구조의 산란행렬 $[S^L]$ 은 식(6.28)과 같고, 오른쪽의 H-평면 불연속 구조의 산란행렬 $[S^R]$ 은 왼쪽 구조의 역으로 생각할 수 있으므로

$$[S^R] = \begin{bmatrix} S_{11}^R & S_{12}^R \\ S_{21}^R & S_{22}^R \end{bmatrix} = \begin{bmatrix} S_{22}^L & S_{21}^L \\ S_{12}^L & S_{11}^L \end{bmatrix} \tag{6.30}$$

그림 6.7의 아이리스의 두께를 t 라고 했을 때 이 영역에서는 불연속이 존재하지 않기 때문에 입사파에 대한 반사파는 존재하지 않고, 입사파와 투과파의 관계는 다음 식과 같다.

$$F_n^{\parallel t} = e^{-jk_{zn}^{\parallel}t} F_n^{\parallel} \tag{6.31}$$

$$B_n^{\parallel} = e^{-jk_{zn}^{\parallel}t} B_n^{\parallel t}$$

따라서, 아이리스의 두께에 해당하는 영역의 산란행렬을 $[S^M]$ 이라고 하면

$$[S^M] = \begin{bmatrix} S_{11}^M & S_{12}^M \\ S_{21}^M & S_{22}^M \end{bmatrix} = \begin{bmatrix} 0 & D \\ D & 0 \end{bmatrix} \tag{6.32}$$

여기서, 대각행렬 D는 전파상수 $k_{zn}^{\parallel}$ 을 포함하는 행렬로 다음과 같다.

$$D = \begin{bmatrix} e^{k_{z1}^{\parallel}t} & 0 & 0 & 0 & 0 \\ 0 & e^{k_{z2}^{\parallel}t} & 0 & 0 & 0 \\ 0 & 0 & \ddots & 0 & 0 \\ 0 & 0 & 0 & e^{k_{zn-1}^{\parallel}t} & 0 \\ 0 & 0 & 0 & 0 & e^{k_{zn}^{\parallel}t} \end{bmatrix} \tag{6.33}$$

그림 6.8은 산란계수의 직렬 연결을 나타낸다.

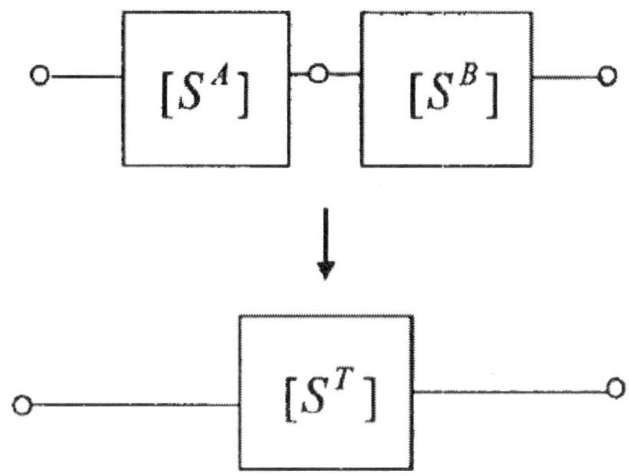

그림 6.8 산란계수의 직렬 연결

그림과 같이 각 산란계수 $[S^A]$ 와 $[S^B]$ 를 직렬 연결하면 전체 산란계수 $[S^T]$ 는

$$
\begin{aligned}
S_{11}^T &= S_{11}^A + S_{12}^A S_{11}^B W S_{12}^A \\
S_{12}^T &= S_{12}^A (I + S_{11}^B W S_{22}^A) S_{12}^B \\
S_{21}^T &= S_{21}^B W S_{21}^A \\
S_{22}^T &= S_{22}^B + S_{21}^B W S_{22}^A S_{12}^B \\
W &= (I - S_{22}^A S_{11}^B)^{-1}
\end{aligned}
\tag{6.34}
$$

이 산란계수의 직렬 연결을 이용하여 유한한 두께를 가진 아이리스의 산란계수를 구할 수 있고, 이는 다음 식과 같다.

$$
\begin{aligned}
\left[S_{11}^{iris}\right] = \left[S_{22}^{iris}\right] &= \left[S_{11}^L\right] + \left[S_{12}^L\right] D \left(I - \left[S_{22}^L\right] D \left[S_{22}^L\right] D\right)^{-1} \left[S_{22}^L\right] D \left[S_{21}^L\right] \\
\left[S_{21}^{iris}\right] = \left[S_{12}^{iris}\right] &= \left[S_{21}^L\right] D \left(I - \left[S_{22}^L\right] D \left[S_{22}^L\right] D\right)^{-1} \left[S_{21}^L\right]
\end{aligned}
\tag{6.35}
$$

여기서, $[S^L]$ 은 H-평면 불연속 구조의 산란행렬이고, D는 대각행렬, I는 단위행렬이다. 식(6.35)을 이용하면 유한한 두께를 가지는 아이리스의 등가회로를 추출할 수 있고, 이 등가회로를 이용하여 임피던스 인버터의 값을 구할 수 있다.

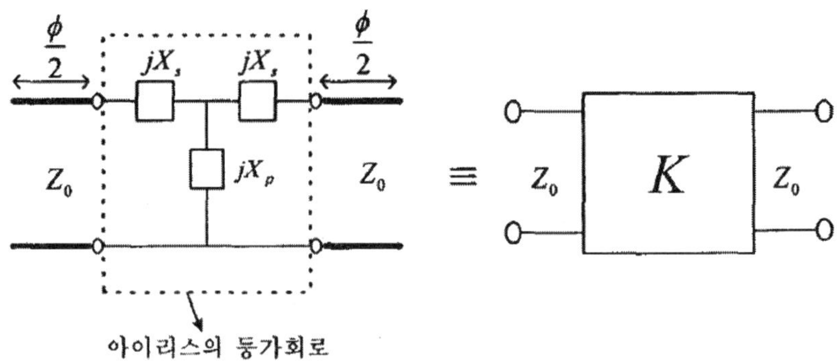

그림 6.9 두께가 있는 아이리스의 등가회로와 임피던스 인버터

그림 6.9는 두께가 있는 아이리스의 등가회로와 임피던스 인버터를 나타내고 있다. 아이리스의 두께를 무시할 경우 직렬 리액턴스값(jX_s) 은 무시되지만 아이리스가 유한 두께를 가지면 직렬 리액턴스값이 발생하게 된다. 유한한 두께를 가지는 아이리스의 직렬, 병렬 리액턴스의 값은 [Z] 파라미터와 [S] 파라미터의 관계에 의해서 다음 식과 같이 추출할 수 있다.

$$\frac{jX_s}{Z_0} = \frac{1 - S_{12}^{iris} + S_{11}^{iris}}{1 - S_{11}^{iris} + S_{12}^{iris}} \tag{6.36}$$

$$\frac{jX_p}{Z_0} = \frac{2S_{21}^{iris}}{(1 - S_{11}^{iris})^2 + (S_{12}^{iris})^2}$$

또한, 그림 6.9에서처럼 아이리스의 등가회로 양단에 특성 임피던스가 Z_0 이고 전기적 길이가 $\phi/2$ 인 전송선을 첨가하면, 이 회로는 임피던스 인버터로 작동되고, 임피던스 인버터의 값과 ϕ 의 값은 영상 파라미터 방법을 이용하여 다음과 같이 구할 수 있다.

$$\frac{K}{Z_0} = \left| \tan\left(\frac{\phi}{2}\right) + \tan^{-1}\left(\frac{X_s}{Z_0}\right) \right| \tag{6.37}$$

$$\phi = \tan^{-1}\left(\frac{2X_p}{Z_0} + \frac{X_s}{Z_0}\right) - \tan^{-1}\frac{X_s}{Z_0}$$

위 식을 이용하면 유한한 두께의 아이리스의 간격에 따른 임피던스 인버터 값과 ϕ 의 값을 구할 수 있다.

6.1.4 모드 매칭 방법을 이용한 아이리스형 도파관 대역통과 필터 설계 방법

그림 6.10은 모드 매칭 방법을 이용하여 아이리스형 도파관 대역통과 필터를 설계하는 방법에 대한 flow chart이다.

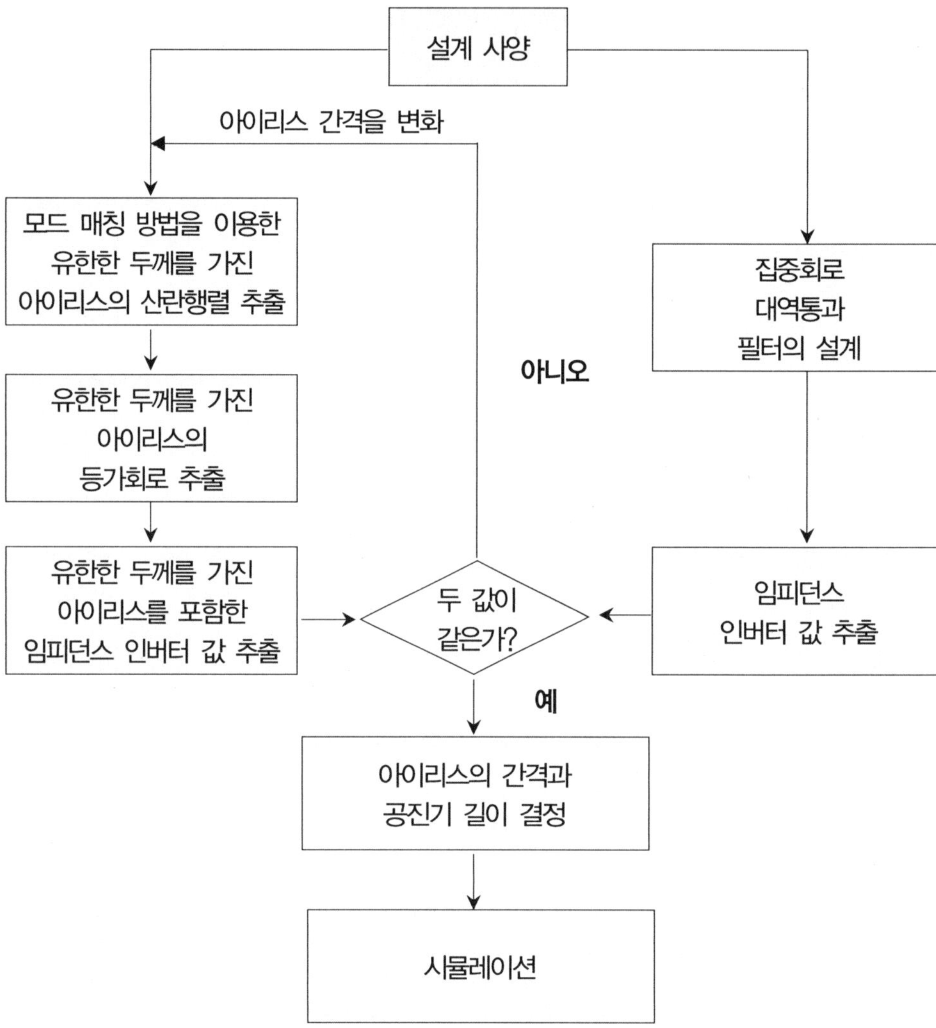

그림 6.10 모드 매칭 방법을 이용한 대역통과 필터 설계 방법의 flow chart

먼저 설계 사양이 정해지면, 집중회로 형태의 대역통과 필터를 설계할 수 있고, 임피던스 인버터의 값을 추출할 수 있다. 다음으로 유한한 두께를 가진 아이리스의 간격에 따른 임피던스 인버터의 값을 수치 해석적으로 구하기 위해서 모드 매칭 방법을 적용한다.

그림 6.11의 인덕티브 장애물의 두께(t)를 고정시키고, 인덕티브 장애물의 길이(d)를

변화시키면서 모드 매칭 방법을 이용하여 인덕티브 장애물의 길이에 따른 산란행렬을 구할 수 있다. 이렇게 추출된 산란행렬을 이용하여 길이 d에 따른 아이리스의 등가회로의 각 리액턴스 값을 구할 수 있고, 길이 d 에 따른 임피던스 인버터의 값을 구할 수 있다. 마지막으로 집중회로에서 구한 임피던스 인버터의 값과 모드 매칭 방법을 이용해서 구한 임피던스 인버터의 값을 비교하여 두 값이 같아지는 인덕티브 장애물의 길이와 ϕ 의 값을 얻을 수 있다. 또한 공진기의 길이를 구할 수 있고, 이렇게 추출된 치수를 가지고 시뮬레이션을 통해 대역통과 필터의 특성을 확인할 수 있다.

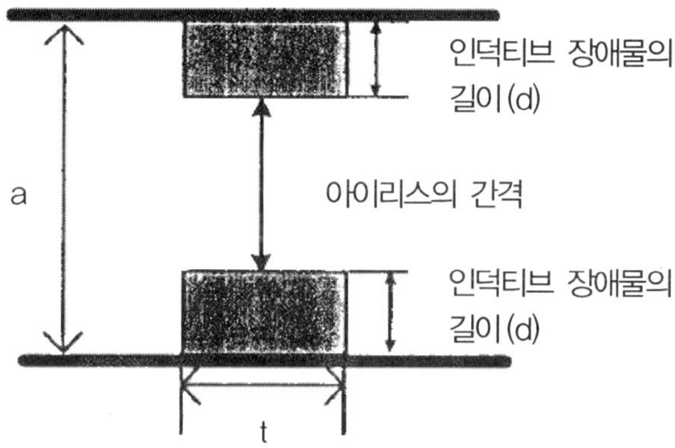

그림 6.11 유한한 두께를 가진 아이리스

6.2 유전체 도파관 필터 측정 방법

유전체 도파관 필터를 측정하는데 대부분의 경우 동축선로를 이용하는 SMA 컨넥터를 사용한다. 이는 시스템에서 사용하는 마이크로스트립, 스트립 선로, CPW 구조와는 다른 측정 환경이다. 이는 유전체 도파관 필터가 모듈에 장착된 후 왜곡 현상을 발생시키는 원인이 된다. 이에 모듈 환경과 동일한 형태의 측정 지그 및 방법이 활용되어야 한다.

6.2.1 측정 지그 시뮬레이션

동축선로는 원형의 도체 사이에 유전체 영역이 존재하는 구조로 되어 있으며, 방사가 일어나지 않아 높은 주파수에서 전송 선로로 널리 사용되어진다. 안쪽 구경인 a 와 바깥쪽 구경인 b 사이에서 파가 진행되며, TEM 모드를 형성한다.

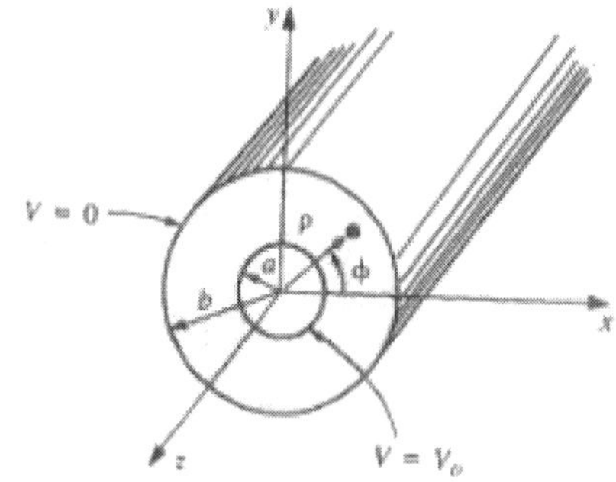

그림 6.12 동축선로

식(6.38)과 같이 동축선로의 특성 임피던스 및 위상은 구경 a 와 b, 그리고 두 도체 사이에 있는 유전체의 유전율에 따라 결정된다.

$$Z_0 = 60\sqrt{\frac{\mu_r}{\varepsilon_r}}\, ln\frac{b}{a} = 138\sqrt{\frac{\mu_r}{\varepsilon_r}}\, log\frac{b}{a}\ ohms \tag{6.38}$$

$$\beta_t = \frac{2\pi}{\lambda_g}\ radians/unit\ length$$

여기서, λ_g 는 관내파장이다. 식(6.38)을 이용하여 이론적으로 계산한 특성 임피던스가 50Ω 이 되는 조건은 안쪽 도체의 구경이 1.25mm, 바깥쪽 도체의 구경이 4.19mm 이며, 두 구경 사이에 있는 유전체는 테프론으로 상대 유전율이 3.1이 된다. 범용적으로 사용되고 있는 동축선로의 길이는 7.5 이며, 이때 8.416GHz 에서 위상은 109.8° 가 된다. 그림 6.13은 시뮬레이션을 한 구조도와 결과이다. 그림 6.13(b)에서 S_{11} 은 -60dB

이하로 형성되며, (c) 에서는 정확히 50Ω 에 일치하는 결과를 보이고 있다. (d)에 있는 위상은 설계한 필터의 중심 주파수인 8.416GHz 에서 164° 로 이론적인 수치와는 다소 차이를 보였다. 이 조건을 기준으로 하여, 유전체 도파관 측정 지그 형태인 마이크로스트립 구조를 설계한다.

PCB 형태는 제작이 용이하고, 다른 수동 및 능동소자와 집적하기 쉬워 널리 사용되는 구조이다. 유전체에 의해 분리되어 있는 접지와 스트립 선로(strip) 도체로 구성되어 있다. 식(6.39)는 특성임피던스 및 위상을 구하는 식이다.

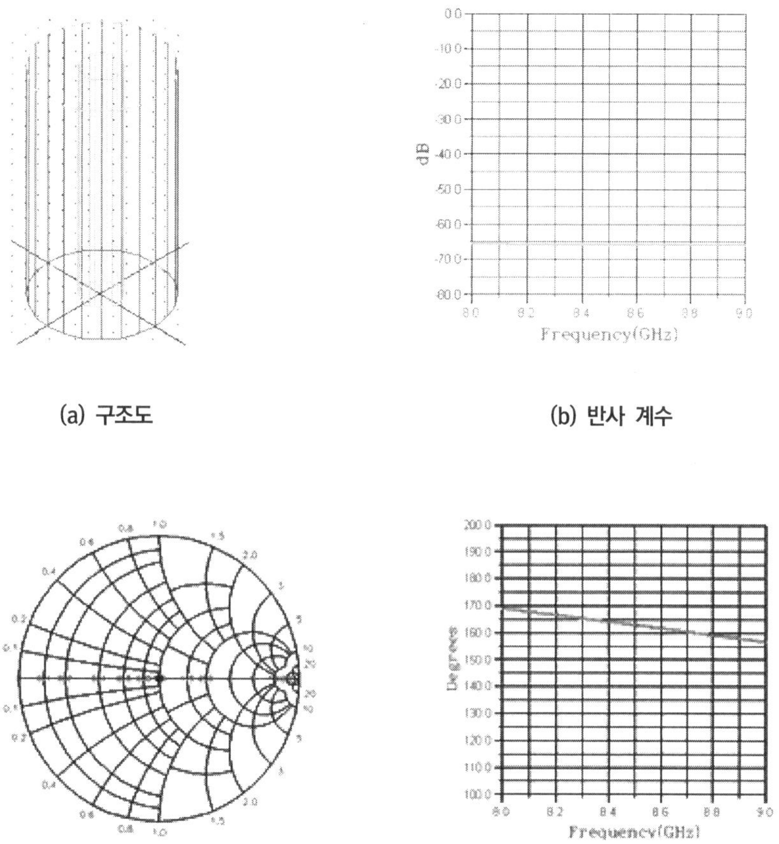

(a) 구조도 (b) 반사 계수

(c) 스미스 차트 (d) 위상

그림 6.13 동축선로 구조도 및 시뮬레이션 결과

$$Z_0 \approx \sqrt{\frac{\mu_r}{\varepsilon_r}\frac{\mu_0}{\varepsilon_0}} \bullet \frac{H}{W} \bullet \left[1 + 1.735\varepsilon_r^{-0.0724} \bullet \left(\frac{W}{H}\right)^{-0.836}\right]^{-1} \ ohms \tag{6.39}$$

$$\beta_t = \omega\sqrt{LC}\, radian/unit\ length$$

$$Z_0 = \sqrt{\frac{L}{C}}\ ohms$$

이론적으로 계산한 특성 임피던스가 50Ω 이 되는 조건은 PCB의 상대 유전율이 4.14 일 때 두께는 0.4mm 이며, 선로의 도체 두께는 0.035mm 이고, 선로의 폭은 0.766mm 이다. 8.416GHz 에서 위상이 109.8° 가 되는 조건은 6.15mm 이었다. 그림 6.14와 같이 시뮬레이션 진행결과 8.416GHz 에서 선로의 폭이 0.72mm 일 때 S_{11} 이 -38.32dB 로 가장 좋게 형성되었으며, 그림 6.14(b)와 같이 PCB의 길이는 5.96mm 일 때 동축선로의 위상인 164.0° 와 일치하는 결과를 볼 수 있었다. 이론적인 계산 값인 6.15mm 에서 위상은 157.2° 가 형성되었다. 위 결과를 근거로 하여 최종적으로 시뮬레이션을 진행한 결과가 그림 6.15이다. 그림 (b)는 8GHz~9GHz의 S_{11}(dB) 의 결과이고, 그림 (c) 에서는 50Ω 에 일치되는 결과를 보여 주고 있다. 그림 (d)는 8GHz ~ 9GHz에서 위상 값을 보여 주고 있다. 결론적으로 동축선로의 임피던스 크기와 위상을 마이크로스트립 값에 적용시킴으로써 두 측정 방법의 동일성을 확보할 수 있었다.

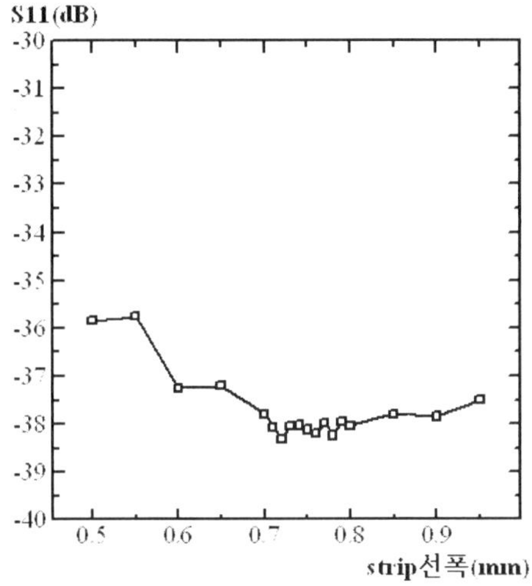

(a) 선폭과 반사계수의 관계

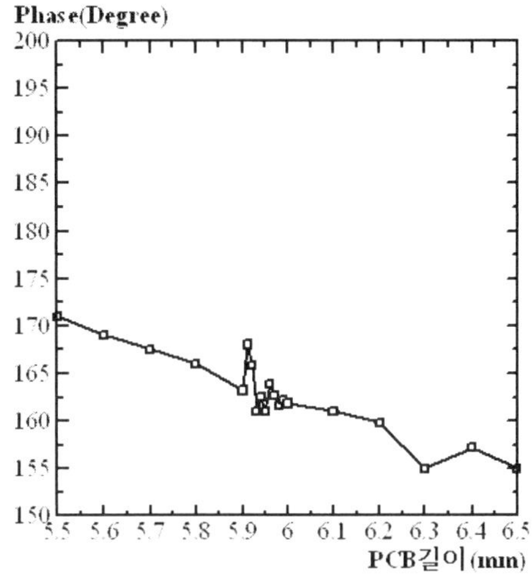

(b) PCB 길이와 위상의 관계

그림 6.14 시뮬레이션 결과

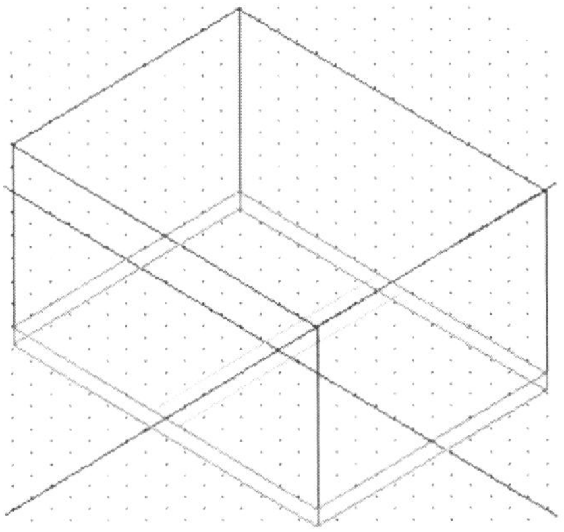

(a) 구조도

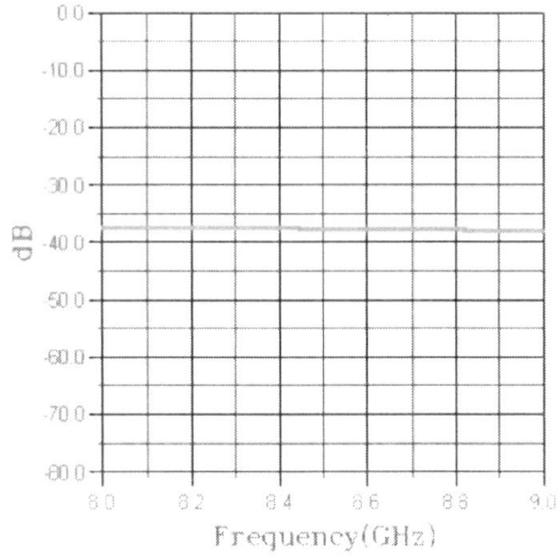

(b) 반사계수

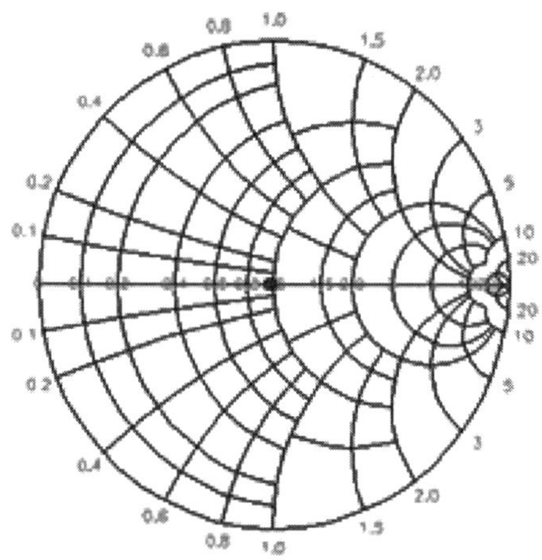

(c) 스미스 차트

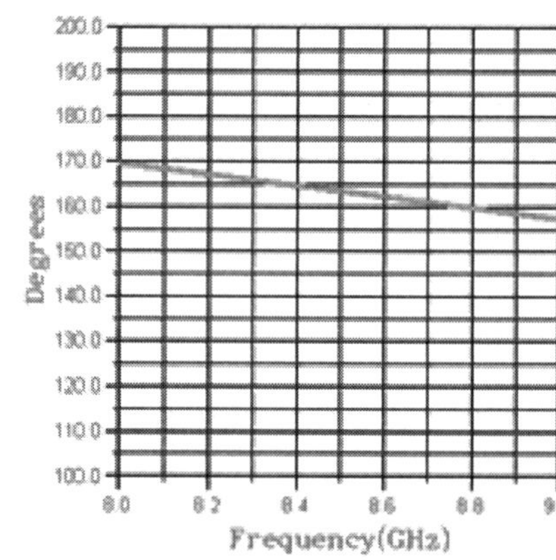

(d) 위상

그림 6.15 마이크로스트립 구조도 및 시뮬레이션 결과

6.2.2 측정 지그를 고려한 유전체 도파관 시뮬레이션

그림 6.16(b)는 유전체 도파관의 계산된 수치를 구조 시뮬레이션으로 진행한 결과이다. 포트는 일정한 안정화 구간을 형성한 후 면 포트로 설정하였으며, 필터의 중심 주파수인 8.416GHz로 지정하였다. 그림 (d)는 포트에 마이크로스트립 구조를 추가하여 시뮬레이션을 한 결과이다. PCB는 0.4mm 두께를 가지는 FR-4 를 사용했으며, 선폭이 0.85mm 로 설계된 치수를 적용하였다. 그림 6.16의 결과에서 볼 수 있듯이 50Ω 임피던스를 고려했음에도 필터 고유의 특성이 구현되지 않음을 보여 주고 있다. 이 현상은 동축선로와 마이크로스트립 간에서 발생하는 불연속 구조 때문이며, 불연속 구조가 발생하지 않도록 마이크로스트립만을 사용하여 측정 지그를 설계한다.

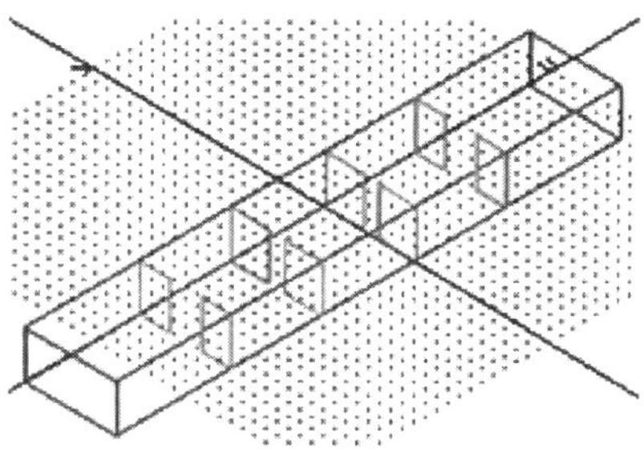

(a) 이론적인 구조

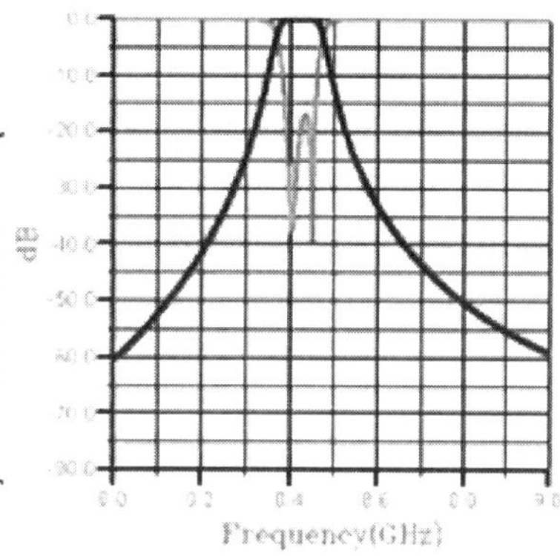

(b) 결과

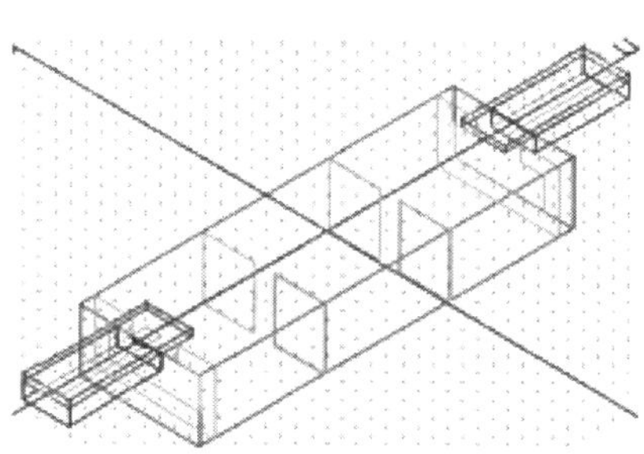

(c) 50Ω 마이크로스트립 구조

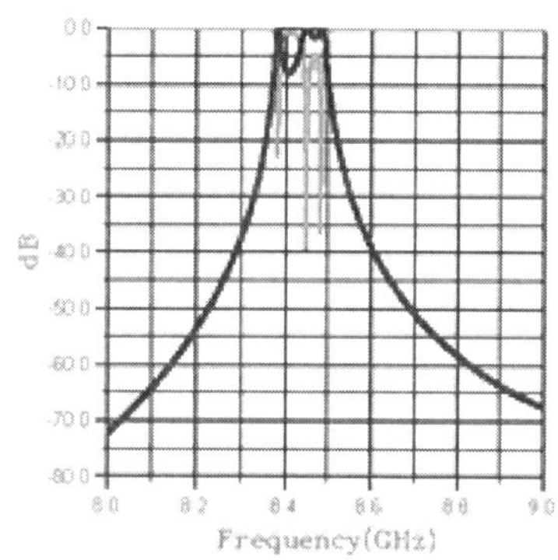

(d) 결과

그림 6.16 마이크로스트립 구조 삽입시 왜곡 현상

기 설계된 유전체 도파관 필터는 종단을 직접 50Ω 포트로 설정하여 시뮬레이션을 진행한 결과이다. 표 6.1은 기 설계된 유전체 도파관 필터의 S-파라미터 값과 치수를 보여 주고 있다. 표 6.2는 동축선로를 고려했을 때의 변수이다. 표 6.1과 비교해 보면 입출력 결합 값이 변화됨을 볼 수 있다. 이 변화가 필터의 왜곡을 발생시키는 요인이 된다. 그림 6.17은 8.416GHz 에서 동축선로로 포트를 설정시 입출력 결합 값인 S_{21} 과 입출력 길이의 상관관계에 대해 보여 주고 있다. S_{21}값 인 -9.25904dB 값에 가장 적합한 입출력 길이는 1.30mm이었다.

표 6.1 종단에 직접 포트를 설정시

	S_{21}(dB)	인덕티브 아이리스	공진기 길이	입출력 결합 값
1단	-9.26	2.59mm	8.23mm	
2단	-24.57	3.34mm	8.22mm	1.45mm
3단	-9.26	2.59mm	8.23mm	

표 6.2 종단에 동축선로를 포트로 설정시

	S_{21}(dB)	인덕티브 아이리스	공진기 길이	입출력 결합 값
1단	-9.26	2.59mm	8.23mm	
2단	-24.57	3.34mm	8.22mm	1.30mm
3단	-9.26	2.59mm	8.23mm	

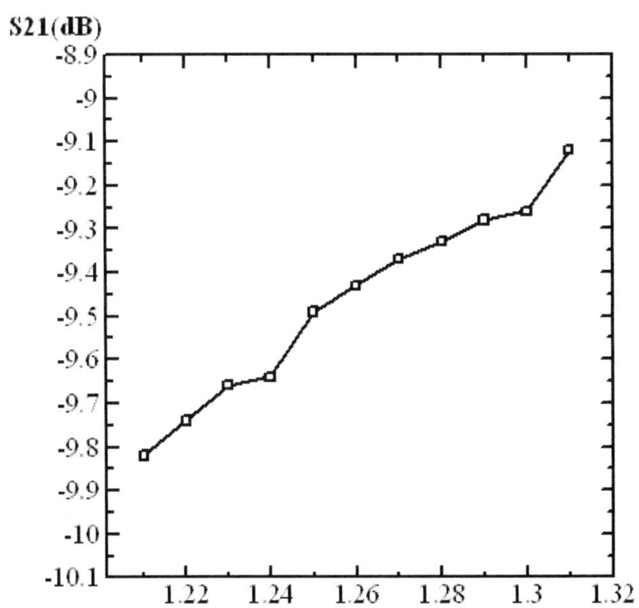

그림 6.17 S_{21} 과 입출력 길이의 관계

마이크로스트립을 고려하였을 때도 입출력 결합 값을 1.30mm로 맞춰서 설계가 되어야 한다. 즉, 임피던스 크기와 위상 값이 일치해야만 필터 특성이 구현이 된다. 그림 6.18은 8.416GHz 에서 종단의 변수 값을 비교하였다. 표 6.3에서 볼 수 있듯이 비슷한 변수 값을 가지고 있음을 볼 수 있다.

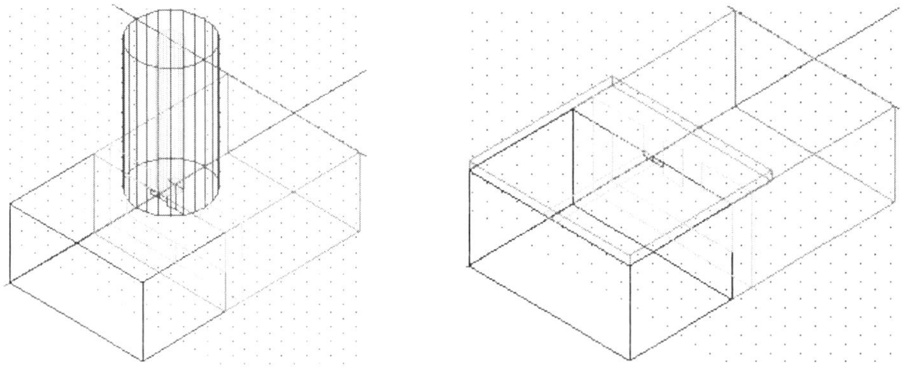

(a) 동축선로 (b) 마이크로스트립

그림 6.18 종단의 구조도

표 6.3 종단의 변수 값

	동축선로	마이크로스트립
S_{21}(dB)	-8.13	-8.18
위상(°)	3.1	3.25

종단의 변수 값으로 마이크로스트립을 고려한 유전체 도파관 필터를 설계하였다. 마이크로스트립 구조의 결과를 그대로 적용하였고, 그림 6.19(b)의 결과에서 볼 수 있듯이 동축선로를 고려했을 때와 동일한 시뮬레이션 결과를 얻을 수 있었다.

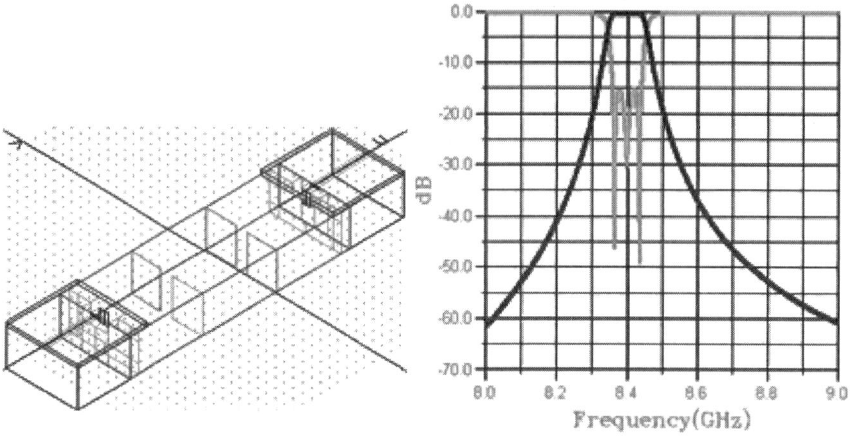

(a) 구조도 (b) 결과

그림 6.19 마이크로스트립을 고려한 시뮬레이션 결과

6.2.3 제작 및 측정 결과

그림 6.20 마이크로스트립 사진

제작된 PCB는 그림 6.20에서 보여 주고 있다. 시뮬레이션 시 50Ω에 맞는 선폭이 0.72mm이었으나, 실제 제작하여 측정 시 선폭은 0.613mm에서 가장 적합한 50Ω 임피던스의 크기와 위상이 형성되었다. 이는 PCB 제작 시 오차율(20%) 범주 안에 포함되는 수치로, 이를 감안하여 선폭을 변경하면서 제작 측정을 하였다. 그림 6.21은 시뮬레이션 수치인 0.72mm이었을 때 결과인데 임피던스의 크기와 위상이 원하는 결과치에 미치지 못하고 있다. 실제 제작 시에는 그림 6.22와 같이 선폭을 0.613mm로 결정하였다.

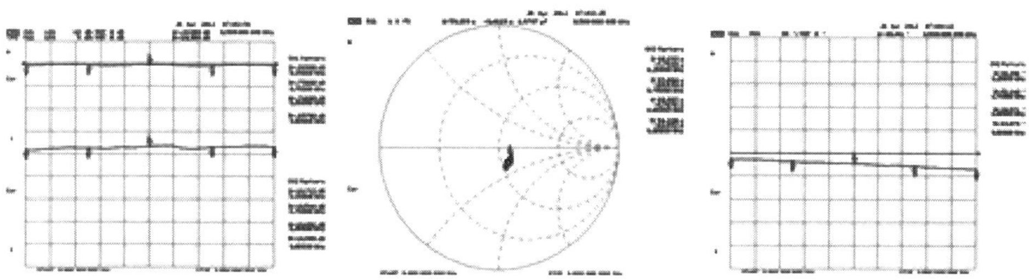

(a) S-parameter (b) 스미스 차트 (c) 위상

그림 6.21 0.72mm일 때 측정 결과

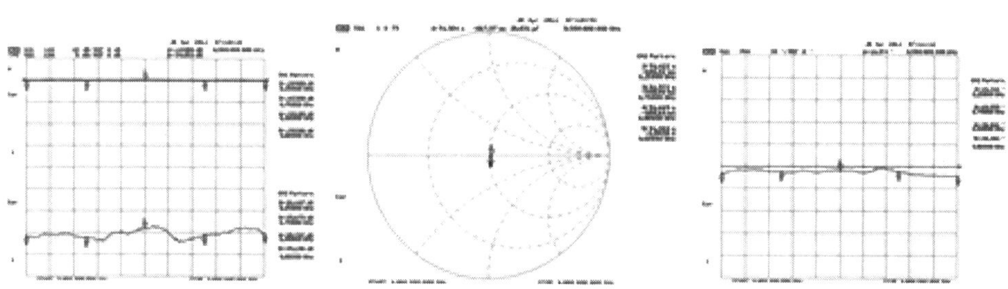

(a) S-parameter (b) 스미스 차트 (c) 위상

그림 6.22 0.613mm일 때 측정 결과

그림 6.23은 측정된 결과 그래프이다. 그림 6.24(a)는 제작된 측정 지그 사진이고, (b) 제작된 유전체 도파관 필터 사진이다. 전기적 사양을 만족하는 결과를 얻을 수 있었다. 범용적으로 사용하는 동축선로 형태의 SMA 콘넥터 측정지그를 사용 시 모듈(시스템)에 장착 후 필터의 왜곡 현상이 발생을 한다. 이를 개선하기 위하여 마이크로스트립

구조로 측정지그를 변경하였다. 이 측정 지그는 다양한 유전체 도파관 필터 측정에 있어 유용하게 적용된다.

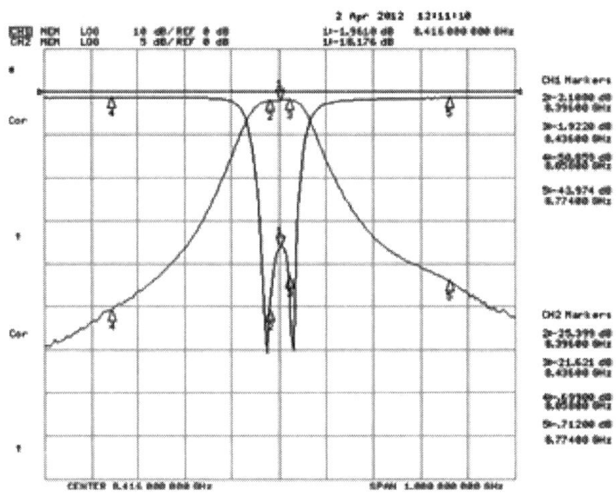

그림 6.23 측정된 결과 그래프

(a) 제작된 측정 지그

(b) 시제품 사진

그림 6.24 시제품

6.3 적층형 유전체 도파관 필터 예

횡 방향으로 공진부가 연결되는 유전체 도파관 필터는 단수가 증가함에 따라 길이가 증가하여 제작 시 어려움이 따른다. 제안된 구조는 세라믹을 이용하여 일부 공진부를 적층 형태로 변경하여 설계 제작한 것이다. 상대 유전율이 22인 세라믹을 이용하여 기존의 도파관 필터보다 25% 정도 크기가 줄었으며, SMD 형태로 PCB에 표면 실장이 가능하도록 하였다.

6.3.1 설계 및 시뮬레이션

양 끝단이 저항으로 종단된 체비셰브형 4단 저역 통과 원형필터의 값들은

$$g_0 = 1.0, \qquad g_1 = 1.6703$$
$$g_2 = 1.1926, \qquad g_3 = 2.3661$$
$$g_4 = 0.8419, \qquad g_5 = 1.9841$$

임피던스 인버터 값들은

$$K_{01} = 0.3233, \qquad K_{12} = 0.0638$$
$$K_{23} = 0.0421, \qquad K_{34} = 0.0638$$
$$K_{45} = 0.3233$$

표 6.4에서 계산된 투과계수와 위상을 이용하여 도파관 필터의 치수를 결정하였다. 상대 유전율은 21.4 로 설정하였으며, Q 값은 1,300으로 설정하였고, 공진기의 크기는 26×13mm 로 정하였다. 또한, 인덕티브 아이리스의 두께는 0.05mm 로 설정하였다. 각 단수의 투과계수와 위상을 수렴 조건에 맞도록 설정하여 공진기의 길이와 인덕티브 아이리스의 크기를 결정하였다.

표 6.4 투과계수와 도파관 필터의 치수

	1단	2단	3단	4단
S_{21}(dB)	-7.6	-21.3	-21.3	-7.6
위상(°)	155.2	174.9	174.9	155.2
길이 (mm)	23.96	24.33	24.33	23.96
아이리스 (mm)	10.71	10.95	10.95	10.71

그림 6.25는 시뮬레이션을 이용하여 1단과 4단의 공진기 길이와 인덕티브 아이리스의 크기를 결정하는 과정이다. 아이리스의 크기를 결정하기 위해 S_{21} 값인 -7.64dB 에 수렴하도록 반복 시뮬레이션을 하여 값을 얻었으며, 공진기의 길이를 결정하기 위해 위상값인 155.24° 에 수렴하도록 반복 시뮬레이션을 하였다.

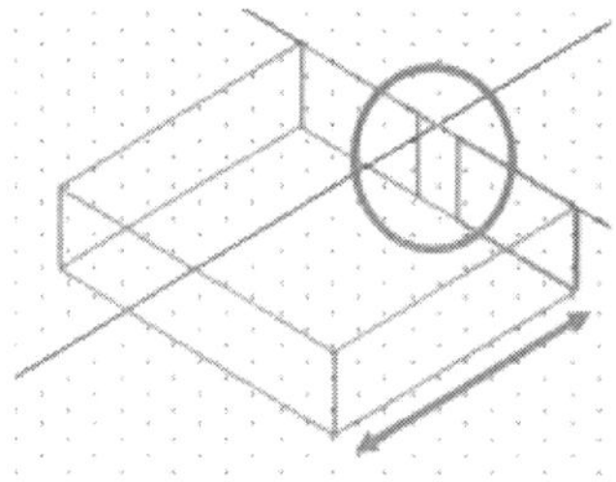

(a) 구조도

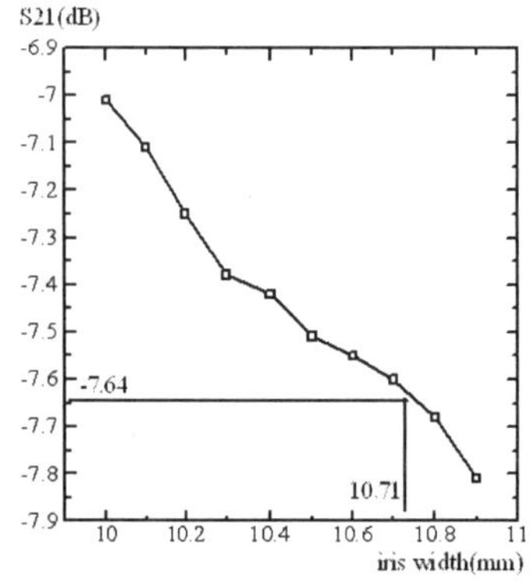

(b) 아이리스 크기

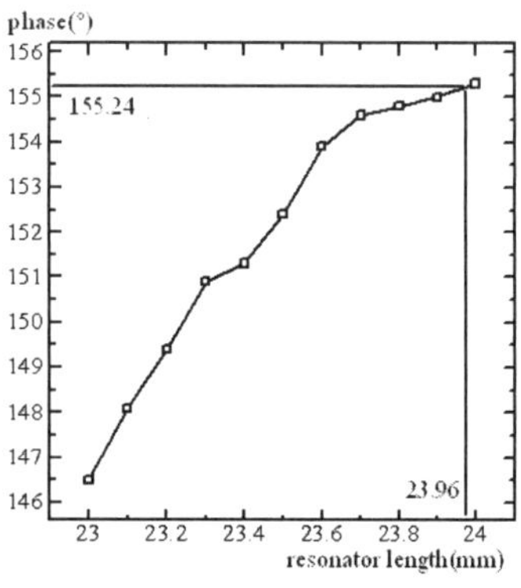

(c) 공진기 길이

그림 6.25 1단과 4단 시뮬레이션 과정

같은 방법으로 2단과 3단의 공진기 길이와 인덕티브 아이리스의 크기를 결정하였다. 그림 6.26은 표 6.4의 값을 적용하여 구조 시뮬레이션을 진행한 결과이다. 적층형태로 변경하기 위해 기 설계된 유전체 도파관 필터의 산란계수와 일치시켰고, 인덕티브 형태도 변경하였다. 또한, 공진기의 크기도 26×6.5mm로 변경하였다. 그림 6.27은 S_{21}과 입출력 길이의 상관관계를 보여 주고 있다. 입출력 길이가 4.01mm일 때, S_{21}이 -7.64dB로 일치하는 결과를 얻었다. 그림 6.28은 S_{21} 과 인덕티브 원과의 상관관계를 보여 주고 있다. 인덕티브 원의 지름이 3.37mm 일 때, S_{21} 이 -21.3dB 로 일치하는 결과를 얻었다. 그림 6.29는 S_{21} 과 인덕티브 창과의 상관관계를 보여 주고 있다. 인덕티브 창의 크기가 5.24mm 일 때, S_{21} 이 -23.4dB 로 일치하는 결과를 얻었다.

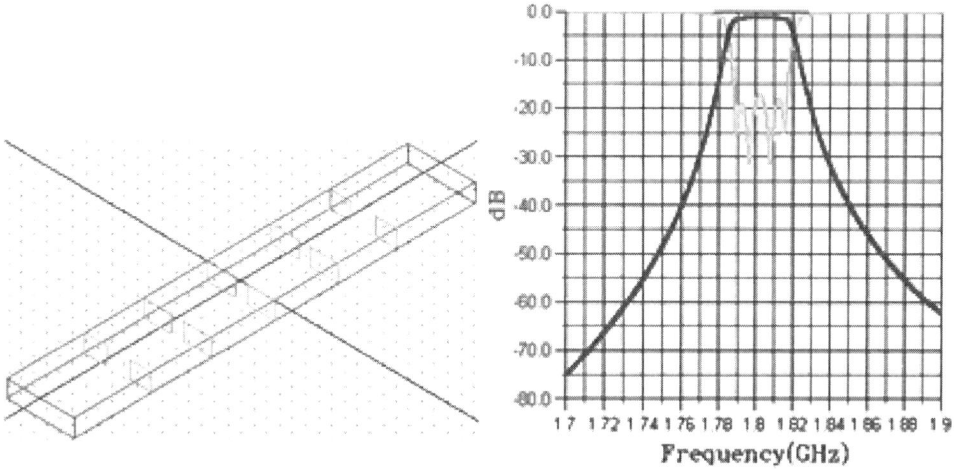

(a) 구조도 (b) 결과

그림 6.26 유전체 도파관 필터 구조도 및 결과

그림 6.30은 최종적으로 설계한 적층형 유전체 도파관 필터의 구조이다. 그림 6.26과 일치하는 결과를 얻었다.

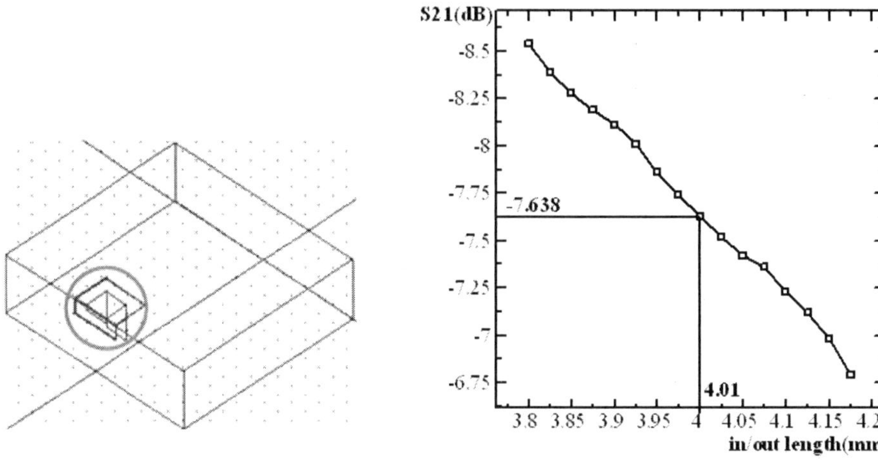

(a) 구조도 (b) 결과

그림 6.27 S_{21} 과 입출력 길이의 관계

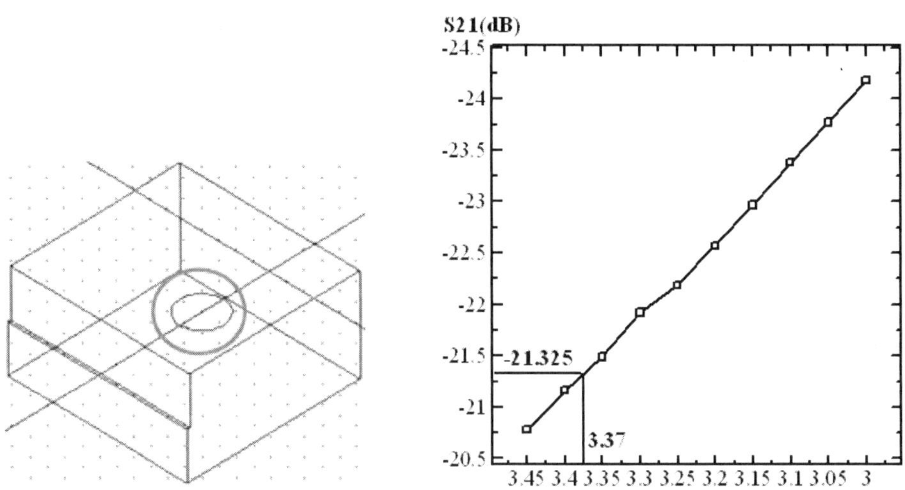

(a) 구조도 (b) 결과

그림 6.28 S_{21} 과 인덕티브 원과의 관계

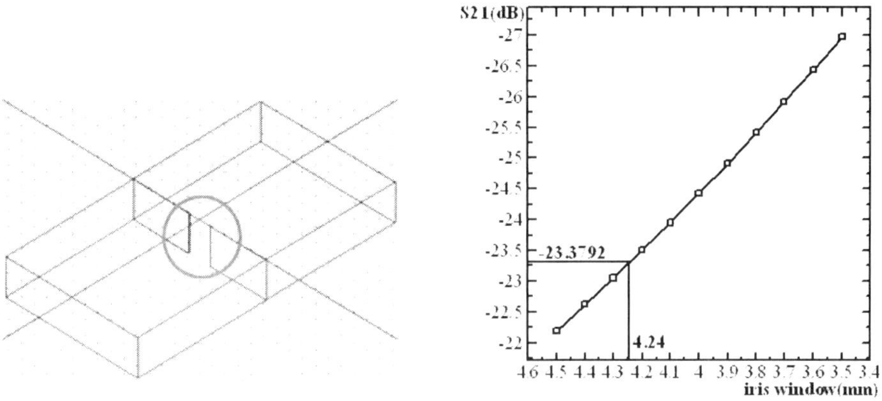

(a) 구조도 (b) 결과

그림 6.29 S_{21} 과 인덕티브 창과의 관계

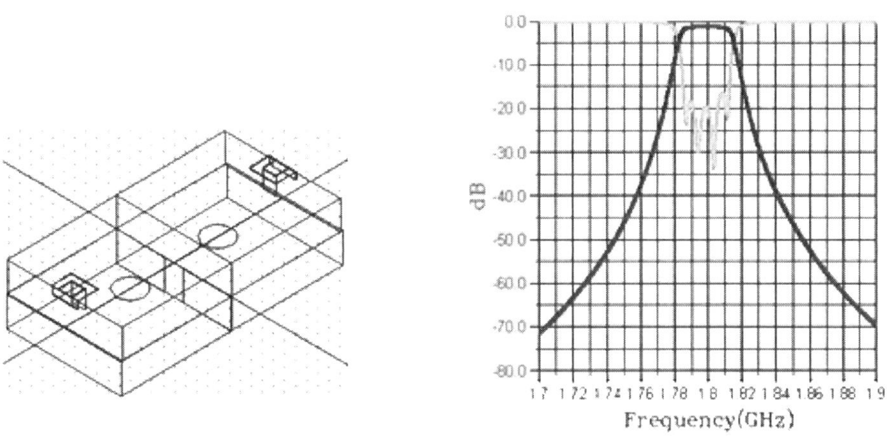

(a) 구조도 (b) 결과

그림 6.30 적층형 유전체 도파관 필터 구조

6.3.2 제작 및 측정 결과

필터 제작에 사용된 세라믹 파우더는 일본 Kyorix사의 HF-22K(SD)로써, 유전상수는

5.01GHz 에서 22.04 이고, FxQ 는 49307 이다. 측정 시 사용된 장비는 Network analyzer로써 Agilent사의 8722ES 모델이다. 그림 6.31(a)는 시작품의 분해도이고, 그림 (b)는 실제 치수이다. 검은 부분이 입출력 포트로 표면실장을 하기 위한 부분이다.

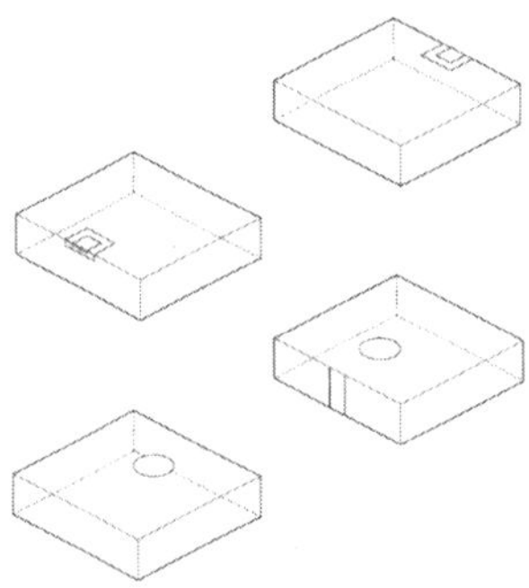

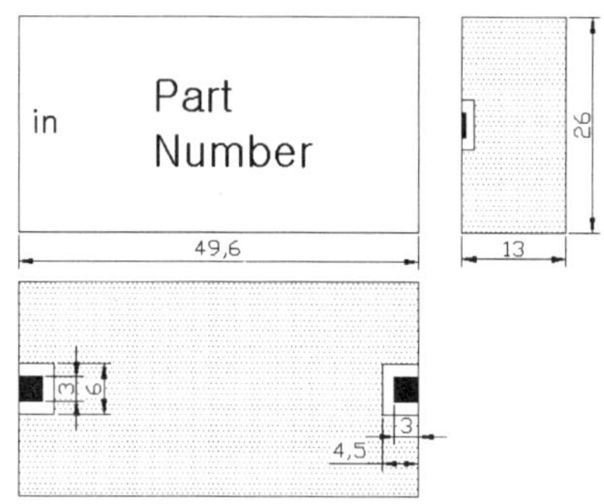

(a) 분해도　　(b) 치수 (단위:mm)

그림 6.31 제작된 유전체 도파관 필터 도면

그림 6.31(a)은 제작된 시제품 사진이다. 외부 도체는 은을 사용하여 프린팅 기법으로 도포하였고, 은의 두께는 10~15㎛ 이고, 880℃ 에서 10분 유지 시간으로 소성하였다. 접합은 무연납을 이용하였다. 그림 6.31(b)는 측정된 결과 그래프이고, 표 6.5는 목표치와 측정 결과이다. 전기적 사양을 만족하는 결과를 얻을 수 있었다.

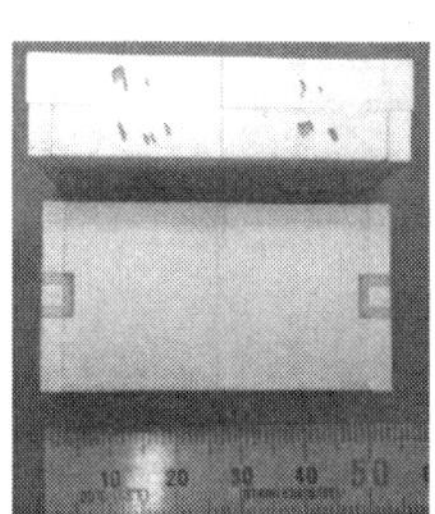

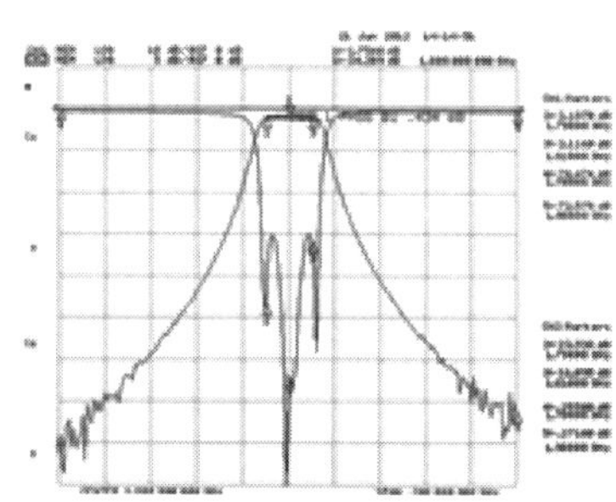

(a) 제작된 시제품 사진　　(b) 측정 그래프

그림 6.31 제작된 유전체 도파관 필터 사진 및 측정 그래프

표 6.5 목표치 및 측정 결과

		전기적 특성	
		목표치	결 과
중심 주파수		1.80GHz	
대역폭		1.79~1.81GHz	
삽입 손실		2.5dB	2.18dB
리플		0.5dB	0.43dB
반사 손실		15.0dB	15.09dB
감쇄 특성	1.70GHz	70.0dB	78.47dB
	1.90GHz	70.0dB	72.57dB
임피던스		50 ohms	

6.4 감쇄 특성을 향상시킨 적층형 유전체 도파관 필터 예

제안된 구조는 세라믹을 이용한 유전체 도파관형 필터로써, Marcuvitz가 제안한 도파관 H-면 계단형 불연속 구조를 이용하여 설계한다. 계단형 불연속 구조를 모드 정합법을 이용하여 산란계수를 구하고, 공진기에 적용하여 길이를 최적화하였다. 그 후, 횡방향으로 연결되는 공진기를 적층구조로 변경하여 설계하였다. 마지막으로 표면실장이 가능한 형태에 감쇄극을 형성시켜, 감쇄 특성을 향상시켰다. 표 6.6에서는 투과계수와 위상을 이용하여 도파관 필터의 치수를 결정하였다. 상대 유전율은 21.4로 설정하였으며, Q 값은 1,300으로 설정하였고, 공진기의 크기는 26×13mm로 정하였다. 또한, 인덕티브 아이리스의 두께는 0.05mm 로 설정하였다. 각 단수의 투과계수와 위상을 수렴 조건에 맞도록 설정하여 공진기의 길이와 인덕티브 아이리스의 크기를 결정하였다. 적층 형태로 변경하기 위해 기 설계된 유전체 도파관 필터의 산란계수와 일치시켰고, 인덕티브 형태로 변경하였다. 각 공진기의 크기와 인덕티브 원의 크기는 표 6.6의 설계치와 일치시켰다. 최종적으로 감쇄 특성을 향상시키기 위해 감쇄극을 삽입하였다. 표면실장이 가능한 PCB(FR-4)에 1단과 4단 사이에 결합을 사용하여 감쇄 특성이 구현되도록 하였다.

표 6.6 투과계수와 도파관 필터의 치수

	1단	2단	3단	4단
S_{21} (dB)	-7.6	-21.3	-21.3	-7.6
위상 (°)	155.2	174.9	174.9	155.2
길이 (mm)	23.96	24.33	24.33	23.96
아이리스 (mm)	10.71	10.95	10.95	10.71

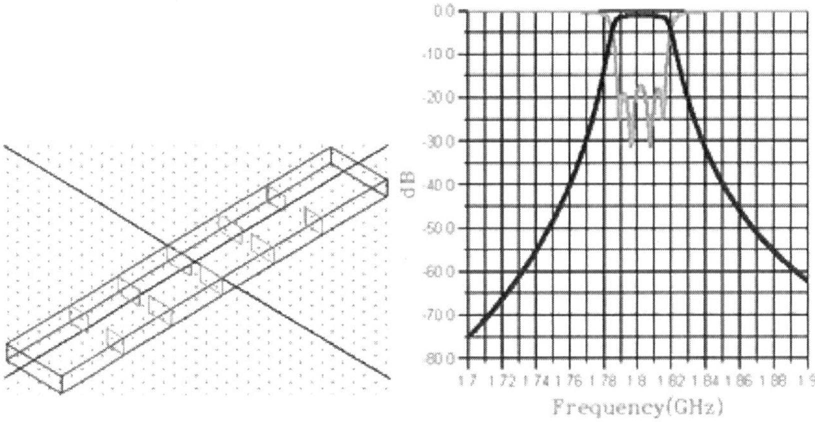

그림 6.32 도파관 필터 구조 및 결과

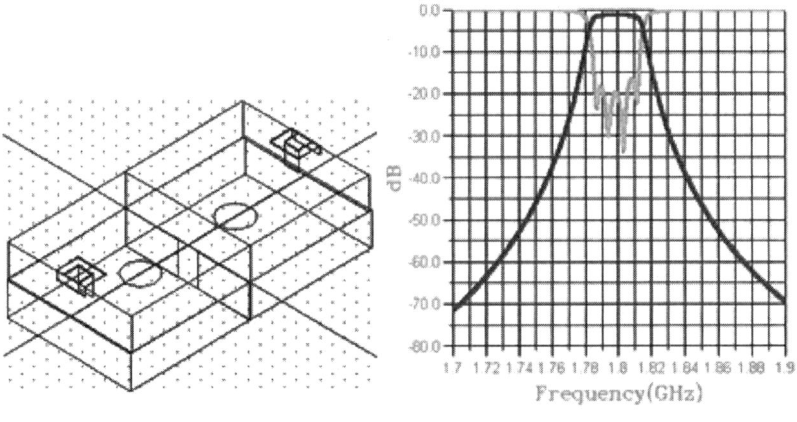

그림 6.33 적층형 도파관 필터 구조 및 결과

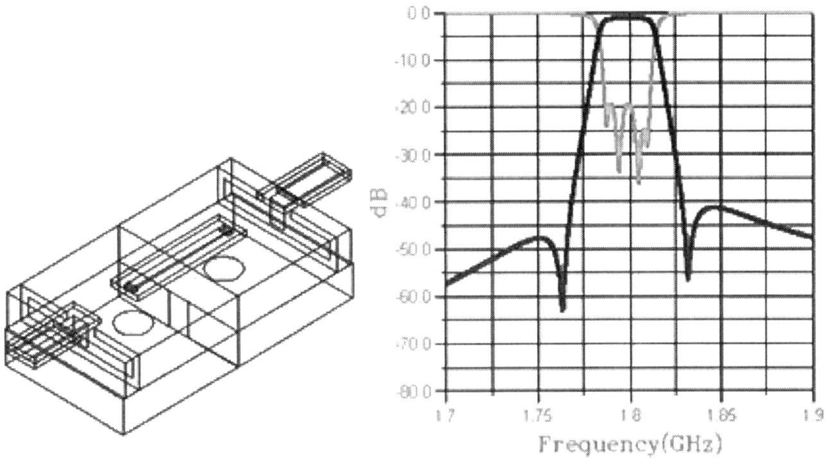

그림 6.34 감쇄극을 형성시킨 도파관 필터 구조 및 결과

6.5 DWFD 프로그램을 이용한 적층 유전체 도파관 필터 예

유전체 세라믹 도파관 필터를 설계할 수 있는 DWFD(Direct coupled Waveguide Filter Design) 프로그램이 $\lambda/2$ 스텝 임피던스 타입의 직접 결합 도파관 필터 이론을 사용하여 개발되었다. 최적화 과정의 속도를 높이고, 여러 가지 형태의 도파관 필터를 손쉽게 제작할 수 있도록 하기 위하여 설계에 필요한 구성 매개변수를 제공할 수 있는 프로그램(DWFD)과 HFSS 시뮬레이션 도구를 활용한 과정을 제시하였다.

6.5.1 DWFD를 사용한 시뮬레이션 및 대역통과 필터 설계

제작한 프로그램은 도파관 아이리스 필터 이론을 사용하여 설계되었다. 진행 과정은 그림 6.35에 순서도로 나타냈다.

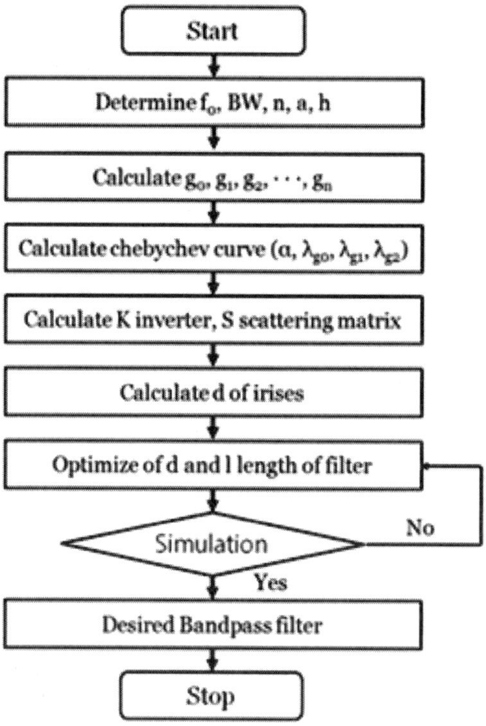

그림 6.35 DWFD 시뮬레이션 프로그램의 순서도

C++ 비주얼 프로그램을 사용하여 만들어지고, 개발된 DWFD는 그림 6.36에서와 같이 2개의 부속 프로그램으로 이루어진다. 각 부속 프로그램은 크게 주메뉴, 매개변수 세트, 그리고 조작 화면으로 구성된다. 사용자는 도파관 대역통과 필터를 설계하기 위해 차수 (n), 중심 주파수(f_0), 대역폭(BW), 도파관 크기(a), 그리고 유전율과 같은 초기값들을 결정할 수 있다. 그리고 도파관 필터 시뮬레이션은 필요한 단수$(rejection\ ratio)$, 각 산란 매개변수(S) 와 인덕티브 아이리스의 폭(a_1) 그리고 도파관 공진 길이(l) 을 계산할 것이다. 아울러 유전체 재료 또는 공진기의 Q 값을 알면 설계 제작된 필터의 삽입 손실을 예측할 수 있다. 여기서 전자기장의 확장을 제어하기 위하여 상대수렴(matrix size)을 최대 35로 놓는다. 이는 컴퓨터에서 불연속 문제를 해결하기 위하여 필요하다.

각 영역에서 고려되어진 모드 수들의 비율에 기반으로 하여, 산란 매개변수들의 해는 약간씩 다른 값들로 수렴한다. 이는 양호하지 않은 조건의 매트릭스 또는 금속 가장자리에서 부정확한 장(field) 분포 때문이다.

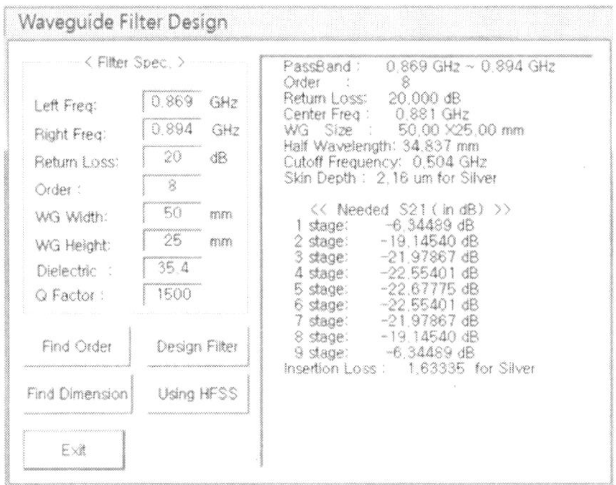

(a) $\lambda/2$ 스탭 임피던스 원형타입을 사용한 시뮬레이션

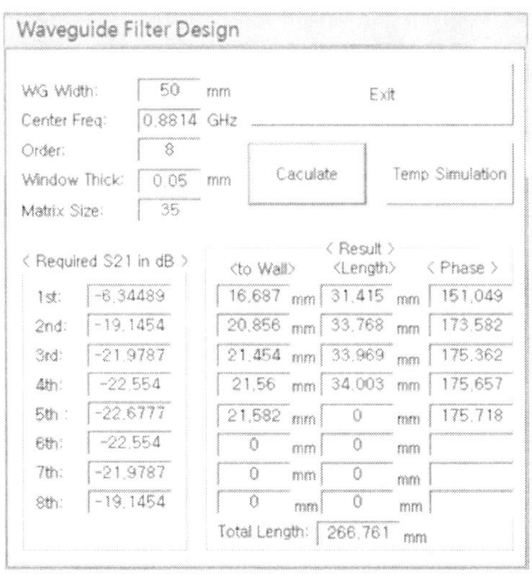

(b) 아이리스 및 공진기 길이 설계 시뮬레이션

그림 6.36 DWFD 도파관 필터 프로그램

DWFD 프로그램을 사용하여 4세대 이동통신인 LTE 주파수에 적용 가능한 직사각형 유전체 세라믹 도파관 필터를 설계하였다. 필터의 중심 주파수(f_0)=881.5MHz 로 주 특성은 그림 6.37에 보이는 것과 같이 도파관 폭(a)=50mm, 높이(b)=25mm, 차수(n)=8, 낮은 주파수(f_1)=869MHz, 그리고 높은 주파수(f_2)=894MHz, 반사 손실=20dB 이다.

직사각형 도파관에 놓은 9개의 인덕티브 아이리스는 개발된 DWFD 시뮬레이션 도구를 사용하여 설계되었다. $\lambda/2$ 스텝 임피던스 원형 형태의 요소 값들로 부터 그림 6.38과 같은 $S_{11}[dB]$ 과 $S_{21}[dB]$의 주파수 반응을 보였다.

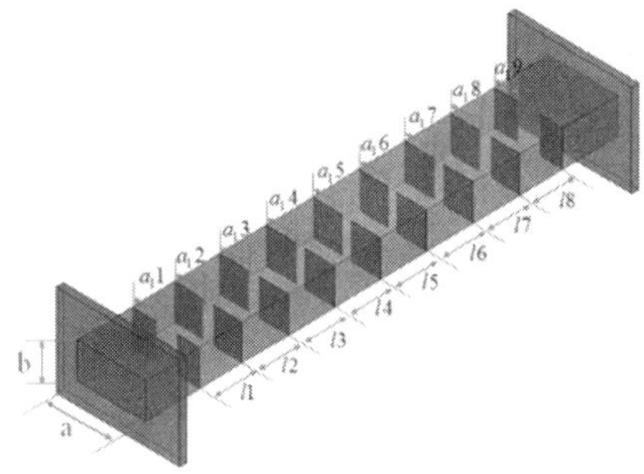

그림 6.37 9개의 아이리스로 구성된 유전체 세라믹 도파관 필터

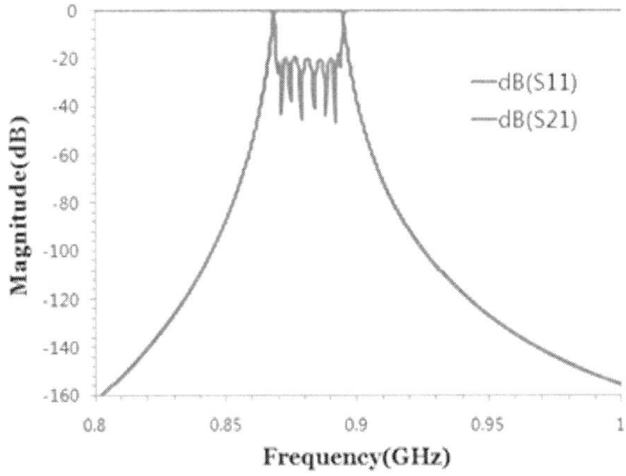

그림 6.38 DWFD에 의해 설계된 시뮬레이션 결과

6.5.2 HFSS를 사용한 적층 형태의 대역 통과 필터 설계

그림 6.39는 크기와 무게를 더욱 줄이기 위하여 적층형태의 유전체 세라믹 도파관 필터를 설계한 모습이다. 적층 형태를 가지기 위하여 높이(b)를 각각 동일하게 6mm로 줄였으며, DWFD 프로그램에 의한 산란 매개변수 $S_{21}[dB]$ 을 가지고 각 단의 커플링을 위한 아이리스들의 폭은 그림 6.40의 (a)와 같이 HFSS 최적화(Optimization)를 사용하여 구하였다. 각 단의 아이리스 창은 그림 6.39와 같이 외각변에서 1mm의 여유를 두고 고정변(4mm)을 가지고, 가변 변인 $a_1 2 \sim a_1 8$ 폭을 움직여 구하였다.

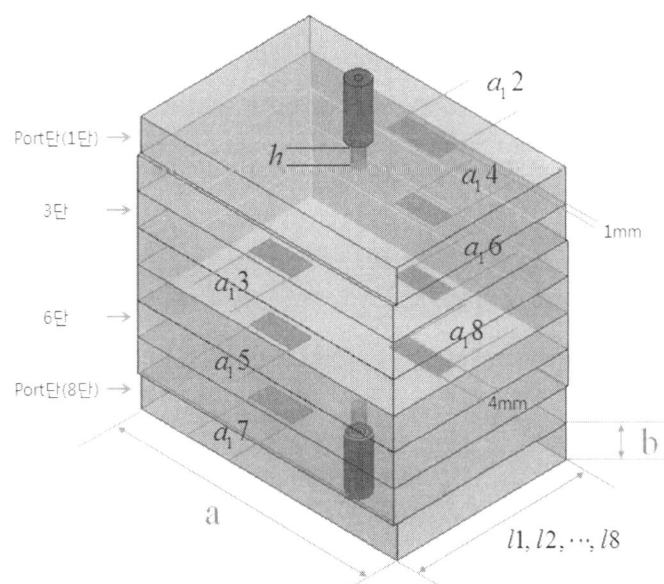

그림 6.39 8단의 3차원 적층 세라믹 도파관 필터

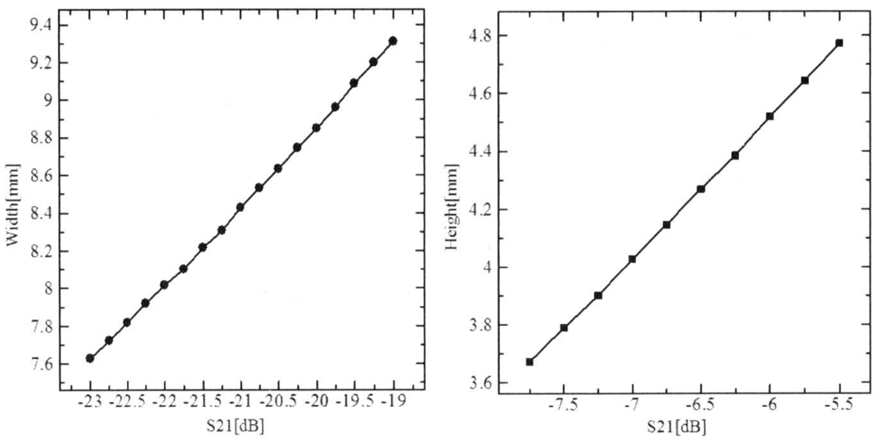

(a) 아이리스 폭　　(b) 동축 컨넥터 높이

그림 6.40 산란 매개변수 $S_{21}[dB]$ 과의 상관관계

입출력단은 초단과 마지막단에서 TE_{10} 모드의 전자기장에 의해 들뜨는 짧은 수직의 모노폴에 의하여 연결되어진다. 그림 6.39에서와 같이 일반적은 동축 컨넥터를 사용하여 DWFD 프로그램에서 얻은 매개변수 $S_{21}[dB]$ 을 가지고 그림 6.40의 (b)와 같이 HFSS 최적화를 사용하여 높이(h) 를 구하였다. 그림 6.41은 DWFD 프로그램에 의해 계산된 대역통과 도파관 필터의 0.8~1.0GHz 주파수 영역을 적층 형태로 설계한 후 HFSS로 시뮬레이션 한 $S_{11}[dB]$ 과 $S_{21}[dB]$ 의 주파수 반응을 보여 준다.

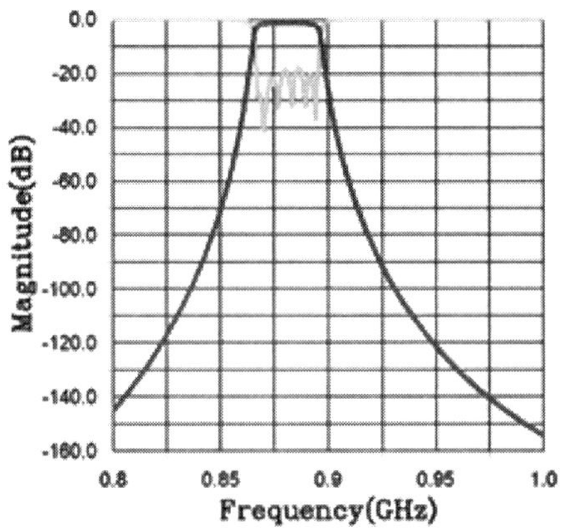

그림 6.41 3차원 적층 도파관 필터의 시뮬레이션 결과

6.5.3 제작 및 측정 결과

표 6.7에 보듯이 대역통과 도파관 필터의 모든 매개변수를 DWFD 프로그램으로부터 얻었고, 이를 바탕으로 HFSS 최적화 기능을 사용하여 적층형을 설계할 수 있었다.

표 6.7 DWFD 프로그램과 HFSS를 사용하여 계산 되어진 필터의 매개변수 값

변 수	대역통과 필터 치수	
	DWFD [mm]	HFSS [mm]
폭 (a)	50	50
높이 (b)	25	6
아이리스 두께	0.05	0.05
아이리스 폭 ($a_1 1$, $a_1 9$)/ 입출력 컨넥터(h)	16.687	4.344
아이리스 폭 ($a_1 2$, $a_1 8$)	20.856	9.898
아이리스 폭 ($a_1 3$, $a_1 7$)	21.454	8.512
아이리스 폭 ($a_1 4$, $a_1 6$)	21.560	8.232
아이리스 폭 ($a_1 5$)	21.582	8.178
길이 ($l1$, $l8$)	21.415	31.415
길이 ($l2$, $l7$)	33.768	33.768
길이 ($l3$, $l6$)	33.969	33.969
길이 ($l4$, $l5$)	34.003	34.003

중심 주파수 881.5MHz에서 25MHz 대역폭을 가지는 적층형 유전체 세라믹 도파관 대역통과 필터를 효율적으로 제작할 수 있었다. 필터 제작에 사용된 유전체 세라믹 재료는 일본 교리츠사의 유전상수 35.4인 HF-37N(SD) 이다. 그림 6.42(a)는 8단으로 형성된 3차원 적층 형태의 유전체 세라믹 도파관 필터의 제작된 모습이다. 그림 6.42(b)는 도파관 필터의 측정 장치를 보여 준다. 그림 6.43은 HFSS를 사용하여 얻은 S-매개변수 시뮬레이션 결과와 측정된 $S_{11}[dB]$ 과 $S_{21}[dB]$ 의 주파수 반응을 함께 보여 준다. DWFD 프로그램과 HFSS 최적화 기능을 사용하여 적층 형태의 도파관 필터에 필요한 직접 결합 인덕티브 아이리스 값들을 간단히 얻을 수 있었다. 제작된 필터의 측정결과는 HFSS의 시뮬레이션 결과와 일치함을 알 수 있었다.

(a) 모습　　　(b) 측정 장치 세트

그림 6.42 3차원 적층 도파관 필터의 모습과 측정 장치 세트

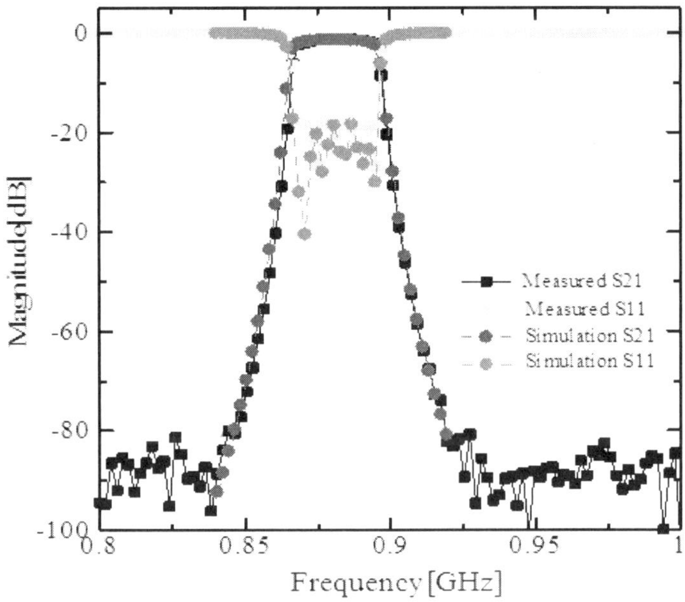

그림 6.43 적층 도파관 필터의 HFSS 시뮬레이션과 주파수 측정 결과

6.6 유전체 도파관 듀플렉서 예

유전체 도파관 듀플렉서는 디바이더를 이용하여 송수신 주파수의 투과계수를 계산하고, 이를 결합단의 구조와 일치하도록 시뮬레이션을 한다. 최종적으로 간섭을 피하기 위해 결합단과 연결되는 송수신 필터의 공진기 길이를 보정한다.

6.6.1 듀플렉서 설계

송수신 대역통과 필터는 양 끝단이 저항으로 종단된 저역통과 원형필터의 값들을 가지고 설계한다. 그런 다음 임피던스 인버터를 활용하여 대역통과 필터로 변환한다. 도파관 구조로 변환하기 위해 모드 정합 방법으로 산란행렬을 추출하였고, 각 단수의 투과계수와 위상을 계산하여 공진기의 길이와 인덕티브 아이리스의 크기를 결정한다. 이때 공진기의 크기는 16×8mm로 정하였고, 유전율은 9로 설정하였다. 이번 목표는 듀플렉서이므로, 필터의 중간 설계 과정은 생략하였다. 표 6.8, 표 6.9는 최종적으로 설계된 송신단과 수신단 대역통과 필터의 투과계수와 공진기의 길이 및 아이리스의 크기이다.

표 6.8 송신단 필터 투과계수와 치수

	1단	2단	3단	4단
S_{21} (dB)	-7.5	-21.7	-21.7	-7.5
위상 (°)	154.8	175.1	175.1	154.8
길이 (mm)	10.5	11.2	11.2	10.5
아이리스 (mm)	5.4	6.8	6.8	5.4

표 6.9 수신단 필터 투과계수와 치수

	1단	2단	3단	4단
S_{21} (dB)	-7.9	-22.7	-22.7	-7.9
위상 (°)	156.0	175.5	175.5	156.0
길이 (mm)	9.8	10.4	10.4	9.8
아이리스 (mm)	5.6	6.9	6.9	5.6

디바이더를 이용하여 송수신 필터가 분리될 수 있도록 결합단을 설계하였다. 물리적으로 대칭구조의 3포트를 이용하여 각각의 투과계수를 확인하였다. 송수신 전체 주파수인 5310MHz ~ 5710MHz의 범위에서 -0.65dB 값을 가졌다. 송신단과 수신단의 길이는 반사 손실이 최소화되도록 설계하였다. -25dB 이하 값으로 반복 시뮬레이션을 하여 길이를 정하였다. 송신단의 길이는 6.78mm 이고, 수신단의 길이는 6.62mm 이었다. 그림 6.44는 면 포트를 이용한 시뮬레이션 구조도와 반사계수의 결과이다.

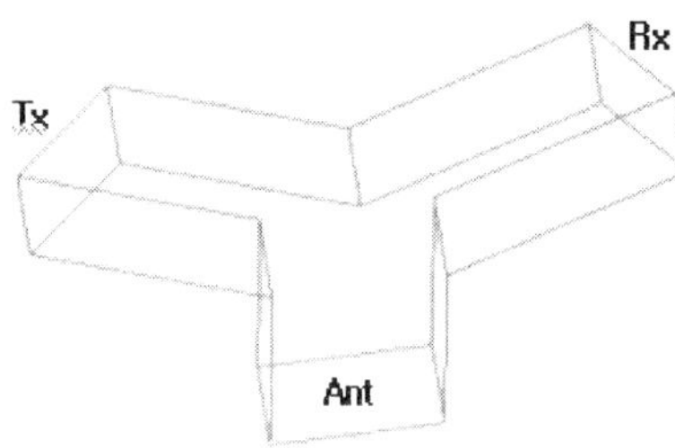

(a) 디바이더

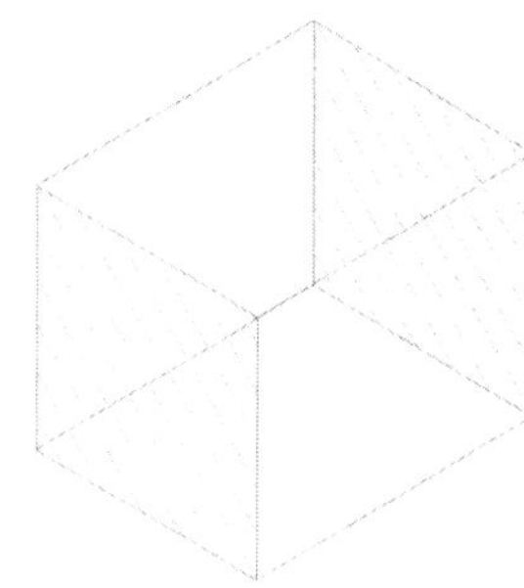

(b) 구조도

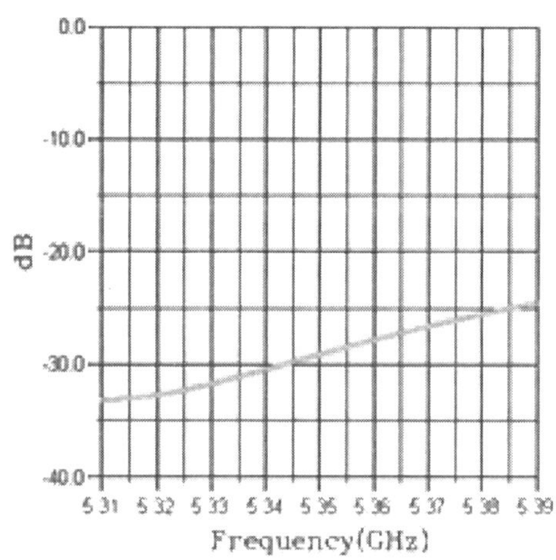

(c) 송신단 결과

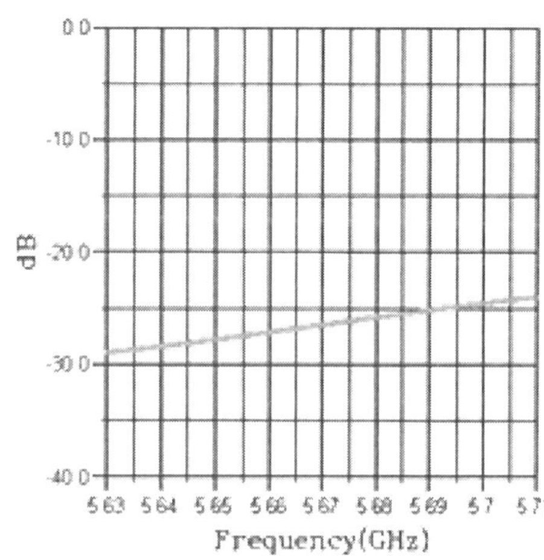

(d) 수신단 결과

그림 6.44 디바이더 구조 및 시뮬레이션 결과

결합단의 길이를 정하기 위해 디바이더의 투과계수인 -0.65dB와 일치하는 시뮬레이션을 반복하였다. 그림 6.45는 결합단의 구조도와 투과계수의 수렴 그래프이다. 이때 최종 길이는 4.40mm이다.

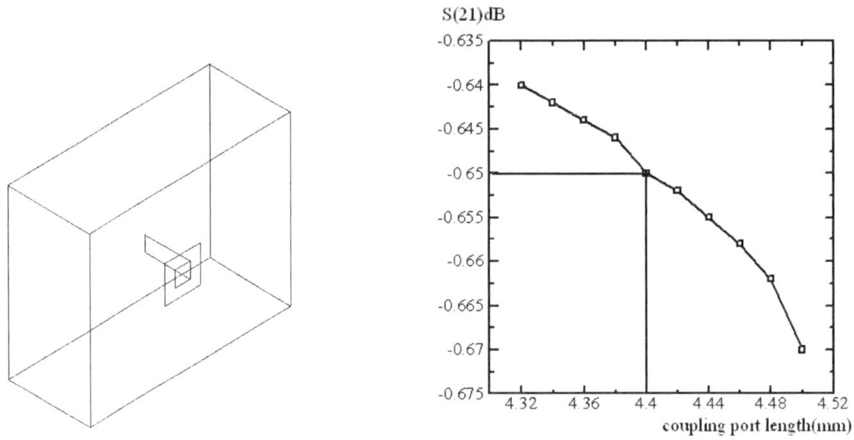

(a) 결합단 구조도 (b) 수렴 그래프

그림 6.45 결합단 결과

6.6.2 듀플렉서 시뮬레이션

송수신단 대역통과 필터는 설계에서 계산된 투과계수와 도파관의 치수 및 아이리스의 크기에 수렴하도록 반복 시뮬레이션을 통하여 결과를 얻었다.

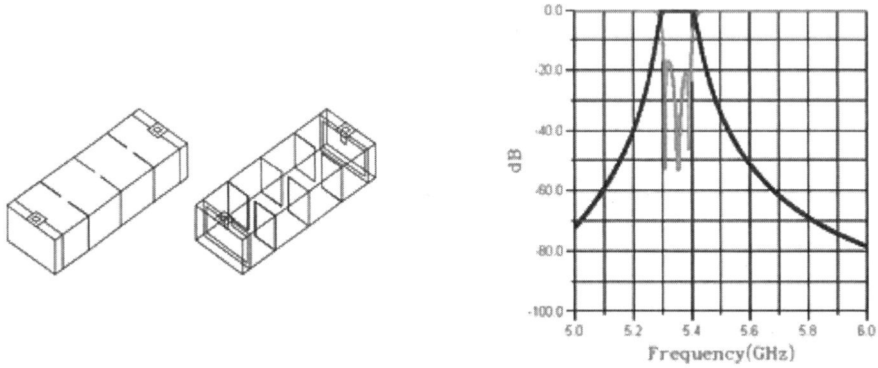

(a) 구조도 (b) 결과

그림 6.46 송신단 필터

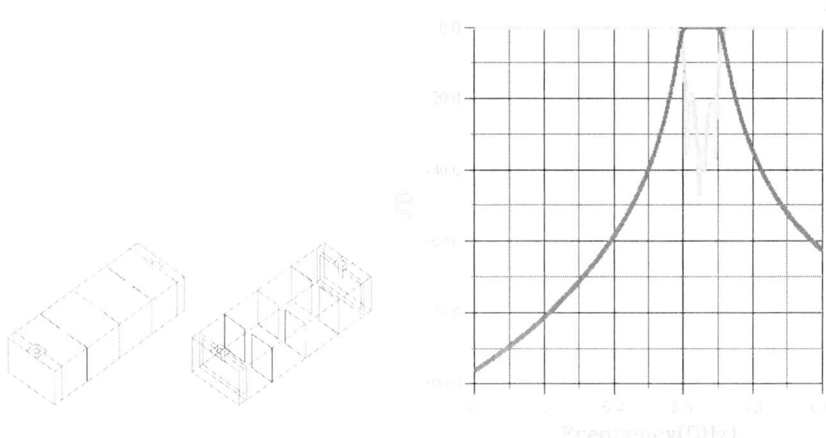

(a) 구조도 (b) 결과

그림 6.47 수신단 필터

결합단의 최종 치수를 송수신 대역통과 필터에 연결하여 듀플렉서를 시뮬레이션 하였다. 이때 결합단과 연결되는 송수신 필터의 공진기는 간섭을 피하기 위해 길이를 보정하였다.

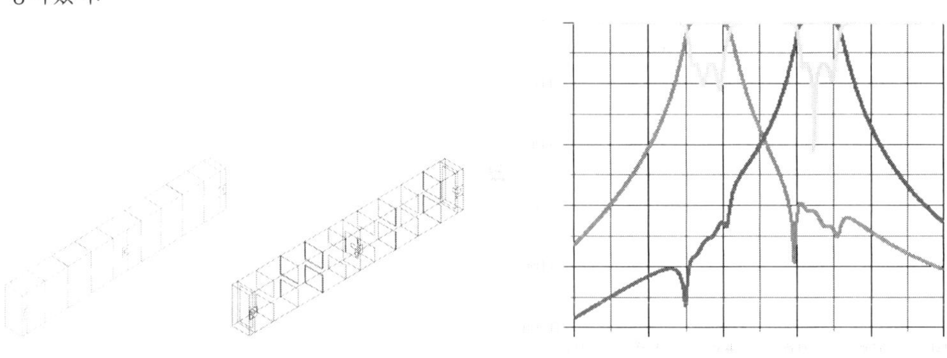

(a) 구조도 (b) 결과

그림 6.48 듀플렉서

6.6.3 듀플렉서 제작 및 측정 결과

듀플렉서 제작에 사용된 세라믹 파우더는 일본 Kyorix사의 HF-9(SD)로써, 유전상수는 4.31GHz 에서 9.07 이고, FxQ 는 74340 이다. 외부 도체는 은을 사용하여 프린팅 기법으로 도포하였고, 은의 두께는 10~15㎛ 이고, 880℃ 에서 10분 유지 시간으로 소성하였다. 접합은 무연납을 이용하였다. 송수신단 대역통과 필터 및 듀플렉서에서 전기적 사양을 만족하는 결과를 얻을 수 있었다.

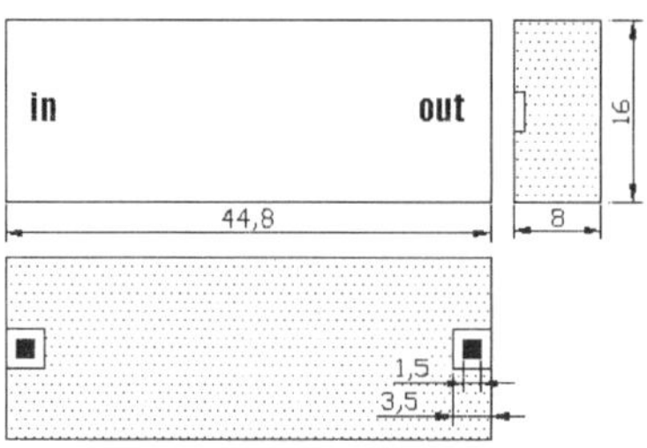

(a) 치수 (단위: mm)

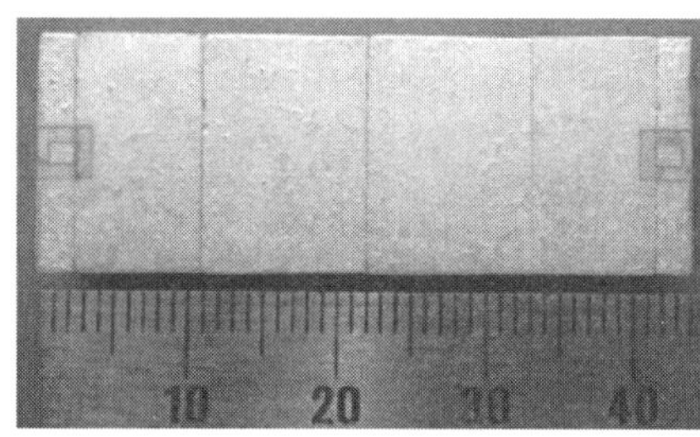

(b) 사진

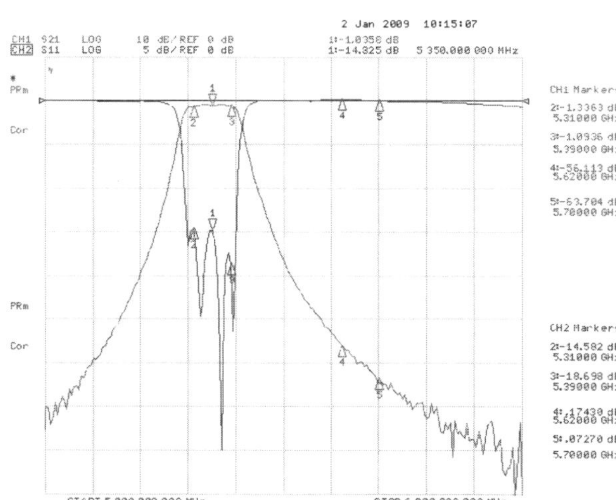

(c) 측정 그래프

그림 6.49 송신단 필터

표 6.10 송신단 필터 목표치 및 측정 결과

	전기적 특성	
	목표치	결과
중심 주파수 (MHz)	5350	
대역폭 (MHz)	5310~5390	
삽입 손실 (dB)	2.0	1.33
리플 (dB)	0.5	0.30
반사 손실 (dB)	12.0	14.5
감쇄 특성 (dB)	55.0@Rx	56.1@Rx
임피던스	50 ohms	

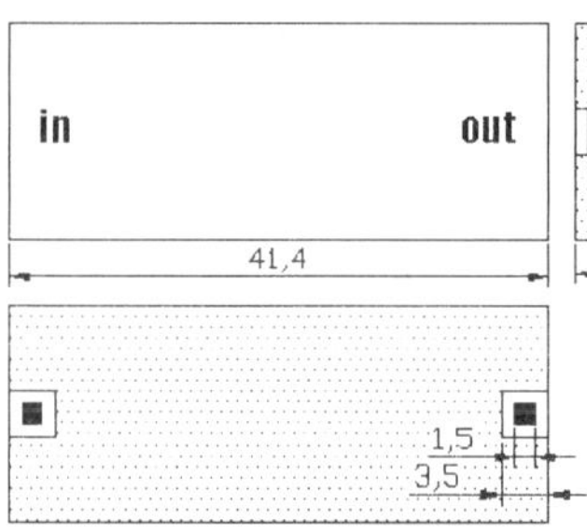

(a) 치수 (단위: mm)

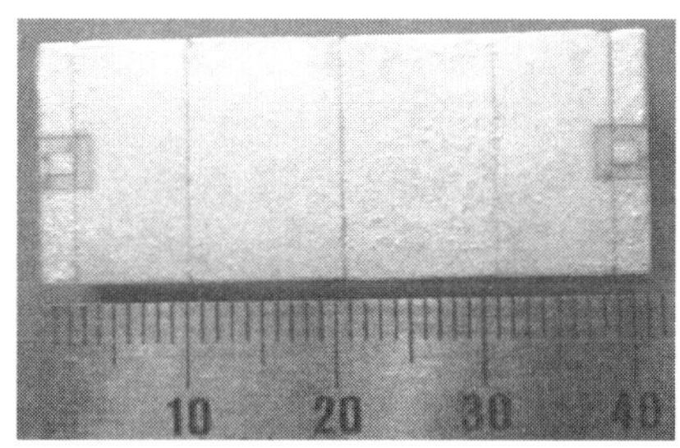

(b) 사진

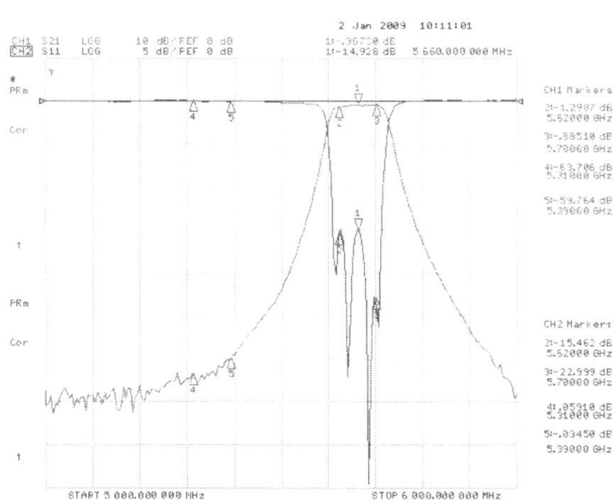

(c) 측정 그래프

그림 6.50 수신단 필터

표 6.11 수신단 필터 목표치 및 측정 결과

	전기적 특성	
	목표치	결 과
중심 주파수 (MHz)	5670	
대역폭 (MHz)	5630~5710	
삽입 손실 (dB)	2.0	1.29
리플 (dB)	0.5	0.33
반사 손실 (dB)	12.0	14.9
감쇄 특성 (dB)	55.0@Tx	59.7@Tx
임피던스	50 ohms	

상대 유전율 9를 이용하여 설계 제작하였으므로 수치적으로는 기존 air를 이용하는 도파관 듀플렉서에 비해 $\sqrt{9}$ 만큼 크기를 소형화 할 수 있으나, 세라믹 고유의 손실을 감안한다면 대략 20% 정도 축소가 가능하다. 또한, SMD 형태로 PCB에 표면실장이 가능하도록 하였다. 유전체 도파관 듀플렉서는 제작이 용이하며, 표면실장이 가능함으로 중계기 등에 사용이 편리하다.

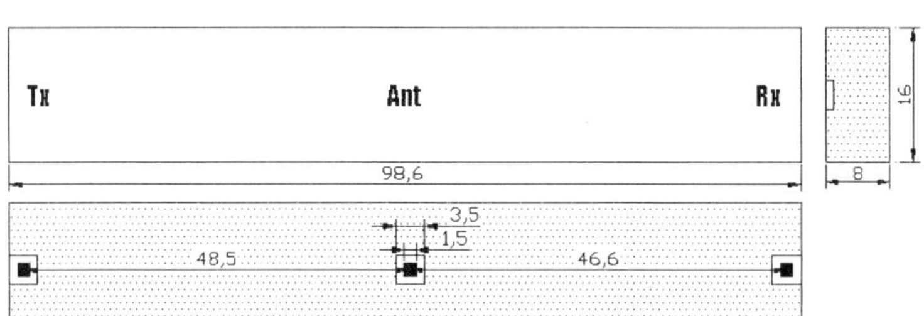

(a) 치수 (단위: mm)

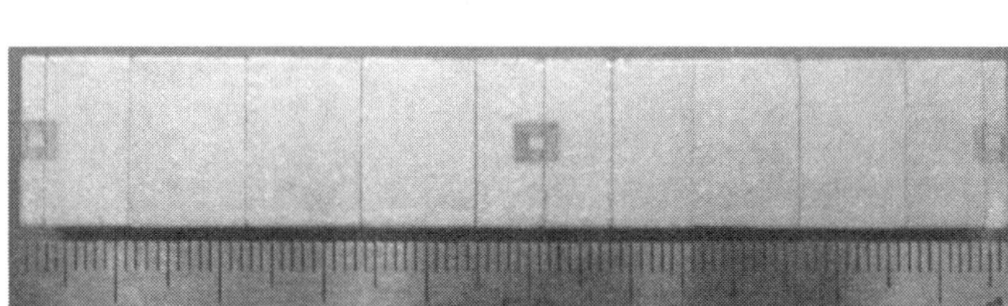

(b) 사진

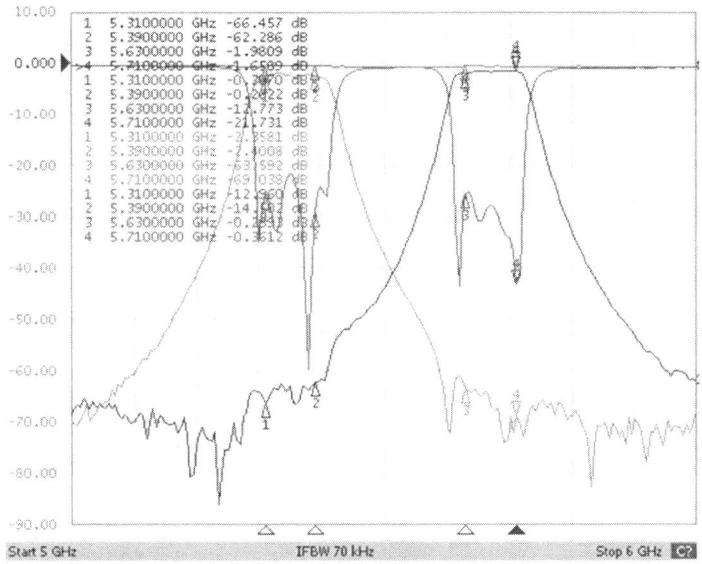

(c) 측정 그래프

그림 6.51 듀플렉서

표 6.12 듀플렉서 목표치 및 측정 결과

	전기적 특성			
	목표치		측정결과	
	Tx	Rx	Tx	Rx
중심 주파수 (MHz)	5350	5670	5350	5670
대역폭 (MHz)	80	80	80	80
삽입 손실 (dB)	2.5	2.5	2.40	1.98
리플 (dB)	0.5	0.5	0.25	0.33
반사 손실 (dB)	10.0	10.0	10.5	12.7
감쇄 특성 (dB)	60.0 @ Rx	60.0 @ Tx	63.5 @ Rx	62.2 @ Tx
임피던스	50 ohms			

참고문헌

[1] 박성수, “40GHz 대 아이리스형 도파관 대역통과 필터의 설계” 충남대학교 전파공학과 석사 논문, 2003년.

[2] 장영수, 김종철, 김승완, 이기진, “세라믹을 이용한 적층형 유전체 도파관 필터” 한국전자파학회논문지, 2013 Feb; 24(2), pp. 122-127.

[3] 김종철, 장영수, 김승완, 이기진, “DWFD 프로그램을 이용한 3차원 적층 유전체 세라믹 도파관 필터의 설계 및 제작” 한국전자파학회논문지, 2013 May; 24(5), pp. 515-524.

[4] N. Marcuitz, Waveguide Handbook, Boston Technical Publisher, Inc., 1964.

[5] G. Mattaei, L, Young, and E. M. T. Jones, Microwave Filters, Impedance-Matching Networks, and Coupling Structures, Artech House, Norwood, MA, 1980.

[6] Peter A. Rizzi, Microwave Engineering Passive Circuits, Prentice Hall, 1988.

[7] Thomas H. Le, Palnar Microwave Engineering, Cambridge.

[8] P. O. Persson, O. Runborg, “Simulation of waveguide filter using wavelet-based numerical homogenization”, Journal of computational Phsics, vol. 166, pp. 361-382, 2001.

[9] A. Sallier, J. Bornemann, and W. J. R. Hoefer, “Field-based waveguide filter synthesis in the time domain”, AEU-International Journal of Electronics and Communications, vol. 57, pp. 119-127, 2003.

[10] M. Ohira, H. Deguchi. M. Tsuji, and H. Shigesawa, “Novel waveguide filters with multiple attenuation poles using frequency selective surfaces”, in Microwave Symposium Digest, 2005 IEEE MTT-S International, p. 4, 2005.

[11] J. W. Bandler, A. S. Mohamed, and M. H. Bakr, “TLM-based modeling and design modeling and design exploiting space mapping”, Microwave Theory and Techniques, IEEE Transactions on, vol. 53, pp. 2801-2811, 2005.

[12] Y. Konoshi, K. Uenakada, “The design of a bandpass filter with inductive strip-planar circuit mounted in waveguide”, IEEE Microwave Theory Tech., vol. MTT-22, pp. 869-873, Oct. 1974.

[13] R. Levy, “Theory of direct-coupled-cavity filters”, IEEE Trans. Microwave Theory Tech., vol. MTT-15, pp. 340-348, Jun. 1967.

[14] J. D. Rhodes, “Design formulas for stepped impedance distributed and digital wave maximally flat and Chebyshev low-prototype filter”, IEEE Trans. Circuit Syst., vol. CAS-22, pp. 866-874, Nov. 1975.

[15] J. Uher, J. Bornemann, and Uwe Rosenberg, Waveguide Components for Antenna Feed System : Theory and CAD, Artech House, Inc., 1993.

[16] Y. C. Shin, “The mode matchinh method”, in T. Itoh Ed., Numerical Techiques for Microwave and Millimeter Wave Passive Structures, New York: John Wiley & Sons, Ch. 9, 1989.

[17] Ji-Fuh Liang, Hsin-Chin Chang, and Kawther A. Zaki, “Coaxial probe modeling in waveguides and cavities”, IEEE Trans. Microwave Theory Tech., vol. 40. no. 12, pp. 2172-2180, Dec. 1992.

[18] Giampiero Gerini, Marco Guglielmi, “Full-wave CAD of a rectangular waveguide filter with intergrated coaxial excitation”, IEEE Trans. Microwave Yheory Tech., vol. 49, no. 5, pp. 986-990, May 2001.

[19] R. E. Collin, Field Theory of Guided Waves, New York, McGraw-Hill, pp. 409-452, 1960.

[20] J. Bornemann, “Modal S-Matrix Design of Metal Finned Waveguide Components and its Application to Transformer and filters,” IEEE Trans. Microwave Theory Tech., vol. 7, pp. 1518-1537, July, 1992.

[21] V. K. Chaudhary, P. Verma, and U. Balaji, “Field theory Basec CAD of Inductive Iris Waveguide Filter,” Proceedings of APMC 2001, Taipei, Taiwan, R.O.C.

[22] R. Ihmels and F. Arndt, “Rigorous Modal S-Matrix Analysis of the Corss-iris in Rectangular Waveguides,” IEEE Microwaves and guided Letters, vol. 2, no.10, pp. 400-402, Oct., 1992.

[23] A. Wexler, "Solution of waveguide discontinuities by modal analysis," IEEE trans. Microwave Theory Tech, vol. MTT-15, pp. 508-517, 1967.

[24] Roger F. Harrington, Time-Harmonic Electromagnetic Field, New york, McGraw-Hill, 1961.

[25] J. Borenemann and F. Arndt, "Modal-S-matrix Design of Optimum Stepped Ridged and Finned Waveguide Trabsformers", IEEE Trans. Microwave Theory Tech., vol. MTT-35, no. 6, pp. 561-567, June, 1987.

[26] A. B. Sanadi, M. Ramesh, and A. T. Kalghatgi, "Computer Aided Design and Analysis of Waveguide Post Filter", Proceedings of APMC 1999, volume 2, pp. 523-526, 1999.

[27] Shung Wu Lee and William R. Jones, "Convergence of Numerical Solutions of Iris-Type Discontinuity Problems," IEEE Trans. Microwave Theory Tech, vol. MTT-19, no. 6, pp. 528-836, June, 1971.

[28] Ji-Fuh Liang, Hsin-Chin Chang, and Kawthar A. Zaki, "Design and Tolerance Analysis of Thick Iris Waveguide Bandpass Filter," IEEE Transactions on Magnetics, vol. 29, no. 2, Mar. 1993.